ISSN 0323-3898
Volume 9 · 1978 · Number 1

MATHEMATISCHE OPERATIONSFORSCHUNG UND STATISTIK

optimization

OPERATIONS RESEARCH AND MATHEMATICAL STATISTICS
ИССЛЕДОВАНИЕ ОПЕРАЦИИ И МАТЕМАТИЧЕСКАЯ СТАТИСТИКА
RECHERCHE OPERATIONELLE ET STATISTIQUE MATHEMATIQUE

1

Akademie-Verlag · Berlin

EVP 20,– M 32 585

Instructions for Authors

Submission of papers. Papers to be submitted for publication or books to be reviewed should be sent to

PROFESSOR K.-H. ELSTER
Chief Editor, Optimization
TH Ilmenau
Sektion Mathematik, Rechentechnik und ökonomische Kybernetik
DDR – 63 Ilmenau, Ehrenberg, Block G

Papers may be written in English, French, German or Russian. It is assumed, that the papers have not been published previously. The original (or xerox copy) should be submitted with two additional copies, which will not be returned to the author. Authors are held fully responsible for all information included in their papers.

Preparation of manuscripts. Manuscripts should be typewritten, at least double-spaced with wide margins at all four sides. Before having a paper typed for submission, please examine a recent issue of Optimization carefully and follow the arrangement of formulae, references, tables etc. Headings should be numbered by arabic numbers. The exact position of mathematical characters must be absolutely unambiguous. Distinguish between "oh" and "zero", "ell" and "one", "kappa" and "kay", etc.

Text (with exception of mathematical symbols and formulae) may be stressed manually in the following ways:

Bold	straight black underline
Italics	waved blue underline
Spaced type	dotted underline
Small capitals	waved red underline

The following script annotation rules shall be observed for mathematical symbols and formulae:

Greek letters (excluding summation and product signs) should be underlined		with a red line
bold roman types	($\mathbf{A}, \mathbf{B}, \ldots$)	with two black lines
bold italics	($\boldsymbol{A}, \boldsymbol{B}, \ldots$)	with two blue lines
gothic types	($\mathfrak{A}, \mathfrak{B}, \ldots$)	with a green line
bold gothic types	($\boldsymbol{\mathfrak{A}}, \boldsymbol{\mathfrak{B}}, \ldots$)	with two green lines
straight type	($\mathsf{A}, \mathsf{B}, \ldots$)	with a violet line
script	($\mathcal{A}, \mathcal{B}, \ldots$)	with a brown line

The author may list on a separate sheet entitled "Hints for the printer" information which will help to avoid misinterpretations.

Summary and key words. A selfcontained summary, if possible in three of the languages mentioned, should be typed on a separate page. Its length should not exceed 150 words. It should be followed by a list of not more than 10 key words indicating the contents of the paper.

Tables and illustrations. Each table and each illustration should be prepared on a separate sheet. They should be numbered consecutively throughout the paper and be refered to in the text as Table 1, Fig. 1 etc. Their approximate position for insertion should be indicated in the margin of the manuscript. The number of illustrations should be kept as low as possible.

Footnotes. Should be reduced to minimum and, where possible, should be replaced by remarks in the text. The first footnote should be the present addresses of the authors on the first page.

Proofs and reprints. Authors will receive page proofs (in two sets). One corrected set of proofs should be returned to the Editor within one week. Authors will be charged for alterations in excess $10^0/_0$ of the cost of composition.
75 reprints are offered free; up two 250 additional reprints are provided at cost price.

optimization

MATHEMATICAL OPERATIONSFORSCHUNG UND STATISTIK

SERIES OPTIMIZATION

Volume 8
Number 1–4
Page 1–650

January/December
1977

Published at
Sektion Mathematik, Rechentechnik
und ökonomische Kybernetik
Technische Hochschule Ilmenau

AKADEMIE-VERLAG · BERLIN

Zeitschrift „Mathematische Operationsforschung und Statistik – Series Optimization“

Herausgeber: Akademie-Verlag, DDR – 108 Berlin, Leipziger Straße 3–4; Fernruf 2236 221 oder 2236 229; Telex-Nr. 11 44 20; Postscheckkonto: Berlin 35021; Bank: Staatsbank der DDR, Berlin, Kto.-Nr.: 6836-26-27012

Chefredakteur: Prof. Dr. Karl-Heinz-Elster
Verantwortlicher Redakteur: Dr. Rüdiger Reinhardt

Anschrift der Redaktion: Sektion Mathematik, Rechentechnik und ökonomische Kybernetik der TH Ilmenau, DDR–63 Ilmenau, Postfach 327

Veröffentlicht unter der Lizenznummer 1586 des Presseamtes beim Vorsitzenden des Ministerrates der Deutschen Demoktatischen Republik

Gesamtherstellung: VEB Druckerei „Gottfried Wilhelm Leibniz“,
DDR–445 Gräfenhainichen

Erscheinungsweise: Die Zeitschrift „Mathematische Operationsforschung und Statistik – Series Optimization“ erscheint jährlich in einem Band mit 4 Heften. Bezugspreis je Band 120,– M zuzüglich Versandspesen (Preis für die DDR 80,– M); Preis je Heft 30,– M (Preis für die DDR 20,– M)

Bestellnummer dieses Heftes: 1093/8

Printed in the German Democratic Republic

Contents of Volume 8 (1977)

Original papers

Book-Reviews

Informations

Authors[1]

[1] Authors of original papers (number of page is printed bold) and books (+), referees of books (++).

ISSN 0323-3898

optimization

MATHEMATISCHE OPERATIONSFORSCHUNG UND STATISTIK

SERIES OPTIMIZATION

Volume 9
1978
Number 1

Published at
Sektion Mathematik, Rechentechnik
und ökonomische Kybernetik
Technische Hochschule Ilmenau

AKADEMIE-VERLAG · BERLIN

Editorial Policy

The journal publishes theoretical and applied papers related to the fields of linear, nonlinear, stochastic, parametric, discrete and dynamic programming, control theory, game theory, mathematical modelling of economical and technological processes, inventory, queueing theory, reliability, renewal theory, network methods etc. It is expected, that the papers give interesting and novel contributions to the theory at a high mathematical level or a stimulating presentation of ideas in foundations or applications. All papers should begin with a clear introduction including practical or theoretical consequences and connections to previous works. The trend to highest generality should not obscure the essential ideas.
A special section will be devoted to survey papers on theory and methods in interesting areas of mathematical programming and optimization techniques. Furthermore, the journal publishes proceedings of conferences, book reviews and announcements on related topics. Experts will be asked to give an opinion on each paper submitted for publication.

Math. Operationsforsch. Statist., Ser. Optimization, Vol. 9 (1978) No. 1, 3–7

Zur Drehung von Gomory-Schnitten

Joachim Piehler [1]

Zusammenfassung: Es werden einfache algebraische Hilfsmittel benutzt, um Drehungen von Gomory-Schnitten durchzuführen mit dem Ziel, diese zu verschärfen.

Während die meisten Verfahren zur Verschärfung von Schnitten in der ganzzahligen linearen Optimierung auf Parallelverschiebung beruhen, sind in den letzten Jahren Untersuchungen bekannt geworden [1], die auch Drehungen von Schnitten oder Nebenbedingungen des gegebenen Problems zulassen. Diese Verfahren beruhen auf Methoden der dynamischen Optimierung und beschränken sich aus Effektivitätsgründen auf 0 – 1-Probleme.

Wir wollen im folgenden einen anderen Zugang vorschlagen, der auf algebraischen Betrachtungsweisen beruht. Da hierbei alle nichtnegativen ganzzahligen Lösungen diophantischer Gleichungen der Form

$$\sum_{i=1}^{n} a_i x_i = b\,, \quad a_i > 0\,, \quad i = 1, \ldots n\,, \quad b > 0 \tag{1}$$

erforderlich sind, haben die Untersuchungen zunächst nur theoretisches Interesse. Da es aber oftmals auch möglich ist, diese Lösungen verhältnismäßig schnell zu gewinnen, können unter Umständen auch praktikable Verfahren entstehen.

Da wir in (1) die Bedingungen $a_i > 0$, $i = 1, \ldots n$ voraussetzen, müssen wir uns auf gewisse Gomory-Schnitte beschränken und können nicht unmittelbar beliebige lineare Ungleichungen in die Betrachtung einbeziehen. Man könnte allerdings bei verschwindenden a_i die Betrachtungen auch in einem Unterraum entsprechend niedrigerer Dimension durchführen.

Sei ein Gomory-Schnitt aus einer Gruppe der Ordnung d der Form

$$s = -\frac{\beta}{d} + \sum_{j \in N} \frac{\beta_j}{d} x_j \geqq 0\,, \quad \beta, \beta_j > 0 \quad \text{und ganz,} \quad j \in N$$

gegeben, wobei N die Menge der Indizes der Nichtbasisvariablen bezeichnet, so ist dieser einer Ungleichung der Form

$$\sum_{i=1}^{n} a_i x_i \geqq b\,, \quad a_i, b > 0 \quad \text{und ganz,} \quad i = 1, \ldots n$$

äquivalent, wobei nur offensichtliche Bezeichnungsänderungen vorgenommen wurden.

[1] TH „Carl Schorlemmer“ Leuna-Merseburg, Sektion Mathematik und Rechentechnik, DDR – 42 Merseburg, Geusaer Str.

Wir nehmen nun an, daß sämtliche nichtnegativen ganzzahligen Lösungen der zugehörigen diophantischen Gleichung (1) bekannt sind; wir bezeichnen sie mit

$$\boldsymbol{x}^j = (x_1^j, \ldots x_n^j), \quad j = 1, \ldots r.$$

Ist $r \geqq n$ und sind n der Lösungen unabhängig, so kann es offenbar keine andere diophantische Gleichung der Form (1) mit denselben nichtnegativen ganzzahligen Lösungen geben. Ist $r = 0$, so kann zunächst eine Parallelverschiebung des Schnittes durchgeführt werden. Nehmen wir daher an, daß $0 < r < n$ gilt und die r Lösungen unabhängig sind, was keine Einschränkung bedeutet. Wir suchen nun zunächst eine andere Gleichung der Form (1) mit demselben b, die die gleichen r Lösungen hat. Eine solche wollen wir Drehung der ursprünglichen diophantischen Gleichung (bzw. des ursprünglichen Schnittes oder der ursprünglichen Hyperebene) nennen. Die neue Hyperebene hat dann die Gleichung

$$\sum_{i=1}^{n} (a_i + k_i)\, x_i = b, \quad a_i + k_i > 0, \quad k_i \text{ reell}, \quad i = 1, \ldots n, \tag{2}$$

wobei die k_i das Gleichungssystem

$$k_1 x_1^j + k_2 x_2^j + \ldots + k_n x_n^j = 0, \quad j = 1, 2, \ldots r \tag{3}$$

erfüllen müssen. Da die k_i nicht notwendig ganz sind, ist (2) nicht unbedingt eine diophantische Gleichung. Geometrisch handelt es sich offenbar um eine Drehung um den durch $\boldsymbol{x}^1, \ldots \boldsymbol{x}^r$ erzeugten Unterraum.

Wir setzen zur Abkürzung

$$\boldsymbol{X} = \begin{pmatrix} x_1^1 & \ldots & x_n^1 \\ \cdots & \cdots & \cdots \\ x_1^r & \ldots & x_n^r \end{pmatrix}.$$

Ist dann $\boldsymbol{P}_1$ eine nichtsinguläre quadratische Untermatrix der Ordnung r (diese existiert wegen rg $X = r$), so sei ohne Beschränkung der Allgemeinheit

$$\boldsymbol{X} = (\boldsymbol{P}_1, \boldsymbol{P}_2)$$

gesetzt. Mit $\boldsymbol{k}^\mathsf{T} = (\boldsymbol{k}_1^\mathsf{T}, \boldsymbol{k}_2^\mathsf{T})$ als entsprechender Aufteilung folgt als allgemeine Lösung von (3)

$$\boldsymbol{k}_1 = -\boldsymbol{P}_1^{-1}\boldsymbol{P}_2\boldsymbol{k}_2, \quad \boldsymbol{k}_2 \text{ beliebig}.$$

Somit ist mit $\boldsymbol{a}^\mathsf{T} = (a_1, \ldots a_n)$, $\boldsymbol{x}^\mathsf{T} = (x_1, \ldots x_n)$

$$\left(\boldsymbol{a} + \begin{pmatrix} -\boldsymbol{P}_1^{-1}\boldsymbol{P}_2 \\ \boldsymbol{E} \end{pmatrix} \boldsymbol{k}_2\right)^\mathsf{T} \boldsymbol{x} = b \tag{4}$$

eine Drehung von (1), falls $\boldsymbol{a} + \begin{pmatrix} -\boldsymbol{P}_1^{-1}\boldsymbol{P}_2 \\ \boldsymbol{E} \end{pmatrix} \boldsymbol{k}_2 > \boldsymbol{0}$ gilt.

Da $\boldsymbol{P}_1^{-1}\boldsymbol{P}_2$ rational ist, kann (4) bei rationalem $\boldsymbol{k}_2$ nach Multiplikation mit dem Hauptnenner auch als diophantische Gleichung geschrieben werden. Sei τ der Hauptnenner von $\boldsymbol{P}_1^{-1}\boldsymbol{P}_2$. Zur Abkürzung setzen wir $\boldsymbol{R} = \begin{pmatrix} -\boldsymbol{P}_1^{-1}\boldsymbol{P}_2 \\ \boldsymbol{E} \end{pmatrix}$.

Mit $\boldsymbol{x}^*$ bezeichnen wir einen Gitterpunkt mit nichtnegativen Koordinaten, für den $\boldsymbol{a}^\mathsf{T}\boldsymbol{x}^* = b + b^*$, $b^* > 0$ gilt.

Lemma 1: *Es existiert ein rationaler Vektor* $\boldsymbol{k}_2$, *der* $\boldsymbol{x}^{*\mathsf{T}}\boldsymbol{R}\boldsymbol{k}_2 = -b^*$ *löst, mit dem Hauptnenner*

$$\delta = \frac{\text{g.g.T.}\,(\tau \boldsymbol{x}^{*\mathsf{T}}\boldsymbol{R})}{\text{g.g.T.}\,(\tau \boldsymbol{x}^{*\mathsf{T}}\boldsymbol{R},\, \tau b^*)}.$$

Der Beweis ergibt sich unmittelbar aus dem bekannten Kriterium für die Lösbarkeit einer linearen diophantischen Gleichung.

Definition: $\boldsymbol{x}^* \geqq 0$ sei Gitterpunkt mit $\boldsymbol{a}^\mathsf{T}\boldsymbol{x}^* = b + b^*$, $b^* > 0$. Dann heißt $\boldsymbol{x}^*$ *drehungszulässig* bezüglich $\boldsymbol{a}^\mathsf{T}\boldsymbol{x} \geqq b$, wenn das Ungleichungssystem

$$\begin{aligned} &\boldsymbol{a}^\mathsf{T}\boldsymbol{x} \geqq b \\ &\delta\tau\,[\boldsymbol{a} + \boldsymbol{R}\boldsymbol{t}]^\mathsf{T}\,\boldsymbol{x} \leqq \delta\tau b - 1 \end{aligned} \tag{5}$$

durch keinen Gitterpunkt $\boldsymbol{x} \geqq 0$ befriedigt wird. Dabei ist $\boldsymbol{t}$ Lösung von $(\boldsymbol{x}^{*\mathsf{T}}\boldsymbol{R})\boldsymbol{t} = -b^*$ gemäß Lemma 1, so daß $\boldsymbol{a} + \boldsymbol{R}\boldsymbol{t} > 0$ gilt.

Satz 1: *Ist* $\boldsymbol{x}^*$ *bezüglich* $\boldsymbol{a}^\mathsf{T}\boldsymbol{x} \geqq b$ *drehungszulässig, so enthält die Hyperebene*

$$[\boldsymbol{a} + \boldsymbol{R}\boldsymbol{t}]^\mathsf{T}\,\boldsymbol{x} = b$$

die Gitterpunkte $\boldsymbol{x}^1, \ldots \boldsymbol{x}^r, \boldsymbol{x}^*$, *und für alle Gitterpunkte* $\tilde{\boldsymbol{x}} \geqq 0$ *mit* $\boldsymbol{a}^\mathsf{T}\tilde{\boldsymbol{x}} \geqq b$ *gilt auch*

$$[\boldsymbol{a} + \boldsymbol{R}\boldsymbol{t}]^\mathsf{T}\,\tilde{\boldsymbol{x}} \geqq b\,.$$

Beweis: Die erste Behauptung folgt unmittelbar aus der Definition der Drehungszulässigkeit.

Sei nun $\tilde{\boldsymbol{x}}$ ein Punkt mit $\boldsymbol{a}^\mathsf{T}\tilde{\boldsymbol{x}} \geqq b$, und sei

$$[\boldsymbol{a} + \boldsymbol{R}\boldsymbol{t}]^\mathsf{T}\,\tilde{\boldsymbol{x}} < b\,.$$

Dann wäre

$$\delta\tau\,[\boldsymbol{a} + \boldsymbol{R}\boldsymbol{t}]^\mathsf{T}\,\tilde{\boldsymbol{x}} < \delta\tau b\,,$$

und weil die linke Seite ganz ist, folgt

$$\delta\tau\,[\boldsymbol{a} + \boldsymbol{R}\boldsymbol{t}]^\mathsf{T}\,\tilde{\boldsymbol{x}} \leqq \delta\tau b - 1$$

im Widerspruch zur Drehungszulässigkeit.

Bemerkung: Seien $\boldsymbol{x}^1, \ldots \boldsymbol{x}^r$ nicht alle nichtnegativen ganzzahligen Lösungen von $\boldsymbol{a}^\mathsf{T}\boldsymbol{x} = b$, und sei $\tilde{\boldsymbol{x}} \neq \boldsymbol{x}^i$, $i = 1, \ldots r$ eine weitere Lösung. Wählen wir dann $\boldsymbol{x}^*$ gemäß $\boldsymbol{a}^\mathsf{T}\boldsymbol{x}^* > b$ und gilt $[\boldsymbol{R}\boldsymbol{t}]^\mathsf{T}\,\tilde{\boldsymbol{x}} < 0$, so ist $\boldsymbol{x}^*$ sicher nicht drehungszulässig. Ist $[\boldsymbol{R}\boldsymbol{t}]^\mathsf{T}\,\tilde{\boldsymbol{x}} \geqq 0$, so genügt $\tilde{\boldsymbol{x}}$ offenbar dem System

$$\begin{aligned} &\boldsymbol{a}^\mathsf{T}\boldsymbol{x} \geqq b \\ &\delta\tau\,[\boldsymbol{a} + \boldsymbol{R}\boldsymbol{t}]^\mathsf{T}\,\boldsymbol{x} \leqq \delta\tau b - 1 \end{aligned}$$

nicht, und $\boldsymbol{x}^*$ wäre drehungszulässig. Im Falle $[\boldsymbol{R}\boldsymbol{t}]^\mathsf{T}\,\tilde{\boldsymbol{x}} > 0$ würde dann $\tilde{\boldsymbol{x}}$ nicht mehr auf der gedrehten Hyperebene liegen und der durch die Drehung angestrebte Effekt, daß die neue Hyperebene mehr Gitterpunkte enthält, wäre wieder aufgehoben.

Diese Bemerkung ist jedoch insofern wichtig, als man auch drehen kann, wenn man nicht sicher ist, alle Lösungen von $\boldsymbol{a}^\mathsf{T}\boldsymbol{x} = b$ gefunden zu haben.

Die allgemeine Problematik besteht nun in der Entscheidung, ob das aus 2 Ungleichungen bestehende System (5) eine nichtnegative ganzzahlige Lösung hat.

In einfacherer Bezeichnungsweise schreiben wir (5) in der Form

$$\boldsymbol{a}^{\mathsf{T}}\boldsymbol{x} \geqq b\,, \quad \boldsymbol{a} > \boldsymbol{0}\,, \quad b > 0$$
$$\boldsymbol{\alpha}^{\mathsf{T}}\boldsymbol{x} \leqq \beta\,, \quad \boldsymbol{\alpha} > \boldsymbol{0}\,, \quad \beta \geqq 0\,. \tag{6}$$

Mit a_i bzw. α_i, $i=1, \ldots n$, sollen die Komponenten von $\boldsymbol{a}$ bzw. $\boldsymbol{\alpha}$ bezeichnet werden. Den Fall $\beta=0$ können wir ausschließen, da (6) dann wegen $b>0$ keine Lösung haben kann, und die weiteren Betrachtungen überflüssig werden.

Wir setzen nun

$$I_1 = \left\{ i \,\middle|\, \frac{a_i}{b} < \frac{\alpha_i}{\beta} \right\}, \quad I_2 = \left\{ i \,\middle|\, \frac{a_i}{b} > \frac{\alpha_i}{\beta} \right\}, \quad I_3 = \left\{ i \,\middle|\, \frac{a_i}{b} = \frac{\alpha_i}{\beta} \right\}.$$

Lemma 2: *Für eine Lösung von* (6) *kann* $\sum_{i \in I_3} a_i x_i = b$ *nicht gelten.*

Beweis: Ist für ein i $\frac{a_i}{b} = \frac{\alpha_i}{\beta}$, so folgt mit der abkürzenden Schreibweise $[\boldsymbol{Rt}]^{\mathsf{T}} = (\varrho_1, \ldots \varrho_n)$ aus der Definition der Größen α_i und β

$$\frac{a_i}{b} = \frac{\delta\tau\,(a_i+\varrho_i)}{\delta\tau b - 1}$$

und hieraus

$$-a_i = \delta\tau\varrho_i b\,.$$

Wegen $\delta\tau\varrho_i$ ganz hat man $b|a_i$. Daraus folgt die Behauptung, da $a_i=b$ ausgeschlossen werden kann. In diesem Falle wäre $(0, \ldots 0, 1, 0, \ldots 0)$ mit der 1 an der Stelle i Lösung von (1) und erfüllt als solche $\boldsymbol{\alpha}^{\mathsf{T}}\boldsymbol{x} \leqq \beta$ nicht.

Lemma 3: *Ist* $I_2 = \emptyset$, *so ist* (6) *unlösbar.*

Beweis: Hätte (6) eine Lösung, so müßte für diese $\sum_{i \in I_3} a_i x_i = b$ gelten, was aber nach Lemma 2 unmöglich ist.

Es muß also notwendigerweise $I_2 \neq \emptyset$ vorausgesetzt werden. Die Lösbarkeit von (6) entscheiden wir nun über die Lösung des Knapsack-Problems

$$z = \sum_{i=1}^{n} a_i x_i = \max!$$
$$\sum_{i=1}^{n} \alpha_i x_i \leqq \beta\,, \quad \alpha_i > 0\,, \quad i = 1, \ldots n \tag{7}$$
$$x_i \geqq 0 \text{ und ganz für alle } i\,.$$

Dann gilt offensichtlich

Satz 2: *Das System* (6) *ist genau dann in nichtnegativen ganzen Zahlen lösbar, wenn in* (7) $z_{\text{opt}} \geqq b$ *gilt.*

Zur Lösung kann man zunächst Näherungsverfahren benutzen, da für die Lösbarkeit die Existenz einer zulässigen Lösung von (7) mit $z \geqq b$ hinreicht.

References

[1] KIANFAR, F.: Stronger Inequalities for 0,1-Integer Programming using Knapsack-Functions. Op. Res. **19** (1971), 1373–1392.

Summary

Using simple algebraic methods GOMORY cuts are rotated in order to make them stronger.

Резюме

При помощи простых алгебраических методов проводятся вращения отсечений Гомори с целью их усиления.

Eingereicht bei der Redaktion: 4. 3. 1977

Buchbesprechung

E. Blum, W. Oettli: **Mathematische Optimierung. Grundlagen und Verfahren.** Springer-Verlag, Berlin-Heidelberg-New York 1975, IX, 413 S.

Seit 15 Jahren war uns die „Nichtlineare Programmierung" von Künzi/Krelle ein wichtiger Begleiter. Nun präsentieren sie – diesmal als Herausgeber – dem deutschsprachigen Publikum wiederum ein Nachschlagewerk zur „Mathematischen Optimierung". Die beiden Verfasser – E. Blum vom Polytechnikum in Lima und W. Oettli von der Universität Mannheim – sind erfahrene Lehrer und Autoren, letzterer wirkte u. a. bereits am eingangs genannten Werk mit.

Im Gegensatz zu den in den letzten Jahren erschienenen Büchern zur nichtlinearen Optimierung wird der Inhalt des vorliegenden Werkes nicht anhand einer bestimmten, die gesamte Darstellung durchziehenden speziellen Idee aufgezogen. Es ist vielmehr eine Sammlung (Zitat aus dem Vorwort: „Wir haben danach gestrebt, die einzelnen Kapitel möglichst unabhängig voneinander lesbar zu machen; dabei haben wir auch Wiederholungen in Kauf genommen") vom heutigen Standpunkt her wichtiger Ergebnisse aus dem Kernland der Optimierung, d. h. im endlich dimensionalen euklidischen Raum angesiedelter Optimierungsaufgaben der Form

$$\min_x \{f(x) \mid f_j(x) \leqq 0, \quad g_i(x) = b_i, \quad x \in C, \quad j \in J, \quad i \in I\}\,.$$

mit C als konvexer Teilmenge des R^n und mit f, f_j als nach Bedarf stetigen bzw. konvexen bzw. differenzierbaren reellwertigen Funktionen und g_i als linearen Funktionen.

Auf die Darstellung der verschiedenen Erweiterungen (wie z. B. von Aufgaben mit quasi- oder pseudokonvexen Funktionen, von Aufgaben in allgemeineren Räumen, von parametrisierten Problemen u. a.) wurde verzichtet, ebenso auf eine Erörterung des mathematischen Vorfeldes; erforderliche Begriffsabgrenzungen finden sich in Fußnoten. In einigen Punkten gehen die Autoren allerdings über den „klassischen" Stoff hinaus: z. B. beziehen sie Aufgaben mit unendlich vielen Nebenbedingungen z. T. in die Untersuchung mit ein; des weiteren umfassen die Untersuchungen zu den Optimalitätsbedingungen in dem gesetzten Rahmen recht allgemeine Fälle.

Zur Gliederung des Inhalts: Nach Einleitung und einer Darstellung der linearen Optimierung ist Kapitel 3 dann den Optimalitätsbedingungen und deren Anwendung gewidmet (ohne und mit Verwendung der Lagrange-Funktion, ohne und mit Differenzierbarkeitsvoraussetzungen) und Kapitel 4 den Dualitätstheorien (die Ansätze von Dantzig, Eisenberg und Cottle, der Ansatz von Stoer und der Fenchelsche/Rockafellarsche Zugang). Den Verfahren gehören die restlichen Kapitel: Optimierung ohne Restriktionen, Projektions- und Kontraktionsverfahren, Einzelschrittverfahren, Schnittverfahren mit einem Abschnitt für den Austauschalgorithmus für lineare Programme mit unendlich vielen Nebenbedingungen, Dekompositionsverfahren, Strafkostenverfahren, Verfahren der zulässigen Richtungen, Verfahren der projizierten Gradienten, Verfahren von Zangwill (Optimierung auf Mannigfaltigkeiten) und Dantzig/Cottle, Verfahren von Beale. Aus dem Vorwort: „Die eigentlichen Lösungsverfahren wurden nach Familien geordnet, wobei einige typische Vertreter aus jeder Familie vorgestellt werden."

Alle Kapitel sind gedrängt geschrieben: nach kurzer Formulierung der Problematik werden die zentralen Ergebnisse mathematisch entwickelt (mit sehr sparsamem Kommentar) und schließlich knappe Ausblicke und Hinweise auf Zusammenhänge gegeben. Eigentliche Rechenprogramme, Betrachtungen numerischer Art (bis auf einige allgemeine Abschätzungen zur Konvergenzgeschwindigkeit) und Beispiele fehlen gänzlich. 75 Seiten Literaturhinweise bezeugen schließlich die in einem Vierteljahrhundert auf dem Fachgebiet geleistete Arbeit.

Dank der gerafften Darstellungsweise gelingt es den Autoren, größere Teile dieser Arbeit einheitlich und übersichtlich in ihrem Buch vorzuführen (wenn es auch gelegentlich zu Formelballungen kommt), so daß dem Benutzer mit dem Werk eine gute Informationsquelle zur linearen und nichtlinearen Optimierung zur Verfügung steht.

K. Lommatzsch

Math. Operationsforsch. Statist., Ser. Optimization, Vol. 9 (1978) No. 1, 9–20

Kombinatorische Algorithmen zur Lösung spezieller nichtlinearer 0–1-Optimierungsaufgaben

M. SCHOCH[1] und W. LYSKA[1]

Zusammenfassung: Auf der Menge G_ϱ^n der $0-1$-Vektoren der Dimension n mit mindestens ϱ positiven Komponenten wird eine Halbordnung eingeführt. Jede auf G_ϱ^n definierte reellwertige Funktion $f(x)$, für die $f(x) \leqq f(y)$ für $x \prec y$ gilt, heißt $0-1-\varrho$-monoton wachsend. Kombinatorische Algorithmen, die von den Autoren für lineare $0-1$-Optimierungsaufgaben angegeben wurden, werden auf $0-1$-Optimierungsaufgaben mit $0-1-\varrho$-monotoner Zielfunktion und beliebigen Restriktionen ausgedehnt.

1. Einleitung

In [1] und [2] werden kombinatorische Algorithmen zur Lösung linearer $0-1$-Optimierungsaufgaben der Form

$$\sum_{j=1}^{n} a_{ij}x_j \geqq b_i, \quad i=1(1)m \tag{1a}$$

$$x_j \in \{0, 1\}, \quad j=1(1)n \tag{1b}$$

$$z=\sum_{j=1}^{n} c_jx_j \to \text{Min.} \tag{1c}$$

dargestellt, wobei ohne Einschränkung der Allgemeinheit

$$0 \leqq c_1 \leqq c_2 \leqq \ldots \leqq c_n \tag{2}$$

vorausgesetzt wird.

Zwei dieser Algorithmen beruhen darauf, daß nach gewissen Vorschriften eine Teilmenge der n-dimensionalen $0-1$-Vektoren so erzeugt wird, daß jeder benötigte $0-1$-Vektor genau einmal entsteht. Für jeden der erzeugten Vektoren wird geprüft, ob er das System der Restriktionen (1a) erfüllt. Unter Ausnutzung der Erzeugungsvorschriften werden aus den Restriktionen (1a) Tests abgeleitet, durch die die Zahl der zu erzeugenden Vektoren gegebenenfalls herabgesetzt werden kann.

Eine wichtige Rolle für die Algorithmen spielt die aus (2) und den Erzeugungsvorschriften folgende Eigenschaft, daß für alle aus einem 0-1-Vektor unmittelbar oder mittelbar entstehenden neuen Vektoren der Wert der Zielfunktion (1c) nicht kleiner ist als der Wert von (1c) für den Ausgangsvektor. Deshalb können jeder 0-1-Vektor, für den der Wert der Zielfunktion größer ist als eine obere

[1] Bergakademie Freiberg, Sektion Mathematik, DDR – 92 Freiberg, Bernhard-von-Cotta-Straße 2.

Schranke m_0 für den Optimalwert von z, und alle aus ihm entstehenden Vektoren von der weiteren Untersuchung ausgeschlossen werden. Durch den aus dieser Tatsache abgeleiteten Zielfunktionstest kann die Zahl der zu erzeugenden $0-1$-Vektoren unter Umständen wesentlich weiter verringert werden.

Da dieser Zielfunktionstest nicht vordergründig von der Linearität der Zielfunktion, sondern von deren Monotonie bezüglich der Erzeugungsvorschriften für die $0-1$-Vektoren abhängt, liegt der Gedanke nahe, die erwähnten Algorithmen für spezielle nichtlineare $0-1$-Optimierungsaufgaben zu benutzen.

2. 0–1–ρ-monotone Funktionen

Für ein festes ganzzahliges ϱ mit $0 \leqq \varrho < n$ betrachten wir die Menge

$$G_\varrho^n = \left\{ x \in R^n \mid x_j \in \{0, 1\},\ j = 1(1)n;\ \sum_{j=1}^{n} x_j \geqq \varrho \right\} \tag{3}$$

der $0-1$-Vektoren der Dimension n, die mindestens ϱ positive Komponenten besitzen. Jedem $x \in G_\varrho^n$ ist eindeutig eine geordnete Indexmenge

$$L(x) = \{j_1, j_2, \ldots, j_q,\ 1 \leqq j_i \leqq n,\ i = 1(1)q\} \tag{4}$$

zugeordnet, wobei

$$x_j = 1,\quad j \in L(x),\quad \text{und}\quad x_j = 0,\quad j \in N \setminus L(x), \tag{5}$$

mit $N = \{1, 2, \ldots, n\}$ und

$$j_1 < j_2 < \ldots < j_q \tag{6}$$

gilt. In (4) und (6) ist selbstverständlich $q \geqq \varrho$.

Unter Verwendung der Mengen $L(x)$ definieren wir auf G_ϱ^n eine Halbordung. Dazu führen wir die folgenden drei Operationen ein, die auf Elemente von G_ϱ^n angewendet werden.

(a) Ist $L(x) = \{j_1, j_2, \ldots, j_q\}$ mit $q \geqq \varrho$ und $j_q < n$, dann wird aus $x \in G_\varrho^n$ ein $y \in G_\varrho^n$ mit

$$L(y) = \{j_1, j_2, \ldots, j_q, j_q + 1\}$$

gebildet.

(b) Ist $L(x) = \{j_1, j_2, \ldots, j_q\}$ mit $q \geqq \varrho$ und $j_q < n$, dann wird aus $x \in G_\varrho^n$ ein $y \in G_\varrho^n$ mit

$$L(y) = \{j_1, j_2, \ldots, j_{q-1}, j_q + 1\}$$

gebildet.

(c) Ist $L(x) = \{j_1, j_2, \ldots, j_\varrho\}$ und existiert ein k, $1 \leqq k < \varrho$, so daß $j_{k+1} - j_k = 2$, $j_{i+1} - j_i = 1$, $i = k + 1(1)\varrho - 1$, gilt, dann wird aus $x \in G_\varrho^n$ ein $y \in G_\varrho^n$ mit

$$L(y) = \{j_1, \ldots, j_{k-1}, j_k + 1, j_{k+1}, \ldots, j_\varrho\}$$

gebildet.

Die Operationen (a), (b), (c) sind genau die in [1], [2] angegebenen Vorschriften zur Erzeugung der $0-1$-Vektoren der Dimension n mit mindestens ϱ positiven Komponenten. Wenn man dabei von $x \in G_\varrho^n$ mit $L(x) = \{1, 2, \ldots, \varrho\}$ ausgeht, dann wird jedes Element von G_ϱ^n genau einmal erzeugt.

Definition 1: Entsteht $z \in G_\varrho^n$ aus einem $x \in G_\varrho^n$ durch Ausführen der Operationen (a) und/oder (b) und/oder (c), dann ist $x \leqq z$. Dabei gilt $x = z$ genau dann, wenn keine der Operationen ausgeführt wurde. Wurde mindestens eine der Operationen ein- oder mehrmals ausgeführt, dann ist $x < z$.

Man überlegt sich leicht, daß durch die Definition 1 tatsächlich eine Halbordnung auf G_ϱ^n eingeführt wurde. Mit dieser Halbordnung definieren wir nun auf G_ϱ^n eine spezielle Klasse von Funktionen.

Definition 2: Ist $f(x)$ eine auf G_ϱ^n definierte reellwertige Funktion und gilt $f(x) \leqq f(z)$ für alle $x, z \in G_\varrho^n$ mit $x \leqq z$, dann heißt $f(x)$ eine *$0-1-\varrho$-monoton wachsende Funktion*. Ist $-g(x)$ eine $0-1-\varrho$-monoton wachsende Funktion, dann ist $g(x)$ eine *$0-1-\varrho$-monoton fallende Funktion*.

Man überlegt sich leicht, daß jede lineare Funktion

$$l(x) = \sum_{j=1}^{n} c_j x_j + c_0\,, \tag{7}$$

für die

$$c_1 \leqq c_2 \leqq \ldots \leqq c_\varrho \leqq c_{\varrho+1} \leqq \ldots \leqq c_n \tag{8}$$

und

$$c_{\varrho+1} \geqq 0 \tag{9}$$

gilt, $0-1-\varrho$-monoton wachsend ist. Da für jede lineare Funktion

$$g(y) = \sum_{j=1}^{n} d_j y_j + d_0$$

auf G_ϱ^n durch Ausführen der Transformation

$$y_j = \begin{cases} 1 - x_j, & j \in J_\varrho^- \\ x_j, & j \in N \setminus J_\varrho^- \end{cases} \tag{10}$$

mit

$$J_\varrho^- \subseteqq J^- = \{j \in N \mid d_j < 0\} \quad \text{und} \quad |J^- \setminus J_\varrho^-| \leqq \varrho \tag{11}$$

und durch anschließendes Umnumerieren der Variablen die Eigenschaften (8) und (9) erreicht werden können, gilt der folgende Satz.

Satz 1: *Jede lineare Funktion $g(y) = \sum_{j=1}^{n} d_j y_j + d_0$ ist auf G_ϱ^n einer $0-1-\varrho$-monoton wachsenden linearen Funktion äquivalent.*

Wir bemerken, daß mit $\varrho = 0$ in (10) und (11) auf die oben angegebene Weise für jede lineare Funktion sogar die Bedingung (2) erreicht werden kann.

Innerhalb der Klasse der $0-1-\varrho$-monotonen Funktionen gelten die folgenden Sätze.

Satz 2: *Sind $\varphi(x)$ und $\psi(x)$ zwei $0-1-\varrho$-monoton wachsende Funktionen, für die $\varphi(x) \geqq 0$ und $\psi(x) \geqq 0$ für alle $x \in G_\varrho^n$ gilt, dann ist auch*

$$f(x) = \varphi(x) \cdot \psi(x)$$

eine $0-1-\varrho$-monoton wachsende Funktion.

Satz 3: *Sind $\varphi(x)$ eine $0-1-\varrho$-monoton wachsende Funktion mit $\varphi(x) \geqq 0$ auf G_ϱ^n und $\psi(x)$ eine $0-1-\varrho$-monoton fallende Funktion mit $\psi(x) > 0$ auf G_ϱ^n, dann ist*

$$f(x) = \frac{\varphi(x)}{\psi(x)}$$

eine $0-1-\varrho$-monoton wachsende Funktion.

Satz 4: *Ist* $\varphi(x)$ *eine* $0-1-\varrho$*-monoton wachsende Funktion und* $g(\xi)$ *eine monoton nichtfallende Funktion einer Variablen, die für* $\min_{x\in G_\varrho^n} \varphi(x) \leqq \xi \leqq \max_{x\in G_\varrho^n} \varphi(x)$ *definiert ist, dann ist auch*

$$f(x) = g(\varphi(x))$$

eine $0-1-\varrho$*-monoton wachsende Funktion.*

Satz 5: *Sind* $\varphi_i(x)$, $i=1(1)p$, $0-1-\varrho$*-monoton wachsende Funktionen und* $\psi_i(x)$, $i=1(1)q$, $0-1-\varrho$*-monoton fallende Funktionen, dann ist*

$$f(x) = \sum_{i=1}^{p} \alpha_i \varphi_i(x) + \sum_{i=1}^{q} \beta_i \psi_i(x)$$

mit $\alpha_i \geqq 0$, $i=1(1)p$, *und* $\beta_i \leqq 0$, $i=1(1)q$, *eine* $0-1-\varrho$*-monoton wachsende Funktion.*

Die Gültigkeit der Sätze 2 bis 5 ist offensichtlich. Durch sie wird jedoch deutlich, daß die Klasse der $0-1-\varrho$-monoton wachsenden Funktionen wichtige Funktionstypen enthält. Das ist auch schon dann der Fall, wenn die in Sätzen 2 bis 5 verwendeten Funktionen $\varphi(x)$, $\psi(x)$ bzw. $\varphi_i(x)$, $\psi_i(x)$ lineare Funktionen sind, für die (8) und (9) gelten. Wir bemerken jedoch, daß es wegen (8) im allgemeinen nicht möglich ist, mehrere lineare Funktionen entsprechend Satz 1 gleichzeitig durch äquivalente $0-1-\varrho$-monoton wachsende Funktionen zu ersetzen.

3. Eine Klasse nichtlinearer 0 – 1-Optimierungsaufgaben

Wir betrachten jetzt $0-1$-Optimierungsaufgaben der folgenden Gestalt

$$g_i(x) \geqq b_i, \quad i=1(1)m \tag{12a}$$

$$x_j \in \{0, 1\}, \quad j=1(1)n \tag{12b}$$

$$f(x) \to \text{Min.}, \tag{12c}$$

wobei $x' = (x_1, x_2, \ldots, x_n)$ und mindestens eine der Funktionen $f(x)$, $g_i(x)$, $i=1(1)m$, nichtlinear ist.

Es sei bekannt, daß für jede zulässige Lösung von (12)

$$\sum_{j=1}^{n} x_j \geqq \varrho \tag{13}$$

gelten muß. Auf die Bestimmung einer solchen Schranke gehen wir später ein. Ferner wird vorausgesetzt, daß in (12a) die Funktionen $g_i(x)$ für $i=1(1)m_1$, $m_1 \geqq 0$, $0-1-\varrho$-monoton fallend, für $i=m_1+1(1)m_2$, $m_2 \geqq m_1$, $0-1-\varrho$-monoton wachsend, für $i=m_2+1(1)m_3$, $m_3 \geqq m_2$, linear, aber nicht monoton und für $i=m_3+$ $+1(1)m$, $m_3 \leqq m$, nichtlinear und nicht monoton sind. Weiter soll die Zielfunktion $f(x)$ $0-1-\varrho$-monoton wachsend sein.

Auf Aufgaben der Form (12), für die drei soeben angegebenen Voraussetzungen erfüllt sind, lassen sich die erwähnten kombinatorischen Algorithmen leicht ausdehnen. Dabei werden gewisse der in [1], [2] entwickelten Tests an den Restriktionen zum Ausschluß von Elementen aus G_ϱ^n, falls erforderlich, nur auf die linearen Restriktionen aus (12a) angewendet. Für die nichtlinearen Restriktionen wird nur überprüft, ob der gerade zur Bearbeitung vorliegende $0-1$-Vektor zulässig ist.

Gilt für ein $\bar{x} \in G_\varrho^n$ und ein i mit $1 \leqq i \leqq m_1$ die Beziehung

$$g_i(\bar{x}) < b_i ,$$

dann sind wegen der Monotonie von $g_i(x)$ mit $\bar{x}$ auch alle $y \in G_\varrho^n$ mit $\bar{x} \prec y$ für (12) unzulässig. Folglich kann $\bar{x}$ von den weiteren Untersuchungen ausgeschlossen werden, weil alle aus $\bar{x}$ durch die Operationen (a), (b), (c) entstehenden Elemente von G_ϱ^n für die Aufgabe (12) unzulässig sind. Insbesondere ist (12) unlösbar, wenn $L(\bar{x}) = \{1, 2, \ldots, \varrho\}$ ist.
Gilt dagegen für ein $\tilde{x} \in G_\varrho^n$ und $T(\tilde{x}) \subseteqq \{m_1+1, m_1+2, \ldots, m_2\}$

$$g_i(\tilde{x}) \geqq b_i, \quad i \in T(\tilde{x}) ,$$

dann sind wegen der Monotonie der $g_i(x)$, $i = m_1 + 1(1)m_2$, für alle $y \in G_\varrho^n$ mit $\tilde{x} \prec y$ die betreffenden Restriktionen ebenfalls erfüllt. Für alle Elemente von G_ϱ^n, die aus $\tilde{x}$ durch die Operationen (a), (b), (c) entstehen, kann somit die Überprüfung auf Zulässigkeit für die Restriktionen mit $i \in T(\tilde{x})$ entfallen.

Die Restriktionen mit $i = m_2 + 1(1)m_3$, für die $g_i(x)$ linear und nicht monoton ist, werden auf Zulässigkeit bezüglich des gerade zu bearbeitenden 0 – 1-Vektors x überprüft. Auf die nichterfüllten unter diesen Restriktionen und die eventuell existierenden linearen Restriktionen mit $i \in \{m_1+1, m_1+2, \ldots, m_2\} \setminus T(x)$ werden die später angegebenen Tests angewendet.

Die Restriktionen mit $i = m_3 + 1(1)m$, für die $g_i(x)$ nichtlinear und nicht monoton ist, müssen erforderlichenfalls auf Zulässigkeit überprüft werden.

Die Bestimmung der unteren Schranke ϱ beruht auf der Ermittlung je einer Schranke für die einzelnen Restriktionen. Es werden Größen ϱ_i, $i = 1(1)m$, so bestimmt, daß

$$\sum_{j=1}^{n} x_j \geqq \varrho_i \quad \text{für alle} \quad x \in G_0^n \quad \text{mit} \quad g_i(x) \geqq b_i \tag{14}$$

gelten muß. Damit ergibt sich dann ϱ zu

$$\varrho = \max_{i=1(1)m} \varrho_i . \tag{15}$$

Die Bestimmung der ϱ_i für Restriktionen mit nichtlinearer Funktion $g_i(x)$ hängt natürlich von der speziellen Gestalt dieser Funktionen ab. Deshalb sind hier dazu keine weiteren Ausführungen möglich.

Für lineare Restriktionen ist jedoch die Berechnung von ϱ_i auf einfache Weise ausführbar. Wir schreiben die linearen Restriktionen aus (12a) in der Form

$$g_i(x) \equiv \sum_{j=1}^{n} a_{ij} x_j \geqq b_i , \quad i \in L , \tag{16}$$

wobei $L \subseteqq \{1, 2, \ldots, m\}$ mit $|L| \geqq m_3 - m_2$ ist. Gilt $b_i \leqq 0$, $i \in L$, dann ist $0' = (0, 0, \ldots, 0)$ für (16) zulässig. Wenn gleichzeitig $g_i(0) \geqq b_i$, $i \in \{1, 2, \ldots, m\} \setminus L$, gilt, ist 0 eine zulässige Lösung für (12), und es ist $\varrho = 0$. Da jetzt $f(x)$ nach Voraussetzung 0 – 1 – 0-monoton wachsend ist, ist 0 zugleich Optimallösung von (12).

Ist $g_i(0) < b_i$ für ein $i \in M \setminus L$ mit $M = \{1, 2, \ldots, m\}$, dann muß

$$\varrho = \max_{i \in M \setminus L} \varrho_i \geqq 1$$

sein.

Im Fall

$$I^+ = \{i \in L \mid b_i > 0\} \neq \emptyset$$

sind für die Lösbarkeit von (12) die Beziehungen

$$\sum_{j \in N_i^+} a_{ij} \geqq b_i\,, \quad i \in I^+\,,$$

notwendig, wobei

$$N_i^+ = \{j \in N \mid a_{ij} > 0\}, \quad i \in I^+\,,$$

ist. Aus den Mengen N_i^+ bilden wir die geordneten Mengen

$$\bar{N}_i^+ = \{j_1, j_2, \ldots, j_{t_i} \mid a_{ij_1} \geqq a_{ij_2} \geqq \ldots \geqq a_{ij_{t_i}}, j_\nu \in N_i^+\}\,, \quad i \in I^+\,.$$

Dabei ist $t_i = |N_i^+|$. Für jedes $i \in I^+$ wird nun die ganze Zahl $\varrho_i \geqq 1$ bestimmt, für die

$$\sum_{\nu=1}^{\varrho_i} a_{ij_\nu} \geqq b_i \quad \text{und} \quad \sum_{\nu=1}^{\varrho_i - 1} a_{ij_\nu} < b_i \tag{17}$$

gilt. Mit $\varrho_i = 0$ für $i \in L \backslash I^+$ ist dann ϱ durch (15) gegeben.

Wir kommen nun zur Beschreibung einiger Tests zum Ausschluß gewisser Elemente von G_ϱ^n von den weiteren Untersuchungen. Alle Indexmengen $L(x)$, die zu nicht ausschließbaren $x \in G_\varrho^n$ gehören, werden zusammen mit gewissen Zusatzinformationen in ein Speicherfeld Z abgespeichert.

Zielfunktionstest: Wir setzen

$$m_0 = \begin{cases} \min\limits_{L(x) \in L^*} f(x) & \text{für} \quad L^* \neq \emptyset \\ K & \text{für} \quad L^* = \emptyset\,. \end{cases}$$

Dabei bezeichnen L^* die Menge der Indexmengen $L(x)$ aller bisher gefundenen zulässigen Lösungen von (12) und K eine reelle Zahl mit $K > \max\limits_{x \in G_\varrho^n} f(x)$.

Wird eine der Indexmengen $L(x)$ aus Z zur Bearbeitung gewählt (Ausführen der möglichen Operationen (a), (b), (c)), dann wird vorher geprüft, ob

$$f(x) < m_0 \tag{18}$$

gilt. Ist (18) nicht erfüllt, dann kann $L(x)$ in Z gestrichen werden, da aus $L(x)$ nur Indexmengen $L(y)$ mit $f(y) \geqq f(x)$ entstehen können. Wenn (18) erfüllt ist und gewisse der Operationen (a), (b), (c) ausführbar sind, dann wird sofort nach der Bildung jeder Menge $L(y)$ geprüft, ob $f(y) < m_0$ ist. Trifft das nicht zu, dann wird $L(y)$ sofort gestrichen. Wir bemerken, daß trotz dieser Maßnahme für jede aus Z zur Bearbeitung zu entnehmende Menge $L(x)$ (18) erneut zu überprüfen ist, weil sich m_0 inzwischen verkleinert haben kann.

Zulässigkeitstest: Für jede aus $L(x)$ zu erzeugende Indexmenge $L(y)$ überprüfen wir der Reihe nach die Restriktionen, ob

$$g_i(y) \geqq b_i, \quad i \in M \backslash T(x)\,, \tag{19}$$

gilt.

Ist (19) erfüllt, dann gehört zu $L(y)$ eine zulässige Lösung von (12), für die wegen des zuvor ausgeführten Zielfunktionstests $f(y) < m_0$ gilt. Es wird dann $m_0 := f(y)$

und $L_0 := L(y)$ gesetzt. Ist (19) nicht erfüllt und gilt

$$g_i(y) < b_i, \quad 1 \leqq i \leqq m_1 ,$$

dann wird $L(y)$ gestrichen. Ist (19) nicht erfüllt und gilt

$$g_i(y) \geqq b_i, \quad i = 1(1)m_1 ,$$

so wird $L(y)$ in Z abgespeichert.

Verlängerungstest: Diesem Test wird jede weitere zu bearbeitende Indexmenge $L(x)$ unterworfen, für die die Operation (a) ausführbar ist. Dabei wird an gewissen linearen Restriktionen aus (12a) überprüft, ob durch Verlängern von $L(x) = \{j_1, j_2, \ldots, j_q\}$ durch Indizes $j_\nu > j_q$ Indexmengen $L(y)$ mit zulässigem y entstehen können. Es werden die Mengen

$$V(x, i) = \{j \mid j_q + 1 \leqq j \leqq n, a_{ij} > 0\} \text{ für alle } i \in L \backslash [\{1, 2, \ldots, m_1\} \cup T(x)] = L_1$$
$$\text{mit } b_i' = b_i - \sum_{j \in L(x)} a_{ij} > 0 \qquad (20)$$

und damit die Größen

$$s_i = \begin{cases} \sum\limits_{j \in V(x,i)} a_{ij} & \text{für alle } i \text{ mit } V(x, i) \neq \emptyset \\ 0 & \text{für alle } i \text{ mit } V(x, i) = \emptyset \text{ oder } b_i' \leqq 0 , \end{cases}$$

$i \in L_1$, gebildet.
Gilt für ein $i \in L_1$ die Beziehung $s_i < b_i'$, so kann durch Verlängern von $L(x)$ gewiß keine zulässige Lösung von (12) entstehen, so daß die Operation (a) nicht ausgeführt zu werden braucht. Anderenfalls wird die Operation (a) auf $L(x)$ angewendet.

Erhöhungstest: Diesem Test wird jede weiter zu bearbeitende Indexmenge $L(x)$ unterworfen, für die die Operation (b) ausführbar ist. Dabei wird an den linearen Restriktionen aus (12a) überprüft, ob und wie weit sich der letzte Index j_q von $L(x)$ erhöhen läßt, so daß noch Aussicht auf eine zulässige Lösung besteht. Wir bilden dazu die Größen

$$\bar{b}_i = b_i - \sum_{j \in L(x)} a_{ij} + a_{ij_q} = b_i' + a_{ij_q}, \quad i \in L_1 ,$$

und die in (20) definierten Mengen $V(x, i)$, jetzt aber für alle $i \in L_1$. Nun setzen wir

$$v_i = \begin{cases} n & \text{für } \bar{b}_i \leqq 0 \\ j_q & \text{für } V(x, i) = \emptyset \text{ und } \bar{b}_i > 0 \\ j_q & \text{für } V(x, i) \neq \emptyset \text{ und } \sum\limits_{j \in V(x,i)} a_{ij} < \bar{b}_i \\ l_i = \max\limits_{j \in V(x,i)} j & \text{für } V(x, i) \neq \emptyset \text{ und } a_{il_i} \geqq \bar{b}_i \end{cases} \qquad (21)$$

und bestimmen für die restlichen $i \in L_1$ den Index v_i, für den

$$\sum_{\substack{j \in V(x,i) \\ j > v_i}} a_{ij} < \bar{b}_i \quad \text{und} \quad \sum_{\substack{j \in V(x,i) \\ j \geqq v_i}} a_{ij} \geqq \bar{b}_i$$

gilt. Dann ist

$$\mu(x) = \min_{i \in L_1} v_i$$

der höchste Wert, bis zu dem der letzte Index von $L(x)$ erhöht werden kann, so daß noch eine zulässige Lösung von (12) entstehen kann.

Wir bemerken jedoch, daß im Fall $q=\varrho$ aus $L(x)$ Indexmengen $L(y)$ entstehen können, deren letzter Index größer ist als $\mu(x)$, und die zu zulässigen Lösungen führen können. In solchen $L(y)$ muß dann aber gegenüber $L(x)$ mindestens einer der Indizes j_ν, $\nu=1(1)q-1$, verändert sein. Solche Mengen erhält man aus $\{j_1, j_2, \ldots, j_{q-1}, \mu(x)\}$ im Fall $\mu(x)-j_{q-1}=1$. Aus $\{j_1, j_2, \ldots, j_{q-1}, \mu(x)+1\}$ entsteht dann nämlich durch die Operation (c) die Menge $\{j_1, j_2, \ldots, j_{q-2}, j_{q-1}+1, \mu(x)+1\}$. Für $\mu(x)-j_{q-1}>1$ kann nach Erhöhen von $\mu(x)$ die Operation (c) nicht ausgeführt werden, so daß in diesem Fall aus $L(x)$ keine zu einer zulässigen Lösung von (12) gehörende Indexmenge entstehen kann.
In den Fällen $q>\varrho$, $j_q=\mu(x)$ und $q=\varrho$, $j_q=\mu(x)$, $\mu(x)-j_{q-1}>1$ braucht somit die Operation (b) nicht ausgeführt zu werden. Im Fall $q=\varrho$, $\mu(x)-j_{q-1}=1$ wird dagegen aus $L(x)=\{j_1, j_2, \ldots, j_{q-1}, \mu(x)\}$ sofort die Menge $\{j_1, j_2, \ldots, j_{q-2}, j_{q-1}+1, \mu(x)+1\}$ gebildet. Jede Indexmenge $L(y)$ wird nach ihrer Erzeugung sofort dem Zulässigkeitstest unterworfen, und jede bearbeitete Indexmenge $L(x)$ wird in Z gestrichen. Damit gilt das folgende

Optimalitätskriterium: Ist $Z=\emptyset$ und $m_0<K$, so ist L_0 die zu einer Optimallösung von (12) gehörende Indexmenge. Ist $Z=\emptyset$ und $m_0=K$, so ist die Aufgabe (12) nicht lösbar.
Wird das Verfahren abgebrochen, bevor $Z=\emptyset$ ist, dann ist im Fall $m_0<K$ durch

$$\min_{L(x)\in Z} f(x) \leqq f_{\min} \leqq m_0 \tag{22}$$

eine Abschätzung für die Güte der bisher gefundenen besten zulässigen Lösung gegeben. Dabei bezeichnet $f_{\min}$ den Optimalwert von $f(x)$.

4. Bemerkungen zu den Algorithmen

Unter Verwendung der Operationen (a), (b), (c) und der im vorigen Abschnitt angegebenen Tests lassen sich Algorithmen zur Bearbeitung der Aufgabe (12) entwickeln, insbesondere diejenigen, die durch Ausdehnung der in [1], [2] angegebenen entstehen. Diese beiden Algorithmen unterscheiden sich nur in der Reihenfolge, in der durch die Operationen (a), (b), (c) die Elemente von G_ϱ^n erzeugt werden, und in den Speichervorschriften und Bearbeitungsreihenfolgen für die Indexmengen $L(x)$.

Beim ersten Algorithmus wird auf jede zu bearbeitende Indexmenge jeweils jede der ausführbaren Operationen (a), (b), (c) angewendet. Dabei werden die Operationen in der Reihenfolge (c), (a), (b) ausgeführt. Die durch (c) und (a) eventuell entstehenden Indexmengen werden, falls sie nicht ausgeschlossen werden können, jeweils im Anschluß an die letzte Eintragung in Z gespeichert. Die durch die Operation (b) entstehende Indexmenge wird, falls sie nicht ausgeschlossen wird, als nächste bearbeitet. Kann (b) nicht mehr ausgeführt werden, dann wird die als erste in Z stehende Indexmenge als nächste bearbeitet. Durch diese Vorschrift zur Bearbeitungsreihenfolge wird stets, solange das möglich und nötig ist, nur der letzte Index der Ausgangsmenge erhöht. Damit ist der Vorteil verbunden, daß der Erhöhungstest höchstens dann auszuführen ist, wenn eine neue Indexmenge aus Z entnommen wird. Dieser Algorithmus besitzt den Nachteil, daß über den benötigten Speicherplatz keine praktisch brauchbare Aussage möglich ist. Für Aufgaben mit einer größeren Zahl von Variablen kann der Speicherplatzbedarf schnell so groß werden, daß externe Speichermedien benutzt werden müssen.

Beim zweiten Algorithmus werden die Indexmengen $L(x)$, $x \in G_\varrho^n$, so erzeugt, daß jeweils alle benötigten Mengen mit der Mächtigkeit q, $\varrho \leqq q \leqq n$, unmittelbar nacheinander aufgebaut werden. Dazu werden ausgehend von $\{1, 2, \ldots, q\}$ auf alle entstehenden $L(x)$ nur die Operationen (c) und (b) angewendet, falls diese ausführbar sind. Dabei muß nicht die natürliche Reihenfolge der Mächtigkeiten ϱ, $\varrho+1, \ldots, n$ eingehalten werden, sondern es kann eine beliebige Permutation von $(\varrho, \varrho+1, \ldots, n)$ benutzt werden. Das im Abschnitt 3 formulierte Optimalitätskriterium muß jetzt jedoch auf die abgewandelte Erzeugungsvorschrift für die $x \in G_\varrho^n$ zugeschnitten werden.

Mit den Bezeichnungen

$$Q = \{q \mid \varrho \leqq q \leqq n, \text{ die } L(x) \text{ mit } |L(x)| = q \text{ wurden noch nicht untersucht}\}$$

und

$$L(x^q) = \{1, 2, \ldots, q\}$$

erhält das Optimalitätskriterium die folgende Fassung:

Wurden alle $L(x)$ mit der festen Mächtigkeit k, $1 \leqq k \leqq n$, untersucht und gilt

$$m_0 \leqq \min\ (f(x^q), \quad q \in Q)\,,$$

dann ist L_0 die zu einer Optimallösung von (12) gehörende Indexmenge. Wurden alle $L(x)$ mit $q = \varrho(1)\ n$ untersucht und ist $m_0 = K$, dann ist (12) nicht lösbar.

Wenn jetzt der Speicher- und Bearbeitungsprozeß geschickt organisiert wird, läßt sich für den maximalen Speicherplatzbedarf eine praktisch brauchbare Angabe machen. In ein Speicherfeld Z werden jetzt nacheinander die durch die Operation (c) entstehenden Indexmengen gespeichert, während die durch die Operation (b) entstehenden jeweils sofort weiter bearbeitet werden. Ist das nicht mehr möglich, dann wird die zuletzt in Z gespeicherte Menge zur Bearbeitung übertragen und in Z gestrichen. Für diese Vorgehensweise ist in [1], [2] der folgende Satz bewiesen worden.

Satz 6: *Die Maximalzahl der bei der Erzeugung aller $L(x)$ mit $\varrho \leqq |L(x)| \leqq n$ zu speichernden Indexmengen ist*

$$p = \min\left(\left[\frac{n}{2} - 1\right], \quad n - \varrho - 1\right).$$

Dabei bezeichnet $[a]$ den ganzen Anteil von a.

Dieser Algorithmus ist besonders dann vorteilhaft, wenn auf Grund der speziellen Struktur von (12) für die Anzahl der positiven Variablen in einer Optimallösung gute Schranken angegeben werden können.

Die in [1], [2] enthaltenen Ablaufpläne der Algorithmen für lineare $0-1$-Optimierungsaufgaben können leicht auf den hier behandelten allgemeinen Fall umgeschrieben werden. Deshalb können wir hier auf detaillierte Beschreibungen verzichten.

5. Ein Beispiel

Zur Demonstration der Algorithmen betrachten wir das folgende

Beispiel:

$$
\begin{aligned}
&2x_1+x_2+x_3-x_4-5x_5-8x_6 \geqq -4\\
&(-x_1+x_2+2x_3+4x_4+4x_5+4x_6)^2 \geqq 70\\
&4x_1-2x_2+x_3+5x_4+x_5-x_6 \geqq 4\\
&(2x_1^2-x_2x_3+4x_5-2x_6^2)(-x_1^2+2x_1x_2+x_5) \geqq 2\,, \quad x_j \in \{0,1\}, \quad j=1(1)6\,,\\
&f(x)=-x_1x_2-3x_1x_3-4x_1x_4-6x_1x_5-7x_1x_6+2x_2x_3+2x_2x_4+3x_2x_5\\
&\qquad +3x_2x_6+6x_3x_4+9x_3x_5+11x_3x_6+12x_4x_5+14x_4x_6+21x_5x_6\\
&\qquad +x_1+2x_3+4x_4+9x_5+12x_6 \rightarrow \text{Min.}
\end{aligned}
$$

Hier ist $I^+=\{3\}$ und $N_3^+=\{1, 3, 4, 5\}$, $\bar{N}_3^+=\{4, 1, 3, 5\}$.
Wegen

$$\sum_{j\in N_3^+} a_{3j}=11>4$$

ist die notwendige Bedingung für die Lösbarkeit der Aufgabe erfüllt. Wir erhalten $\varrho_1=0$, $\varrho_2=3$, $\varrho_3=1$, $\varrho_4=1$, so daß sich $\varrho=3$ ergibt. Offensichtlich ist die in der ersten Restriktion auftretende lineare Funktion $0-1-3$-monoton fallend, während die in der zweiten Restriktion stehende quadratische Funktion wegen Satz 2 oder Satz 4 $0-1-3$-monoton wachsend ist. Die in der dritten bzw. vierten Restriktion auftretenden Funktionen besitzen keine Monotonieeigenschaft. Wegen $x_j^2=x_j$ für $x_j\in\{0, 1\}$ läßt sich die Zielfunktion in der Form

$$f(x)=(-x_1+x_2+x_3+2x_4+3x_5+4x_6)(-x_1+2x_3+2x_4+3x_5+3x_6)$$

schreiben. Aus dieser Darstellung erkennt man nach Satz 2 sofort, daß $f(x)$ $0-1-3$-monoton wachsend ist.
Wir wählen

$$K=120>f(0, 1, 1, 1, 1, 1)=110\,.$$

Die Durchführung der Rechnung nach dem ersten Algorithmus kann in der Tabelle 1 verfolgt werden. In deren erster Spalte (BRF) ist abzulesen, in welcher Reihenfolge die Indexmengen bearbeitet wurden. Für die auszuschließenden Indexmengen enthält diese Spalte einen Strich. In der Spalte „Verlängerungstest“ ist durch + angegeben, wenn die Ausführung der Operation (a) erforderlich ist.
Als Optimallösung ergibt sich $x_1=x_3=x_4=x_5=1$, $x_2=x_6=0$ mit dem Zielfunktionswert $f(x)=30$.
Bei diesem Beispiel wurden von den insgesamt 42 Elementen von G_3^6 nur 20 erzeugt, und von diesen mußten nur 9 bearbeitet werden.
Der Rechengang nach dem zweiten Algorithmus ist an der Tabelle 2 zu verfolgen. In dieser fehlt die Spalte „Verlängerungstest“, da die Operation (a) nicht ausgeführt wird.

Tabelle 1

BRF	$L(x)$	$f(x)$	$T(x)$	Verl. Test	$\mu(x)$	m_0	Bemerkungen
1	123	1	∅	+	4	110	
3	1234	9	∅	+	5	110	
2	124	2	∅	+	4	110	
5	134	6	∅	+	6	110	
7	1245	20	∅	+	6	110	
–	12345	36	2			36	zulässig, streichen, $m_0 := 36$
4	1235	16	∅	+	5	36	
–	12356	56					streichen wegen $f(x) > m_0$
8	234	16	∅	+	4	36	
–	1345	30	2			30	zulässig, streichen, $m_0 := 30$
6	135	12	∅	+	6	30	
9	145	16	∅	+	6	30	
–	1356	49					streichen wegen $f(x) > m_0$
–	136	16					streichen, weil 1. Restriktion verletzt
–	12456	63					streichen wegen $f(x) > m_0$
–	1246	24					streichen, weil 1. Restriktion verletzt
–	2345	49					streichen wegen $f(x) > m_0$
–	245	30					streichen wegen $f(x) = m_0$
–	1456	56					streichen wegen $f(x) > m_0$
–	146	20					streichen, weil 1. Restriktion verletzt

Tabelle 2

BRF	$L(x)$	$f(x)$	$T(x)$	$\mu(x)$	m_0	Bemerkungen
1	123	1	∅	4	110	
2	124	2	∅	4	110	
3	134	6	∅	6	110	
5	234	16	∅	4	110	
4	135	12	∅	6	110	
6	145	16	∅	6	110	
–	136	16				streichen, weil 1. Restriktion verletzt
–	245	30				streichen, weil 1. Restriktion verletzt
–	146	20				streichen, weil 1. Restriktion verletzt
7	1234	9	∅	5	110	
8	1235	16	∅	5	110	
9	1245	20	∅	6	110	
–	1345	30	2		30	zulässig, streichen, $m_0 := 30$
–	1246	24				streichen, weil 1. Restriktion verletzt
10	12345	36				streichen wegen $f(x) > m_0$

6. Schlußbemerkungen

Die hier dargestellten Algorithmen lassen sich auch dann anwenden, wenn die Zielfunktion nur $0-1-\sigma$-monoton wachsend ist und $\sigma > \varrho$ gilt. In einem solchen Fall kann natürlich der Zielfunktionstest nur für solche $L(x)$ mit $|L(x)| \geqq \sigma$ ausgenutzt werden.

Prinzipiell ist die Anwendung der Algorithmen auch dann möglich, wenn keine der in den Restriktionen auftretenden Funktionen $g_i(x)$ eine Monotonieeigenschaft besitzt. Falls dann jedoch nicht mindestens ein $g_i(x)$ linear ist, kann außer dem Zielfunktionstest kein weiterer Test zum Ausschluß gewisser $x \in G_\varrho^n$ benutzt werden.

Die numerische Erprobung von PL/1 Programmen der beiden Algorithmen für lineare $0-1$-Optimierungsaufgaben ist bisher sehr erfolgreich verlaufen, so daß auch für die hier behandelten speziellen nichtlinearen Aufgaben günstige Ergebnisse erwartet werden können.

References

[1] Schoch, M.: Das Erweiterungsprinzip und seine Anwendung zur Entwicklung von Algorithmen für die Lösung kombinatorischer Optimierungsaufgaben. VEB Deutscher Verlag der Wissenschaften, Berlin 1976.

[2] Lyska, W.: Kombinatorische Algorithmen zur Lösung linearer $0-1$-Optimierungsaufgaben. Dissertation A, Bergakademie Freiberg, 1976.

Summary

On the set G_ϱ^n of the n-dimensional $0-1$-vectors with at least ϱ positive components a semiordering is introduced. Each realvalued function $f(x)$, defined on G_ϱ^n, with $f(x) \leqq f(y)$ for $x \prec y$ is called $0-1-\varrho$-monoton increasing. Combinatorical algorithms, presented by the authors for linear $0-1$-programming, are extended to $0-1$-programming problems with $0-1-\varrho$-monoton increasing objective function and arbitrary restrictions.

Резюме

На множестве G_ϱ^n всех 0–1-векторов размерности n по меньшей мере ϱ положительными компонентами вводится полуупорядоченность. Каждая на G_ϱ^n определённая вещественная функция $f(x)$, для которой имеет место $f(x) \leqq f(y)$ для $x \prec y$, называется $0-1-\varrho$-монотонной возрастающей. От авторов для линейных задач программирования с 0–1 целочисленными компонентами описанные комбинаторные алгоритмы расширятся на задачи с $0-1-\varrho$-монотонной функции цели и произвольными ограничениями.

Eingereicht bei der Redaktion: 4. 2. 1977

Math. Operationsforsch. Statist., Ser. Optimization, Vol. 9 (1978) No. 1, 21–29

Extremal Principles and Optimization Dualities for Khinchin-Kullback-Leibler Estimation

A. Charnes [1]; W. W. Cooper [2] and L. Seiford [1]

Summary: This paper presents a new extremal approach to deriving dual optimization problems with proper duality inequality which simplifies and generalizes the Fenchel-Rockafellar scheme. Our derivation proceeds in two stages, (i) inequality attainment, (ii) decoupling primal and dual variables. The power and convenience of this approach are exhibited through a new, much simpler derivation of the Charnes-Cooper results for Khinchin-Kullback-Leibler statistical estimation [1], the immediate establishment of the C^2 duality for general distributions and its extensions to general linear inequality constraints, plus the development of a new two-person zero-sum game connection.

0. Introduction

In [1] Charnes and Cooper established a duality with three mutually exclusive and collectively exhaustive (MECE) duality states for constrained K^2L (Khinchin-Kullback-Leibler) statistical estimation with finite discrete distributions. Their dual problems are

(I) $$\max v(\delta) \equiv -\delta^{\mathsf{T}} \ln \left(\frac{\delta}{ec}\right)$$
$$\text{with } \delta^{\mathsf{T}}A = b^{\mathsf{T}}, \quad \delta \geqq 0$$

and

(II) $$\inf \xi(z) \equiv c^{\mathsf{T}} e^{Az} - b^{\mathsf{T}} z .$$

Extensions to general distributions were developed in [2] by Ben-Tal and Charnes using function space settings and some generalized Fenchel-Rockafellar duality theory [3]. The "F-R" theory was also employed by Ben-Tal and Charnes in [4] to develop a general class of non-linear inequality constrained convex programming problems with unconstrained duals as in the above "C^2" duality.

This paper presents a new extremal approach to deriving dual optimization problems with proper duality inequality which simplifies and generalizes the Fenchel-Rockafellar scheme. Our derivation proceeds in two stages, (i) inequality attainment, (ii) decoupling primal and dual variables. The power and convenience of this approach are exhibited through a new, much simpler derivation of the Charnes-Cooper results for Khinchin-Kullback-Leibler statistical estimation [1], the immediate establishment of the C^2 duality for general distri-

[1] Business-Economics Building, 203E, University of Texas, Austin, Texas 78712, USA.
[2] Graduate School of Business, Havard University.

butions and its extensions to general linear inequality constraints, plus the development of a new two-person zero-sum game connection.

The latter dualities as well as extensions to general classes of convex functionals a la [4] are being developed elsewhere by CHARNES, COOPER, SEIFORD and PALACIOS.

1. The Extremal Principle

We restrict the presentation here to *convex* programming dualities. (The general case involves only the obvious deletion of the convexity (concavity) requirements.) There are two aspects to the principle. The first is the achievement of the duality inequality. The second is "decoupling" the variables of the dual problems.

Let $K(\delta, x)$ be a real-valued function concave in δ for $(\delta, x) \in \Delta \times X \subseteqq R^m \times R^s$. This function is chosen so that $g(\delta) \equiv \inf_X K(\delta, x)$ exists for each $\delta \in \Delta$. (Thereby $g(\delta)$ is a concave function of δ.)

For convexity re x and then decoupling, let $x = T(z)$ map Z, a convex set in R^n, into X. Let $K(\delta, x) = f(z)$, a convex function, for $z \in Z, \delta \in \Gamma$. Thus $\Gamma \times T(Z)$ is the decoupling set for (δ, x). For convexity in δ we require $\Delta \cap \Gamma$ to be a convex set.

Clearly, then, the duality inequality is established

$$g(\delta) \leqq f(z), \quad \forall\ \delta \in \Delta \cap \Gamma, \quad \forall\ z \in Z\,. \tag{1}$$

Further, the problems

(III) $\quad \sup g(\delta), \quad \delta \in \Delta \cap \Gamma$

and

(IV) $\quad \inf f(z), \quad z \in Z$

are dual convex programming problems. Existence or nonexistence of duality gaps is clearly dependent on the choices of $\Delta \cap \Gamma$ and Z.

2. The Dual Problems for Discrete K²L Estimation

Consider the function of two real variables δ, x,

$$K(\delta, x) \equiv c\mathrm{e}^x - \delta x, \quad \text{where} \quad c, \delta \geqq 0\,. \tag{2}$$

Then for $c > 0$ and $\delta \geqq 0$,

$$g(\delta) = \inf_x K(\delta, x) = -\delta \ln\left(\frac{\delta}{\mathrm{e}c}\right), \tag{2.1}$$

where e is the base of the NAPIERian logarithms, and we set $0 \cdot \ln(0) = 0$.

Note that if $c = 0$ with $\delta \geqq 0$, then we must restrict x above, e.g. $x \leqq 0$, in order that $g(\delta)$ exists.

Staying with $c_i > 0$ and introducing δ_i, $x_i \geqq 0$, we have

$$v(\delta) \equiv -\sum_i \delta_i \ln\left(\frac{\delta_i}{\mathrm{e}c_i}\right) \leqq \sum_i (c_i \mathrm{e}^{x_i} - \delta_i x_i)\,, \tag{2.2}$$

for all $\delta \geqq 0$ and all x.

Next, suppose

$$x_i = \sum_j a_{ij} z_j \quad \text{and} \quad \sum_i \delta_i a_{ij} = b_j , \tag{2.3}$$

for constants a_{ij} and b_j.
Then, in vector-matrix notation,

$$v(\delta) \leqq \xi(z) \equiv c^{\mathsf{T}} e^{Az} - b^{\mathsf{T}} z \tag{2.4}$$

for $\delta \geqq 0$, $\delta^{\mathsf{T}} A = b^{\mathsf{T}}$ and z unconstrained.
Thus (I) and (II) are established as dual convex programs satisfying the duality inequality (2.4).

Further, they are established for the *general* discrete distribution case where the $\{x_i\}$ $\{\delta_i\}$ $\{z_j\}$ are sequences for which the sums in (2.2), (2.3) exist. For example, we could have x, δ, z in the sequence space (l_1) and, thereby, A a linear transformation from (l_1) into (l_1).

3. The Charnes-Cooper Duality States

Clearly, from (2.4), $\xi(z)$ is bounded below provided that $\delta \geqq 0$, $\delta^{\mathsf{T}} A = b^{\mathsf{T}}$ has a solution. Suppose it does not. Consider the dual l.p. problems:

$$\begin{array}{lll} \max b^{\mathsf{T}} z & \text{and} & \min \delta^{\mathsf{T}} \cdot 0 \\ Az \leqq 0 & & \delta^{\mathsf{T}} A = b^{\mathsf{T}} \\ & & \delta \geqq 0 . \end{array} \tag{3.1}$$

By the extended dual theorem [5], since $z=0$ satisfies $Az \leqq 0$, there exists a sequence z^n such that $Az^n \leqq 0$ and $b^{\mathsf{T}} z^n \to \infty$. But then,

$$\xi(z^n) = c^{\mathsf{T}} e^{Az^n} - b^{\mathsf{T}} z^n \leqq c^{\mathsf{T}} e - b^{\mathsf{T}} z^n \to -\infty .$$

Thus we have established duality state 1 e.g.:

$$\inf \xi(z) = -\infty \quad \textit{iff} \quad \delta \geqq 0, \quad \delta^{\mathsf{T}} A = b^{\mathsf{T}} \quad \textit{has no solution.}$$

Next, suppose $\xi(z)$ has a minimum. Since $\xi(z)$ is differentiable and convex and z is unconstrained, the gradient must vanish at z^*, a minimum, e.g.

$$\frac{\partial \xi(z)}{\partial z_j^*} = \sum_i c_i e^{\sum_j a_{ij} z_j^*} a_{ij} - b_j = 0, \quad j = 1, \ldots n . \tag{3.2}$$

But set $\delta_i^* \equiv c_i e^{\sum_j a_{ij} z_j^*}$. Then $\delta_i^* > 0$ for all i and $\delta^{*\mathsf{T}} A = b^{\mathsf{T}}$.

Note that for this choice

$$\begin{aligned} v(\delta^*) &= -\sum_i \delta_i^* \ln \left(\frac{\delta_i^*}{e c_i} \right) = \sum_i \delta_i^* - \sum_i \delta_i^* \ln \left(\frac{\delta_i^*}{c_i} \right) \\ &= \sum_i \delta_i^* - \sum_i \delta_i^* ({}_i A z^*) = \sum_i \delta_i^* - b^{\mathsf{T}} z^* \\ &= c^{\mathsf{T}} e^{Az^*} - b^{\mathsf{T}} z^* = \min \xi(z) . \end{aligned} \tag{3.3}$$

Hence $v(\delta^*) = \max v(\delta)$, $\delta \geqq 0$, $\delta^{\mathsf{T}} A = b^{\mathsf{T}}$, and $\min \xi(z) = \max v(\delta)$.

Conversely, suppose $\delta \geqq 0$, $\delta^{\mathsf{T}} A = b^{\mathsf{T}}$ has a solution $\bar{\delta} > 0$. Then

$$\xi(z) = \sum_i \{ c_i e^{\sum_j a_{ij} z_j} - \bar{\delta}_i \sum_j a_{ij} z_j \} . \tag{3.4}$$

But the function of one variable x, with c_i, $\bar{\delta}_i > 0$,

$$\xi_i(x) \equiv c_i e^x - \bar{\delta}_i x \to +\infty \quad \text{as} \quad x \to \pm\infty . \tag{3.5}$$

Hence if z^n is a sequence for which

$$\xi(z^n) \to \inf_z \xi(z) \tag{3.6}$$

we cannot have ${}_iAz^n \equiv \sum_j a_{ij} z_j^n \to \pm\infty$ with $n \to \infty$.

Since the ${}_iAz^n$ are thereby bounded, we can choose a subsequence, again denoted z^n, so that

$${}_iAz^n \to a_i, \quad \text{all } i . \tag{3.7}$$

Applying the Farkas-Minkowski Closure Corollary (FMC[2]) [5] we conclude there exists z^* such that ${}_iAz^* = a_i$, all i.

But then

$$\inf \xi(z) = \mathop{\mathsf{L}}_{n\to\infty} \xi(z^n) = c^{\mathsf{T}} e^a - \bar{\delta}^{\mathsf{T}} a = \xi(z^*) \tag{3.8}$$

i.e. $\xi(z)$ has a minimum at z^*.

Thus state 3 is established:

$\xi(z)$ has a minimum iff $\delta^{\mathsf{T}} > 0$, $\delta^{\mathsf{T}} A = b^{\mathsf{T}}$ has a solution; also

$\min \xi(z) = \max v(\delta)$.

By exhaustion, then, state 2 is established:

$\xi(z)$ has only an infimum iff $\prod_i \delta_i = 0$ in every solution to $\delta \geqq 0$,

$\delta^{\mathsf{T}} A = b^{\mathsf{T}}$.

To obtain the further properties in state 2, we note first that since there exists $\bar{\delta} \geqq 0$, $\bar{\delta}^{\mathsf{T}} A = b^{\mathsf{T}}$, we can write

$$\xi(z) = \sum_i \{c_i e^{({}_iAz)} - \bar{\delta}_i({}_iAz)\} . \tag{3.81}$$

Now suppose $\xi(z^n) \to \inf \xi(z)$ and that (w.l.o.g.) $({}_iAz^n) \to a_i$, $i \in D$, $({}_rAz^n) \to -\infty$, $r \notin D$. (Clearly $\bar{\delta}_r = 0$ for $r \notin D$.) By the FMC[2], there exists $\hat{z}$ such that ${}_iA\hat{z} = a_i$, $i \in D$, ${}_rA\hat{z} \leqq 1$, $r \notin D$. Then ${}_iA\,(z^n - \hat{z}) \to 0$, $i \in D$ and ${}_rA\,(z^n - \hat{z}) \to -\infty$, $r \notin D$. By the FMC[2], there exists $\tilde{z}$ such that ${}_iA\tilde{z} = 0$, $i \in D$, ${}_rA\tilde{z} \leqq -1$. Then ${}_iA\,(\hat{z} + p\tilde{z}) = a_i$, $i \in D$, ${}_rA\,(\hat{z} + p\tilde{z}) \to -\infty$ as $p \to \infty$. Thus $\xi\,(\hat{z} + p\tilde{z}) \to \inf \xi(z)$ as $p \to \infty$.

But

$$\xi\,(\hat{z} + p\tilde{z}) = \sum_{i \in D} \{c_i e^{{}_iA\hat{z}} - \bar{\delta}_i({}_iA\hat{z})\} + \sum_{r \notin D} c_r e^{{}_rA\,(\hat{z}+p\tilde{z})} \tag{3.82}$$

and

$$\mathop{\mathsf{L}}_{p\to\infty} \xi\,(\hat{z} + p\tilde{z}) = \inf \xi(z) = \sum_{i \in D} \{c_i e^{{}_iA\hat{z}} - \bar{\delta}_i\, {}_iA\hat{z})\} \tag{3.83}$$

$$= \sum_{i \in D} c_i e^{{}_iA\hat{z}} - b^{\mathsf{T}}\hat{z} \equiv \xi_D(\hat{z}) .$$

If $\xi_D(\hat{z}) > \inf \xi_D(z)$, then there exists $\bar{z}$ such that $\xi_D(\bar{z}) < \xi_D(\hat{z})$. But $\mathop{\mathsf{L}}_{p\to\infty} \xi\,(\bar{z} + p\tilde{z}) = \xi_D(\bar{z}) < \xi_D(\hat{z}) = \inf \xi(z)$, a contradiction. So $\xi_D(\hat{z}) = \min \xi_D(z) = \inf \xi(z)$.

Then $v(\hat{\delta}) = \inf \xi(z)$ where $\hat{\delta}_i = \begin{cases} c_i e^{{}_iA\hat{z}}, & i \in D \\ 0, & i \notin D . \end{cases}$

Hence $v(\hat{\delta}) = \max v(\delta)$.

Thus a δ^* exists and by uniqueness $\delta^* = \hat{\delta}$.

The further properties of state 2 are thereby established, e.g.:

$$\inf \xi(z) = \max v(\delta) = \min \xi_D(z) \,. \tag{3.9}$$

As noted by CHARNES and COOPER in (1), the duality state may be characterized by means of the linear program:

$$\begin{aligned} &\max \mu \\ &\mu e^{\mathsf{T}} - \delta \leqq 0 \\ &\delta^{\mathsf{T}} A = b^{\mathsf{T}} \\ &\delta \geqq 0 \,. \end{aligned} \tag{3.91}$$

State 1 corresponds to infeasibility, state 2 to $\mu^* = 0$, state 3 to $\mu^* > 0$.

4. The C² Duality For General Distributions

From the (*two* real variable) result in (2) and (2.1) we can write

$$-\delta(t) \ln \left[\frac{\delta(t)}{ec(t)}\right] \leqq c(t)\, e^{x(t)} - \delta(t)\, x(t) \,, \tag{4.1}$$

where $c(t) > 0$, $\delta(t) \geqq 0$.

Taking $\mu(t)$ as a *non-negative* RADON-STIELTJES measure, then, assuming existence of the integrals,

$$v(\delta) \equiv -\int \delta(t) \ln \left[\frac{\delta(t)}{ec(t)}\right] d\mu(t) \leqq \int [c(t)\, e^{x(t)} - \delta(t)\, x(t)]\, d\mu(t) \,. \tag{4.2}$$

Let

$$\left.\begin{aligned} x(t) &= \int A(t, s)\, z(s)\, d\nu(s) \,, \quad \text{and} \\ \int \delta(t)\, A(t, s)\, d\mu(t) &= b(s) \end{aligned}\right\} \tag{4.3}$$

where $\nu(s)$ is a RADON-STIELTJES measure, and convergence of integrals is assumed. Then (assuming FUBINI's theorem holds),

$$v(\delta) \equiv -\int \delta(t) \ln \left[\frac{\delta(t)}{ec(t)}\right] d\mu(t) \leqq \xi(z), \tag{4.4}$$

and

$$\xi(z) = \int \{c(t) \exp \left[\int A(t, s)\, z(s)\, d\nu(s)\right] d\mu(t) - \int b(s)\, z(s)\, d\nu(s)$$

when (4.1) and (4.2) hold.

Clearly with $\delta(t) = f_1(t)$, $c(t) > 0$ (except on a set of μ-measure zero) corresponding to $f_2(t)$, in KULLBACK's notation [6], we have here exhibited the CHARNES-COOPER dual programs for the case of general distributions. Note for special choice of ν that s takes on only a finite number of values as in ROCKAFELLAR's or in BEN-TAL's and CHARNES' work. This is the important case in statistical estimation of a finite number of constraints. Thereby $\xi(z)$ involves only an unconstrained finite *vector* z.

5. A Game-Theoretic Connection

We can also connect the C^2-duality with a saddle-point or two-person zero-sum game. For, let

$$K(\delta, x) \equiv \sum_i (c_i e^{x_i} - \delta_i x_i) \tag{5.1}$$

be the payoff to the "δ-player" from the "x-player". Let the respective strategy sets Δ, X be defined by

$$\begin{aligned} \Delta &\equiv \{\delta : \delta^\mathsf{T} A = b^\mathsf{T}, \delta \geqq 0\} \\ X &\equiv \{x : x = Az\} . \end{aligned} \tag{5.2}$$

Clearly

$$\sup_\Delta v(\delta) = \sup_\Delta - \sum_i \delta_i \ln \left(\frac{\delta_i}{ec_i}\right) \leqq \sup_\Delta \inf_X K(\delta, x) . \tag{5.3}$$

But

$$\sup_\Delta \inf_X K(\delta, x) \leqq \inf_X \sup_\Delta K(\delta, x) \tag{5.4}$$

whenever both sides have meaning.

Also,

$$\begin{aligned} \inf_X \sup_\Delta K(\delta, x) &= \inf_z \sup_\Delta (c^\mathsf{T} e^{Az} - \delta^\mathsf{T} Az) \\ &= \inf_z (c^\mathsf{T} e^{Az} - b^\mathsf{T} z), \quad \text{when} \quad \Delta \neq \emptyset , \\ &= \inf_z \xi(z) . \end{aligned} \tag{5.5}$$

From the C^2 duality theory, then $\sup v(\delta) = \inf_z \xi(z)$.

Thus,

Theorem: $\sup_\Delta \inf_X K(\delta, x) = \inf_X \sup_\Delta K(\delta)$ *whenever* $\Delta \neq \emptyset$.

Or more sharply,

$$\max \inf K(\delta, x) = \inf \max K(\delta, x) \quad \text{whenever} \quad \Delta \neq \emptyset.$$

6. A More General Inequalities Form

Suppose we wish to consider discrete K^2L estimation of the form

$$\begin{aligned} &\max v(\delta) = -\delta^\mathsf{T} \ln \left[\frac{\delta}{ec}\right] \\ &\text{subject to } \delta^\mathsf{T} A^1 = b^{1\mathsf{T}} \\ &\qquad\qquad \delta^\mathsf{T} A^2 \leqq b^{2\mathsf{T}} \\ &\qquad\qquad \delta \quad \geqq 0 . \end{aligned} \tag{6.1}$$

The constraints may be considered equivalently as

$$\begin{aligned} \delta^{\mathsf T} A^1 \quad &= b^{1\mathsf T} \\ \delta^{\mathsf T} A^2 + \gamma^{\mathsf T} &= b^{2\mathsf T} \\ \delta^{\mathsf T}, \gamma^{\mathsf T} \quad &\geqq 0 . \end{aligned} \tag{6.2}$$

By the remark on $c=0$ in § 2, we may write a duality inequality as

$$-\sum_i \delta_i \ln \left[\frac{\delta_i}{ec_i}\right] + 0 \leqq \sum_{i \in I_i} (c_i e^{x_i} - \delta_i x_i) - \sum_{i \in I_r} \gamma_i y_i \tag{6.3}$$

with (6.2) holding as well as

$$y_i \leqq 0, \quad i \in I_r . \tag{6.4}$$

To decouple we must choose representations of the x_i, y_i so that (6.2) represents the „Γ" and so that Z comprehends (6.4). In vector form we want

$$\delta^{\mathsf T} x + \gamma^{\mathsf T} y = b^{1\mathsf T} z^1 + b^{2\mathsf T} z^2 . \tag{6.5}$$

It suffices to have

$$(\delta^{\mathsf T}, \gamma^{\mathsf T}) \begin{bmatrix} A^1 & A^2 \\ 0 & I \end{bmatrix} \begin{bmatrix} z^1 \\ z^2 \end{bmatrix} = (b^{1\mathsf T}, b^{2\mathsf T}) \begin{bmatrix} z^1 \\ z^2 \end{bmatrix} \tag{6.6}$$

or,

$$\begin{bmatrix} x \\ y \end{bmatrix} = \begin{bmatrix} A^1 & A^2 \\ 0 & I \end{bmatrix} \begin{bmatrix} z^1 \\ z^2 \end{bmatrix} \quad \text{with} \quad z^2 \leqq 0 . \tag{6.7}$$

The dual problems are now

(I') $\max v(\delta) \equiv \delta^{\mathsf T} \ln \left[\frac{\delta}{ec}\right]$

$$\text{with} \quad [\delta^{\mathsf T}, \gamma^{\mathsf T}] \begin{bmatrix} A^1 & A^2 \\ 0 & I \end{bmatrix} = [b^{1\mathsf T}, b^{2\mathsf T}]$$

$$\delta, \gamma \geqq 0$$

and

(II') $\inf \xi(z) \equiv c^{\mathsf T} e^{(A^1 z^1 + A^2 z^2)} - b^{1\mathsf T} z^1 - b^{2\mathsf T} z^2$

with $-z^2 \geqq 0$.

As might be expected, there are three duality states. These may be established as above and characterized by the solution of the δ-constraint system (6.1). These results have been considered by a different method by F. Palacios (a student of Charnes).

The duality generalization to arbitrary statistical distribution functions is, of course, immediate, as follows.

The dual problems are

(III') $\sup: v(f_1) \equiv -\int_T f_1 \ln \left(\frac{f_1}{ef_2}\right) d\mu$

$$\text{with} \quad \int_T f_1(t) A^1(t, s)\, d\mu(t) = b^1(s), \quad s \in S_1$$

$$\int_T f_1(t)\, A^2(t, s)\, d\mu(t) + g(s) = b^2(s), \quad s \in S_2$$

$$f_1(t), g(s) \geqq 0, \quad t \in T, \quad s \in S_2;$$

(f_2 is given and greater than zero a.e. $-\mu$)

and

$$\text{(IV}') \qquad \inf: \xi(z) \equiv \int_T f_2(t) \exp\left[\int_{S_1} A^1(t,s)\, z^1(s)\, d\lambda^1(s) + \int_{S_2} A^2(t,s)\, z^2(s)\, d\lambda^2(s)\right] d\mu$$
$$- \int_{S_1} b^1(s)\, z^1(s)\, d\lambda^1(s) - \int_{S_2} b^2(s)\, z^2(s)\, d\lambda^2(s)$$
$$\text{with} \quad z^2(s) \leqq 0, \quad s \in S_2$$

where, of course, the duality inequality

$$v(f_1) \leqq \xi(z) \quad \text{holds for} \quad f_1(t),\, g(s),\, z^2(s) \tag{6.8}$$

constrained as in (III′), (IV′) and for suitable convergence of the integrals.

7. Concluding Comments

The CHARNES-COOPER extremal principle herein enunciated is more general than the FENCHEL-ROCKAFELLAR construction with the LEGENDRE transformation (their $K(\delta, x)$ concave function of "δ" is always linear in δ). As illustrated above, the principle's simplicity and concreteness should make it a useful tool for the practicing analyst.

A special instance of the game-theoretic connection is being employed by CHARNES, COOPER and SCHINNAR in current research to elucidate economic phenomena in a cartel economy.

The generalizations to functions other than our $v(\delta)$, $\xi(z)$ and the precise characterizations of the "non-discrete" dualities are also to be published elsewhere. These are important for problems of statistical inference with linear inequality constraints since the dual problem is not so encumbered. Further they apply directly to problems involving the evolution of macroscopically irreversible systems from microscopically reversible systems, as developed, for example, by B. O. KOOPMAN [7].

References

[1] CHARNES, A., and W. W. COOPER: Constrained KULLBACK-LEIBLER Estimation; Generalized COBB-DOUGLAS Balance, and Unconstrained Convex Programming. Accademia Nazionale dei Lincei. Rome, 1975.

[2] BEN-TAL, A., and A. CHARNES: On A General Class of Linear Inequality Constrained Convex Programming Problems with Unconstrained Duals. Research Report CCS 239, Center for Cybernetic Studies. University of Texas, Austin, Texas.

[3] ROCKAFELLAR, T.: Duality and Stability in Extremum Problems Involving Convex Functions. Pac. Jour. Math. 21, (1967) 1, 167–186.

[4] BEN-TAL, A., and A. CHARNES: Duality Theory for Constrained KULLBACK-LEIBLER Estimation: The General Case. Research Report CCS 240, Center for Cybernetic Studies. University of Texas, Austin, Texas.

[5] CHARNES, A., and W. W. COOPER: Management Models and Industrial Applications of Linear Programming. Vol. 1 and 2. John Wiley and Sons, 1961.

[6] KULLBACK, S.: Information Theory and Mathematical Statistics. J. Wiley and Sons, 1959.

[7] KOOPMAN, B. O.: Relaxed Motion in Irreversible Molecular Statistics. Stochastic Processes in Chemical Physics, R. SCHULER (Ed.). J. Wiley and Sons, 1969.

Zusammenfassung

Die Arbeit enthält ein neues Extremalprinzip zur Aufstellung dualer Optimierungsprobleme mit einer geeigneten Dualitäts-Ungleichung, die das FENCHEL-ROCKAFELLAR-Konzept vereinfacht und verallgemeinert. Dabei wird in zwei Schritten vorgegangen: 1. Aufstellen der Dualitäts-Ungleichung. 2. Entkopplung der primalen und dualen Variablen. Die Wirksamkeit und Einfachheit dieses Vorgehens wird durch folgende Anwendungen demonstriert: Einfachere Herleitung der Ergebnisse von CHARNES-COOPER für die statistische Schätzung nach KHINCHIN-KULLBACK-LEIBLER [1], unmittelbare Aufstellung der C^2-Dualität für allgemeine Verteilungen und ihre Erweiterung auf allgemeine lineare Ungleichungsnebenbedingungen und Entwicklung eines neuen Zugangs zur Dualität bei Zwei-Personen-Nullsummen-Spielen.

Резюме

В статье изложен новый экстремальный принцип для нахождения двойственных задач программирования с подходящим двойственным неравенством. Этот принцип упрощает и обобщает схему ФЕНХЕЛА-РОККАФЕЛЛЕРА. Нахождения двойственных задач происходит в двух этапах: 1. вывод двойственного неравенства, 2. разчединение переменных прямой и двойственной задачи. Эффективность и удобность применения этого принципа продемонстрируются следующими примерами: Более простой вывод результатов ЧАРНЕСА-КУПЕРА для статистического оценивания по ХИНЧИНУ-КУЛЛБАКУ-ЛЕЙБЛЕРУ [1], непосредственное установление C^2-двойственности для распределений общего вида и их расширение на общие линейные неравенства, новый подход к двойственности в играх двух лиц с нулевой суммой.

Eingereicht bei der Redaktion: 31. 3. 1977

Buchbesprechung

L. COLLATZ, W. WETTERLING: **Optimization Problems.** Applied Mathematical Sciences 17. Springer-Verlag, New York-Heidelberg-Berlin 1975, X, 356 S., 61 Abb., DM 33,80

(Englische Übersetzung der 1966 zuerst erschienenen deutschen Ausgabe mit dem Titel Optimierungsaufgaben) Obwohl die in den letzten Jahren erzielten Resultate in der Optimierungstheorie (z. B. über nichtlineare Probleme) nicht neu aufgenommen wurden, ist dieses Buch heute noch sehr geeignet als Einführung in das Gebiet. Die vollständigen und übersichtlichen Beweise und der Verzicht auf übermäßig viele numerische Einzelheiten sowie die ausgewogenen verbalen Erklärungen erleichtern das Verständnis und machen das Buch auch dem mathematisch interessierten Anwender zugänglich.
Inhaltsübersicht: Kapitel 1: Lineare Optimierung (Einführung, 2. Lineare Optimierung und Polyeder. 3. Eckenaustausch und die Simplexmethode, 4. Algorithmische Implementierung der Simplexmethode, 5. Duale lineare Optimierungsprobleme).
Kapitel 2: Konvexe Optimierung (6. Einführung, 7. Eine Charakterisierung von Minimallösungen für die konvexe Optimierung, 8. Konvexe Optimierung für differenzierbare Funktionen, 9. Konvexe Optimierung mit affinen linearen Restriktionen, 10. Die numerische Behandlung im konvexen Optimierungsproblem). Kapitel 3: Quadratische Optimierung (11. Einführung, 12. Das KUHN-TUCKER-Theorem und Anwendungen, 13. Dualität für quadratische Optimierung, 14. Die numerische Behandlung quadratischer Optimierungsprobleme).
Kapitel 4: TSCHEBYSCHEVsche Approximation und Optimierung (15. Einführung, 16. Diskrete lineare TSCHEBYSCHEVsche Approximation, 17. Weitere Typen von Approximationsproblemen). Kapitel 5: Elemente der Spieltheorie (18. Matrix-Spiele, 19. n-Personenspiele).
Das Buch wird durch eine Zusammenstellung gut ausgewählter Übungsaufgaben abgeschlossen.

O. BUNKE

Math. Operationsforsch. Statist., Ser. Optimization, Vol. 9 (1978) No. 1, 31–42

A Cutting Plane Algorithm and a Column Generation Algorithm as Dual Algorithms

KONRAD SCHULZ [1]

Summary: Cutting plane and column generation algorithms are known to be dual in a certain sense. In this paper, a general cutting plane algorithm of KELLEY type for convex programs and a general column generation algorithm of DANTZIG-WOLFE type for WOLFE's generalized program are described. These two algorithms are shown to be dual. An estimation of the optimal value known for DANTZIG-WOLFE methods is carried over to cutting plane methods.

0. Introduction

Cutting plane and column generation algorithms are known to be closely related; for example, the classic DANTZIG-WOLFE method turned out to be a special cutting plane algorithm for a dual program (cf. ZANGWILL [15]). The present paper deals with the equivalence of a general cutting plane algorithm and a general column generation algorithm when applied to a convex program and its dual, respectively, the latter being considered in the form of WOLFE's generalized program. The given algorithms are generalizations of the KELLEY and the DANTZIG-WOLFE algorithms, respectively; their convergence is proved by known methods.

As an interesting corollary an estimation of the optimal value known for column generation algorithms can be carried over to cutting plane algorithms.

Terminology and notation used in this paper are due to ROCKAFELLAR [11].

1. The convex program and its dual

The problem under consideration is the convex program

$$(\mathrm{P}) \begin{cases} f_0(x) \to \inf \\ f_i(x) \leqq 0, \quad i=1, \ldots, m\,. \end{cases}$$

Throughout this paper, $f_0, f_1, \ldots, f_m$ are assumed to be closed proper convex functions on R^n where, for $C = \operatorname{dom} f_0$, $C \subset \operatorname{dom} f_i$ and $\operatorname{ri} C \subset \operatorname{ri} (\operatorname{dom} f_i)$ holds for $i=1, \ldots, m$.

[1] Technische Hochschule Karl-Marx-Stadt, Sektion Mathematik, DDR-90 Karl-Marx-Stadt, Reichenhainer Str. 41.

Using the Lagrangian

$$L(u^*, x) = \begin{cases} f_0(x) + \sum_{i=1}^{m} u_i^* f_i(x) & \text{if} \quad x \in C,\ u^* \geqq 0 \\ -\infty & \text{if} \quad x \in C,\ u^* \ngeqq 0 \\ +\infty & \text{if} \quad x \notin C\,, \end{cases}$$

where $u^* = (u_1^*, \ldots, u_m^*)^\mathsf{T}$, set

$$\psi(u^*) = \inf\{L(u^*, x) : x \in R^n\} = \inf\{L(u^*, x) : x \in C\}\,.$$

Clearly, $\psi(u^*) = -\infty$ if $u^* \ngeqq 0$. Calling (P) the primal program, the following is defined to be the dual program

$$(\mathrm{D}) \begin{cases} \psi(u^*) \to \sup \\ \quad u^* \geqq 0\,. \end{cases}$$

Existence and duality theorems for (P) and (D) are well known (cf., for example, Golstein [4], Rockafellar [11]). In the following, a special form of (D) is used. For $u^* \geqq 0$,

$$\psi(u^*) = \inf\left\{\left(f_0 + \sum_{i=1}^{m} u_i^* f_i\right)(x) : x \in R^n\right\} = -\left(f_0 + \sum_{i=1}^{m} u_i^* f_i\right)^* (0).$$

(When applied to a function, * denotes the operation of conjugation; when applied to a vector, * is used to express the duality between vectors considered as points and vectors considered as linear functions and has no operational meaning.)

In virtue of the assumptions made about (P),

$$-\left(f_0 + \sum_{i=1}^{m} u_i^* f_i\right)^* (0) = -\inf\left\{f_0^*(x_0^*) + \sum_{i=1}^{m} (u_i^* f_i)^* (x_i^*) : \sum_{i=0}^{m} x_i^* = 0\,,\right.$$
$$\left. x_i^* \in \operatorname{dom} f_i^*,\ i = 0, \ldots, m\right\}$$
$$= -\inf\left\{f_0^*(x_0^*) + \sum_{i=1}^{m} u_i^* f_i^*(x_i^*) : x_0^* + \sum_{i=1}^{m} u_i^* x_i^* = 0,\ x_i^* \in \operatorname{dom} f_i^*,\ i = 0, \ldots, m\right\},$$

where both infima are attained (cf. Rockafellar [11], Theorem 16.4.). Thus,

$$\sup\{\psi(u^*) :\ u^* \geqq 0\} = \sup\left\{-f_0^*(x_0^*) - \sum_{i=1}^{m} u_i^* f_i^*(x_i^*) : x_0^* + \sum_{i=1}^{m} u_i^* x_i^* = 0,\ x_i^* \in \operatorname{dom} f_i^*,\right.$$
$$\left. i = 0, \ldots, m,\ u^* \geqq 0\right\}.$$

Consequently, (D) is equivalent to

$$(\mathrm{D})' \begin{cases} \sum_{i=0}^{m} u_i^* \left(-f_i^*(x_i^*)\right) \to \sup \\ \sum_{i=0}^{m} u_i^* x_i^* = 0 \\ u_0^* = 1 \\ u_i^* \geqq 0, \quad x_i^* \in \operatorname{dom} f_i^*, \quad i = 0, \ldots, m \end{cases}$$

in the sense that (D) and (D)′ have the same optimal value and that in both programs the supremum is attained or not. Moreover, if $\bar{u}^*$ is optimal for (D), there exist $\bar{x}_i^* \in \operatorname{dom} f_i^*$, $i = 0, \ldots, m$, such that $(\bar{u}^*, \bar{x}_0^*, \ldots, \bar{x}_m^*)$ is optimal for (D)′, and if $(\hat{u}^*, \hat{x}_0^*, \ldots, \hat{x}_m^*)$ is optimal for (D)′, then $\hat{u}^*$ is optimal for (D).

Program (D)′ means: Determine $\bar{u}^* = (\bar{u}_0^*, \ldots, \bar{u}_m^*)^\mathsf{T} \geqq 0$ and $\bar{x}_i^* \in \operatorname{dom} f_i^*$, $i = 0, \ldots, m$, such that $\sum_{i=0}^m \bar{u}_i^* \bar{x}_i^* = 0$, $\bar{u}_0^* = 1$ holds and that for every other $u^* \geqq 0$, $x_i^* \in \operatorname{dom} f_i^*$, $i = 0, \ldots, m$, also satisfying $\sum_{i=0}^m u_i^* x_i^* = 0$, $u_0^* = 1$, the value of the objective function $\sum_{i=0}^m u_i^*(-f_i^*(x_i^*))$ is not greater than $\sum_{i=0}^m \bar{u}_i^*(-f_i^*(\bar{x}_i^*))$. Programs of this type belong to the class of Wolfe's generalized programs considered in section 3.

2. A cutting plane algorithm for (P)

For $\varepsilon \geqq 0$, $\partial_\varepsilon f(x) = \{x^* : f(z) \geqq f(x) + (x^*, z - x) - \varepsilon$ for all $x \in R^n\}$ is called ε-subdifferential of f at x (cf. Rockafellar [11], chap. 23). The following algorithm may be applied to (P) (all operations assumed to be performable).

0th iteration: *Choose* $x^0 \in C$ *and* $\varepsilon_i^0 \geqq 0$ *such that* $\partial_{\varepsilon_i^0} f_i(x^0) \neq \emptyset$, $i = 0, \ldots, m$, *and choose* $x_i^{*0} \in \partial_{\varepsilon_i^0} f_i(x^0)$, $i = 0, \ldots, m$, *such that the linear program*

$$\begin{cases} (x_0^{*0}, x - x^0) + f_0(x^0) - \varepsilon_0^0 \to \inf \\ (x_i^{*0}, x - x^0) + f_i(x^0) - \varepsilon_i^0 \leqq 0, \quad i = 1, \ldots, m \end{cases}$$

has an optimal solution. Set $f_i^1(x) = (x_i^{*0}, x - x^0) + f_i(x^0) - \varepsilon_i^0$ *and* $I_i^1 = \{0\}$, $i = 0, \ldots, m$.

kth iteration ($k = 1, 2, \ldots$): *Determine* x^k *as an optimal solution of*

$$(\mathrm{P})_k \begin{cases} f_0^k(x) \to \inf \\ f_i^k(x) \leqq 0, \quad i = 1, \ldots, m\,. \end{cases}$$

If $f_i(x^k) \leqq 0$ *for* $i = 1, \ldots, m$ *and* $f_0^k(x^k) \geqq f_0(x^k)$, *stop; otherwise choose* $\varepsilon_i^k \geqq 0$ *and* $x_i^{*k} \in \partial_{\varepsilon_i^k} f_i(x^k)$, $i = 0, \ldots, m$, *and set*

$$I_i^{k+1} = \begin{cases} I_i^k \cup \{k\} & \text{if } i \in \{1, \ldots, m\} \text{ and } f_i(x^k) > 0 \text{ or } i = 0 \text{ and } f_0^k(x^k) < f_0(x^k) \\ I_i^k & \text{otherwise} \end{cases}$$

and $f_i^{k+1}(x) = \sup\{(x_i^{*r}, x - x^r) + f_i(x^r) - \varepsilon_i^r : r \in I_i^{k+1}\}$, $i = 0, \ldots, m$. *Proceed to the next iteration.*

By construction, $(\mathrm{P})_k$ is equivalent to the linear program

$$(\mathrm{P})_k' \begin{cases} z \to \inf \\ z + (-x_0^{*r}, x) \geqq (-x_0^{*r}, x^r) + f_0(x^r) - \varepsilon_0^r, & r \in I_0^k \\ \quad (-x_i^{*r}, x) \geqq (-x_i^{*r}, x^r) + f_i(x^r) - \varepsilon_i^r, & r \in I_i^k, \quad i = 1, \ldots, m \end{cases}$$

in the following sense: if x is feasible for $(\mathrm{P})_k$, then (x, z) is feasible for $(\mathrm{P})_k'$ for all $z \geqq f_0^k(x)$; if (x, z) is feasible for $(\mathrm{P})_k'$, then x is feasible for $(\mathrm{P})_k$ and $f_0^k(x) \leqq z$. Therefore, if x^k is optimal for $(\mathrm{P})_k$, then $(x^k, f_0^k(x^k))$ is optimal for $(\mathrm{P})_k'$, and if (x^k, z^k) is optimal for $(\mathrm{P})_k'$, then x^k is optimal for $(\mathrm{P})_k$ and $z^k = f_0^k(x^k)$.

Theorem 1: *Suppose*
(CP1) $R = \{x : f_i(x) \leqq 0, i = 1, \ldots, m\} \neq \emptyset$,
(CP2) *the* 0*th iteration can be carried out,*

(CP3) *all generated* x^k *are in a compact set* X, $\partial_{\varepsilon_i^k} f_i(x^k) \neq \emptyset$ *for* $i=0, \ldots, m$, *and there is a number* M *such that* $\|x_i^{*k}\| \leqq M$ *for* $i=0, \ldots, m$ *and all* k.

Then every $(\mathrm{P})_k$ *has an optimal solution. If the algorithm stops at iteration* k, x^k *is optimal for* (P); *if the algorithm never stops and* $\lim_{k\to\infty} \varepsilon_i^k = 0$ *holds for* $i=0, \ldots, m$, *then every limit point of* $\{x^k\}_{k=1}^\infty$ *is an optimal solution for* (P) (*at least one exists*).

Proof: By construction, $f_i(x) \geqq f_i^{k+1}(x) \geqq f_i^k(x)$ holds for all $x, k, i=0, \ldots, m$. For the sets $R_k = \{x : f_i^k(x) \leqq 0,\ i=1, \ldots, m\}$ of all feasible solutions of $(\mathrm{P})_k$ the inclusion $R \subset R_{k+1} \subset R_k$ is then clear. Thus $\bar{f}_0 = \inf\{f_0(x) : x \in R\} \geqq \inf\{f_0^{k+1}(x) : x \in R_{k+1}\} \geqq \inf\{f_0^k(x) : x \in R_k\}$. By (CP2), $(\mathrm{P})_1$ has an optimal solution x^1. This yields $\bar{f}_0 \geqq \inf\{f_0^k(x) : x \in R_k\} \geqq f_0^1(x^1)$. Because of $(\mathrm{P})_k$ being equivalent to the linear program $(\mathrm{P})_k'$, every $(\mathrm{P})_k$ has an optimal solution x^k and $\bar{f}_0 \geqq f_0^{k+1}(x^{k+1}) \geqq f_0^k(x^k)$. The algorithm only stops at iteration k if $x^k \in R$ and $f_0^k(x^k) = f_0(x^k)$ holds. But then $f_0^k(x^k) = f_0(x^k) \geqq \bar{f}_0$, showing the optimality of x^k.

Now suppose the algorithm generates an infinite sequence $\{x^k\}_{k=1}^\infty$. Let $\bar{x}$ be one of its limit points and $\{x^k\}_{k\in K}$ be a subsequence converging to $\bar{x}$. Because of $R_{k+1} \subset R_k$ for all k, $x^l \in R_k$ for $l \geqq k$. If the set $K_i = K \cap \bigcup_{k=1}^\infty I_i^k$ is finite and $i \in \{1, \ldots, m\}$, $f_i(x^k) \leqq 0$ holds for $k \in K$, $k \geqq k_i$; consequently, $f_i(\bar{x}) \leqq \liminf_{k\in K} f_i(x^k) \leqq 0$. For $i=0$, $f_0(x^k) \leqq f_0^k(x^k)$ holds in this case for $k \in K$, $k \geqq k_0$, and therefore $f_0(\bar{x}) \leqq \liminf_{k\in K} f_0(x^k) \leqq \lim_{k\in K} f_0^k(x^k) \leqq \bar{f}_0$. Consider now the case that $K_i = K \cap \bigcup_{k=1}^\infty I_i^k$ is infinite. The inequality $f_i^k(x^l) \geqq -M\|x^l - x^r\| + f_i(x^r) - \varepsilon_i^r$ for all $r \in I_i^k$, $k=1, 2, \ldots$, $i=0, \ldots, m$, and $l=1, 2, \ldots$ is clear from the definition of f_i^k. For $i=1, \ldots, m$, $0 \geqq f_i^k(x^l) \geqq -M\|x^l - x^r\| + f_i(x^r) - \varepsilon_i^r$ for all $r \in I_i^k$ and $l \geqq k$. Now, for every $k \in K_i$, choose $l_k, r_k \in K_i$ such that $l_k \geqq k$ and $r_k \in I_i^k$ and $l_k, r_k \to \infty$. Then $0 \geqq \liminf_{l_k, r_k\to\infty} (-M\|x^{l_k} - x^{r_k}\| + f_i(x^{r_k}) - \varepsilon_i^{r_k}) = \liminf_{r_k\to\infty} f_i(x^{r_k}) \geqq f_i(\bar{x})$. For $i=0$, $\bar{f}_0 \geqq f_0^k(x^k) \geqq -M\|x^k - x^r\| + f_0(x^r) - \varepsilon_0^r$ for $r \in I_0^k$. When $r_k \in K_0$ are chosen for every $k \in K_0$ such that $r_k \in I_0^k$ and $r_k \to \infty$, then $\bar{f}_0 \geqq \lim_{k\in K_0} f_0^k(x^k) \geqq \liminf_{k, r_k\to\infty} (-M\|x^k - x^{r_k}\| + f_0(x^{r_k}) - \varepsilon^{r_k}) = \liminf_{r_k\to\infty} f_0(x^{r_k}) \geqq f_0(\bar{x})$. In either case, $f_i(\bar{x}) \leqq 0$ for $i=1, \ldots, m$ and $f_0(\bar{x}) \leqq \bar{f}_0$ holds. Thus $\bar{x}$ is an optimal solution for (P), q. e. d.

Remarks: 1. Theorem 1 is not only a convergence theorem of the cutting plane algorithm but also an existence theorem for an optimal solution of (P).

2. If the algorithm is applied to a program (P) for which (CP2) and (CP3) are satisfied but (CP1) does not hold, i.e. $R = \emptyset$, the algorithm must stop in some iteration k because of $R_k = \emptyset$.

3. If in the kth iteration $I_i^k = I_i^{k+1}$ holds, the corresponding ε_i^k and x_i^{*k} do not really occur in the whole procedure. They are only fictive quantities introduced for a convenient formulation of the algorithm. Therefore, it can a priori be assumed that they satisfy the conditions of the theorem.

4. When R is compact, a convex compact polyhedron $\tilde{R} = \{x : Ax \leqq b\}$ containing R can be found. Then (P) has the same optimal value and optimal solutions as

$$(\tilde{\mathrm{P}})\ \begin{cases} f_0(x) \to \inf \\ f_i(x) \leqq 0, \quad i=1, \ldots, m \\ Ax \leqq b. \end{cases}$$

Any $x \in \tilde{R}$ such that $\partial_{\varepsilon_i^0} f_i(x) \neq \emptyset$ for $i=0, \ldots, m$ may serve as x^0. Thus, (CP2) is satisfied for $(\tilde{\mathrm{P}})$. The programs $(\tilde{\mathrm{P}})_k$ are

$$(\tilde{\mathrm{P}})_k \begin{cases} f_0^k(x) \to \inf \\ f_i^k(x) \leqq 0 , \quad i=1, \ldots, m \\ Ax \leqq b . \end{cases}$$

If, in addition, $\tilde{R} \subset \operatorname{int} C$ and $\varepsilon_i^k = 0$ for $i=0, \ldots, m$, $k \geqq k_0$, (CP3) is also satisfied (cf. Rockafellar [11], Theorem 24.7).

5. In the kth iteration, the test whether x^k is optimal or not is in general only sufficient and not necessary. However, if f_0 is affin-linear, the test is both necessary and sufficient.

6. Consider the program (P) where $f_0(x) = (f_0, x)$ is linear and $f_1, \ldots, f_m$ are convex and differentiable on R^n. Obviously, (P) is equivalent to

$$(\hat{\mathrm{P}}) \begin{cases} (f_0, x) \to \inf \\ f(x) \leqq 0 \end{cases}$$

where $f(x) = \sup \{f_1(x), \ldots, f_m(x)\}$. The subdifferential of f is $\partial f(x) = \operatorname{conv} \{\nabla f_i(x) : i \in I(x)\}$ where $I(x) = \{i : f_i(x) = f(x)\}$. If the algorithm is applied to $(\hat{\mathrm{P}})$ with $\varepsilon_i^k = 0$ for all $i=0, \ldots, m$ and k, in the kth iteration the approximation of the function corresponding to the most violated constraint of (P) is improved. Since for the subgradient involved the gradient of this function can be chosen, the algorithm turns out to be Kelley's cutting plane algorithm.

3. A column generation algorithm for Wolfe's generalized program

The following generalized programming problem was introduced (in a slightly different form) by Wolfe (cf. Dantzig [3], chap. 22).

For $j=0, \ldots, n$ let γ_j be closed proper concave functions on R^m, let W_j be convex sets of R^m where $W_j \subset \operatorname{dom} \gamma_j$, let $q \in R^m$ be fixed and let $v = (v_0, \ldots, v_m)^{\mathsf{T}} \in R^{n+1}$ be variable. The program

$$(\mathrm{WGP}) \begin{cases} \sum\limits_{j=0}^{n} v_j \gamma_j(w_j) \to \sup \\ \sum\limits_{j=0}^{n} v_j w_j = q \\ v_j \geqq 0, \; w_j \in W_j, \quad j=0, \ldots, n \end{cases}$$

is called Wolfe's generalized program; i.e. an element

$$(\bar{v}, \bar{w}_0, \ldots, \bar{w}_n) \in B = \left\{(v, w_0, \ldots, w_n) : \sum_{j=0}^{n} v_j w_j = q, \; v_j \geqq 0, \; w_j \in W_j, \; j=0, \ldots, n\right\}$$

is to be determined such that

$$\sum_{j=0}^{n} \bar{v}_j \gamma_j(\bar{w}_j) = \sup \left\{\sum_{j=0}^{n} v_j \gamma_j(w_j) : (v, w_0, \ldots, w_n) \in B\right\}.$$

The following algorithm may be applied to (WGP) (all operations assumed to be performable).

0th iteration: *For $j=0, \ldots, n$ choose index sets $J_j^1 \subset \{0, -1, -2, \ldots\}$, and for $r \in J_j^1$ choose $w_j^r \in W_j$ such that*

$$B_1 = \left\{\{\beta_{jr}\}_{j=0, r \in J_j^1}^{n} : \sum_{j=0}^{n} \sum_{r \in J_j^1} \beta_{jr} w_j^r = q, \; \beta_{jr} \geqq 0, \; r \in J_j^1, \; j=0, \ldots, n\right\} \neq \emptyset .$$

Furthermore, fix $\hat{w}_j \in W_j$ for $j=0, \ldots, n$.

kth iteration. $(k=1, 2, \ldots)$: *First determine $\{\beta_{jr}^k\}$ as an optimal solution and λ^k as the corresponding multiplier vector of the linear program*

$$(\mathrm{WGP})_k \begin{cases} \sum\limits_{j=0}^{n} \sum\limits_{r \in J_j^k} \beta_{jr} \gamma_j(w_j^r) \to \sup \\ \sum\limits_{j=0}^{n} \sum\limits_{r \in J_j^k} \beta_{jr} w_j^r = q \\ \beta_{jr} \geqq 0, \quad r \in J_j^k, \quad j=0, \ldots, n. \end{cases}$$

Then, for $j=0, \ldots, n$, choose $\delta_j^k \geqq 0$ and determine $w_j^k \in W_j$ as a δ_j^k-optimal solution of the subprogram

$$(\mathrm{SP})_{kj} \begin{cases} (\lambda^k, w_j) - \gamma_j(w_j) \to \inf \\ w_j \in W_j\,, \end{cases}$$

i.e. determine $w_j^k \in W_j$ such that

$$\alpha_j^k = (\lambda^k, w_j^k) - \gamma_j(w_j^k) - \delta_j^k \leqq \inf \{(\lambda^k, w_j) - \gamma_j(w_j) : w_j \in W_j\}\,.$$

Set $\alpha^k = \inf \{\alpha_j^k : j=0, \ldots, n\}$. If $\alpha^k \geqq 0$, stop; otherwise set

$$J_j^{k+1} = \begin{cases} J_j^k \cup \{k\} & \text{if} \quad \alpha_j^k < 0 \\ J_j^k & \text{otherwise} \end{cases}$$

and proceed to the next iteration.

Denote the set of all feasible solutions $\{\beta_{jr}\}_{j=0,\, r \in J_j^k}^{n}$ of $(\mathrm{WGP})_k$ by B_k. To each $\{\beta_{jr}\} \in B_k$ there naturally corresponds an element $(\tilde{v}, \tilde{w}_0, \ldots, \tilde{w}_n) \in B$ defined by

$$\tilde{v}_j = \sum_{r \in J_j^k} \beta_{jr}, \quad \tilde{w}_j = \begin{cases} \hat{w}_j & \text{if} \quad \tilde{v}_j = 0 \\ \dfrac{1}{\tilde{v}_j} \sum\limits_{r \in J_j^k} \beta_{jr} w_j^r & \text{if} \quad \tilde{v}_j > 0. \end{cases}$$

Since all γ_j are concave, $\sum\limits_{j=0}^{n} \sum\limits_{r \in J_j^k} \beta_{jr} \gamma_j(w_j^r) \leqq \sum\limits_{j=0}^{n} \tilde{v}_j \gamma_j(\tilde{w}_j)$ holds for $(\tilde{v}, \tilde{w}_0, \ldots, \tilde{w}_n)$.

Theorem 2: *Suppose*

(CG1) $B \neq \emptyset$ *and* $\sup \left\{ \sum\limits_{j=0}^{n} v_j \gamma_j(w_j) : (v, w_0, \ldots, w_n) \in B \right\} = s < +\infty$,

(CG2) *the* 0*th iteration can be carried out,*

(CG3) *there exist compact sets $V' \subset R^{n+1}$, $\Lambda' \subset R^m$, $W_j' \subset W_j$, $j=0, \ldots, n$, such that all generated $\tilde{v}^k$ (corresponding to $\{\beta_{jr}^k\}$), λ^k, w_j^k, belong to V', Λ', W_j', $j=0, \ldots, n$, respectively,*

(CG4) *if $\delta_j^k = 0$ for some j and k, then* $(\mathrm{SP})_{kj}$ *has an optimal solution.*

Then every $(\mathrm{WGP})_k$ *has an optimal solution. If the algorithm stops at iteration k, the element $(\tilde{v}^k, \tilde{w}_0^k, \ldots, \tilde{w}_0^k) \in B$ corresponding to $\{\beta_{jr}^k\}$ is optimal for* (WGP); *if the algorithm never stops and $\lim\limits_{k \to \infty} \delta_j^k = 0$ holds for $j=0, \ldots, n$, then every limit point $(\tilde{v}, \tilde{w}_0, \ldots, \tilde{w}_n)$ of the sequence $\{(\tilde{v}^k, \tilde{w}_0^k, \ldots, \tilde{w}_n^k)\}_{k=1}^{\infty}$ is an optimal solution for* (WGP) *(at least one exists).*

Proof: By (CG2), $B_1 \neq \emptyset$. If $\{\beta_{jr}\} \in B_k$, for

$$\beta_{jr}' = \begin{cases} \beta_{jr} & j=0, \ldots, n, \quad r \in J_j^k \\ 0 & j=0, \ldots, n, \quad r \in J_j^{k+1} \setminus J_j^k \end{cases}$$

clearly $\{\beta'_{jr}\}\in B_{k+1}$ holds. Therefore, $B_k \neq \emptyset$ for all k. Furthermore, as stated above,

$$\sum_{j=0}^{n} \sum_{r\in J_j^k} \beta_{jr}\gamma_j(w_j^r) \leqq \sum_{j=0}^{n} \tilde{v}_j\gamma_j(\tilde{w}_j) \leqq s \quad \text{for all} \quad \{\beta_{jr}\}\in B_k .$$

Hence $(\text{WGP})_k$ is a linear program the set of feasible solutions of which being nonempty and the objective function being bounded above; such a program has an optimal solution. By definition, $\{\beta_{jr}^k\}$ and λ^k satisfy the KUHN-TUCKER conditions for $(\text{WGP})_k$,

$$\beta_{jr}^k \geqq 0,\quad (\lambda^k, w_j^r) \geqq \gamma_j(w_j^r),\quad \beta_{jr}^k((\lambda^k, w_j^r)-\gamma_j(w_j^r))=0,\quad r\in J_j^k,\quad j=0,\ldots,n$$

$$\sum_{j=0}^{n} \sum_{r\in J_j^k} \beta_{jr}^k w_j^r = q .$$

This yields $(\lambda^k, q)=\sum_{j=0}^{n}\sum_{r\in J_j^k}\beta_{jr}^k\gamma_j(w_j^r) \leqq \sum_{j=0}^{n}\tilde{v}_j^k\gamma_j(\tilde{w}_j^k) \leqq s$. For every $\varepsilon>0$, an ε-optimal solution $(v', w'_0, \ldots, w'_n)\in B$ exists, i.e. $s-\varepsilon \leqq \sum_{j=0}^{n} v'_j\gamma_j(w'_j)$. Since $\alpha_j^k \leqq \inf\{(\lambda^k, w_j)-\gamma_j(w_j) : w_j\in W_j\} \leqq (\lambda^k, w'_j)-\gamma_j(w'_j)$, $\gamma_j(w'_j) \leqq (\lambda^k, w'_j)-\alpha_j^k$ holds, and therefore $s-\varepsilon \leqq \sum_{j=0}^{n} v'_j\gamma_j(w'_j) \leqq \left(\lambda^k, \sum_{j=0}^{n} v'_j w'_j\right) - \sum_{j=0}^{n}\alpha_j^k v'_j \leqq (\lambda^k, q)-\alpha^k\sum_{j=0}^{n} v'_j$. Consequently, $\alpha^k \geqq 0$ implies $s-\varepsilon \leqq (\lambda^k, q)$ for every $\varepsilon>0$. Thus $s \leqq (\lambda^k, q) \leqq \sum_{j=0}^{n}\tilde{v}_j^k\gamma_j(\tilde{w}_j^k)$. Because of $(\tilde{v}^k, \tilde{w}_0^k, \ldots, \tilde{w}_n^k)\in B$, this is an optimal solution for (WGP).

Now suppose the algorithm does not stop and $\lim_{k\to\infty}\delta_j^k=0$ for $j=0,\ldots,n$; then, sequences $\{\{\beta_{jr}^k\}\}_{k=1}^\infty$, $\{\tilde{v}^k\}_{k=1}^\infty$, $\{\lambda^k\}_{k=1}^\infty$, $\{\tilde{w}_j^k\}_{k=1}^\infty$, $\{w_j^k\}_{k=1}^\infty$, $j=0,\ldots,n$, are generated. By (CG3), there exist subsequences $\{\tilde{v}^k\}_{k\in K}$, $\{\lambda^k\}_{k\in K}$, $\{\tilde{w}_j^k\}_{k\in K}$, $\{w_j^k\}_{k\in K}$, converging to some $\tilde{v}$, λ, $\tilde{w}_j$, w_j, respectively. Set $\alpha_j=\liminf_{k\in K}\alpha_j^k=\liminf_{k\in K}((\lambda^k, w_j^k)-\gamma_j(w_j^k)-\delta_j^k)=(\lambda, w_j)-\limsup_{k\in K}\gamma_j(w_j^k)$ and $\alpha=\liminf_{k\in K}\alpha^k=\inf\{\alpha_j : j=0,\ldots,n\}$. Consider the subsequence $\{\alpha_j^k\}_{k\in K_j}$ obtained from $\{\alpha_j^k\}_{k\in K}$ by omitting all $\alpha_j^k \geqq 0$. If $\{\alpha_j^k\}_{k\in K_j}$ is only a finite sequence, $\alpha_j^k \geqq 0$ holds for all $k \geqq k_j$, $k\in K$, and thus $\alpha_j \geqq 0$. Therefore, let $\{\alpha_j^k\}_{k\in K_j}$ be an infinite sequence. Clearly, $\alpha_j=\liminf_{k\in K}\alpha_j^k=\liminf_{k\in K_j}\alpha_j^k$. Because of $\alpha_j^k<0$ for all $k\in K_j$, $k\in J_j^l$ for every $l>k$. Thus the KUHN-TUCKER conditions for $(\text{WGP})_l$, $l>k$, yield $(\lambda^l, w_j^k)-\gamma_j(w_j^k) \geqq 0$. For $l, k\in K_j$, $l>k$, this yields $(\lambda, w_j)-\limsup_{k\in K_j}\gamma_j(w_j^k) \geqq 0$; hence $\alpha_j \geqq 0$ for $j=0,\ldots,n$ and therefore $\alpha \geqq 0$.

As stated above, for every $\varepsilon>0$, $s-\varepsilon \leqq (\lambda^k, q)-\alpha^k\sum_{j=0}^{n} v'_j$ holds for some ε-optimal solution $(v', w'_0, \ldots, w'_n)$ of (WGP). From this $s-\varepsilon \leqq (\lambda, q)-\alpha\sum_{j=0}^{n} v'_j \leqq (\lambda, q)$ is obtained for every $\varepsilon>0$. Thus $s \leqq (\lambda, q)$. On the other hand, $(\lambda^k, q)=\sum_{j=0}^{n}\sum_{r\in J_j^k}\beta_{jr}^k\gamma_j(w_j^r) \leqq$ $\leqq \sum_{j=0}^{n}\tilde{v}_j^k\gamma_j(\tilde{w}_j^k) \leqq s$; hence $(\lambda, q) \leqq s$ and $(\lambda, q) \leqq \limsup_{k\in K}\sum_{j=0}^{n}\tilde{v}_j^k\gamma_j(\tilde{w}_j^k) \leqq \sum_{j=0}^{n}\tilde{v}_j\gamma_j(\tilde{w}_j)$ because of the γ_j being upper semicontinuous. Now $(\lambda, q)=s \leqq \sum_{j=0}^{n}\tilde{v}_j\gamma_j(\tilde{w}_j)$ is obtained; since $(\tilde{v}, \tilde{w}_0, \ldots, \tilde{w}_n)\in B$ clearly holds, this is an optimal solution for (WGP),

q. e. d.

Remarks: 1. Theorem 2, like Theorem 1, is not only a convergence theorem of the column generation algorithm but also an existence theorem of an optimal solution for (WGP).

2. Let $(\bar{v}, \bar{w}_0, \ldots, \bar{w}_n)$ be an optimal solution for (WGP). Using $\gamma_j(\bar{w}_j) \leqq (\lambda^k, \bar{w}_j) - \alpha_j^k$ which follows directly from the definition of α_j^k, the following inequality becomes clear

$$(\lambda^k, q) = \sum_{j=0}^{n} \sum_{r \in J_j^k} \beta_{jr}^k \gamma_j(w_j^r) \leqq \sum_{j=0}^{n} \bar{v}_j^k \gamma_j(\bar{w}_j^k) \leqq \sum_{j=0}^{n} \bar{v}_j \gamma_j(\bar{w}_j) \tag{*}$$

$$\leqq (\lambda^k, q) - \sum_{j=0}^{n} \alpha_j^k \bar{v}_j \leqq (\lambda^k, q) - \alpha^k \sum_{j=0}^{n} \bar{v}_j .$$

3. Theorem 2 is still valid if in the kth iteration the sets J_j^{k+1} for $j = 0, \ldots, n$ are chosen in the following way: determine an index j_k such that $\alpha^k = \alpha_{j_k}^k = \inf \{\alpha_j^k : j = 0, \ldots, n\}$ and set $J_j^{k+1} = J_j^k$ for all $j \in \{0, \ldots, n\} \setminus \{j_k\}$ and $J_{j_k}^{k+1} = J_{j_k}^k \cup \{k\}$. To prove this only the fact that $\alpha \geqq 0$ holds must be verified and this can be done in analogy to the given proof using again the Kuhn-Tucker conditions.

4. It is clear from the proof that $(\lambda^k, q) = \sum_{j=0}^{n} \sum_{r \in J_j^k} \beta_{jr}^k \gamma_j(w_j^r)$ monotonely nondecreasing tends to the optimal value s of (WGP).

5. If the Dantzig-Wolfe method in its standard form is carried over to (WGP), instead of $(\text{WGP})_k$ the following program is to be solved:

$$\begin{cases} \sum_{j=0}^{n} \sum_{r \in J_j^k} v_j \mu_{rj} \gamma_j(w_j^r) \to \sup \\ \sum_{j=0}^{n} \sum_{r \in J_j^k} v_j \mu_{jr} w_j^r = q \\ \sum_{r \in J_j^k} \mu_{jr} = 1 , \quad j = 0, \ldots, n \\ \mu_{jr} \geqq 0 , \ v_j \geqq 0 , \ j = 0, \ldots, n , \ r \in J_j^k . \end{cases}$$

Substituting $\beta_{jr} = v_j \mu_{jr}$ nothing other but $(\text{WGP})_k$ is obtained.

4. The cutting plane algorithm for (P) as a special column generation algorithm for (D)′

As already noted in section 1 the dual program (D)′ to (P) is a (WGP). To see this let $n = m+1$, $u^* = (u_0^*, \ldots, u_m^*)^\mathsf{T} = v = (v_0, \ldots, v_m)^\mathsf{T} \in R^{m+1}$, $W_0 = \{(x^*, 1)^\mathsf{T} : x^* \in \operatorname{dom} f_0^*\}$, $W_i = \{(x^*, 0)^\mathsf{T} : x^* \in \operatorname{dom} f_i^*\}, i = 1, \ldots, m, \gamma_i(w_i) = -f_i^*(x_i^*)$ for $w_i = (x_i^*, t)^\mathsf{T} \in W_i$, $i = 0, \ldots, m$, $q = (0, 1)^\mathsf{T} \in R^{n+1}$. Therefore, the column generation algorithm given in section 3 can be applied to (D)′. Now it is shown that this can be carried out in such a way that nothing but the cutting plane algorithm is applied to (P). For the sake of simplicity, only the case in which $\varepsilon_i^k = \delta_j^k = 0$ holds for all i, j, k, is considered; what happens in the general case will then be clear, too.

Suppose that (CP1), (CP2), and (CP3) are satisfied when the cutting plane algorithm is applied to (P) and that, in addition, the Slater condition is satisfied for (P):

There is an $x_S \in R$ such that $f_i(x_S) < 0$ for $i = 1, \ldots, m$. (S)

First (CG1) holds for (D)′, since condition (S) implies that (D)′ has an optimal solution. Let the 0th iteration be carried out in the following way:

0th iteration: *Set* $J_i^1 = I_i^1 = \{0\}$ *for* $i = 0, \ldots, m$ *and choose* $w_0^0 = (x_0^{*0}, 1)^T$, $w_i^0 = (x_i^{*0}, 0)^T$, $i = 1, \ldots, m$, *where* $x_i^{*0} \in \partial f_i(x^0) \subset \operatorname{dom} f_i^*$ *are chosen according to* (CP2). *Set* $\hat{w} = w_i^0$ *for* $i = 0, \ldots, m$.

Then $(D)_1'$ becomes

$$(D)_1' \begin{cases} \sum_{i=0}^{m} \beta_{i0}(-f_i^*(x_i^{*0})) \to \sup \\ \sum_{i=0}^{m} \beta_{i0} x_i^{*0} = 0 \\ \beta_{00} = 1 \\ \beta_{i0} \geqq 0, \quad i = 0, \ldots, m. \end{cases}$$

Obviously, this is equivalent to $(D)_1''$

$$(D)_1'' \begin{cases} \sum_{i=0}^{m} \beta_{i0}(-f_i^*(x_i^{*0})) \to \sup \\ \sum_{i=0}^{m} \beta_{i0}(-x_i^{*0}) = 0 \\ \beta_{00} = 1 \\ \beta_{i0} \geqq 0, \quad i = 0, \ldots, m\,. \end{cases}$$

Recalling that $-f_i^*(x_i^{*0}) = f_i(x^0) - (x_i^{*0}, x^0)$ because of $x_i^{*0} \in \partial f_i(x^0)$, it turns out that $(D)_1''$ is just the dual linear program to $(P)_1'$. By (CP2), $(P)_1'$ has an optimal solution thus $(D)_1'$ has an optimal solution. In particular, $B_1 \neq \emptyset$ and (CG2) holds.

Now suppose

(A1) *k iterations of the cutting plane algorithm for* (P) *have been carried out, k iterations of the column generation algorithm for* (D)′ *have been carried out, and* $I_i^k = J_i^k$, $i = 0, \ldots, m$, $w_0^r = (x_0^{*r}, 1)^T$, $r \in I_0^k$, $w_i^r = (x_i^{*r}, 0)^T$, $i = 1, \ldots, m$, $r \in I_i^k$, *holds.*

Again, according to $-f_i^*(x_i^{*r}) = f_i(x^r) - (x_i^{*r}, x^r)$, the dual linear program of $(P)_k'$ turns out to be

$$(D)_k'' \begin{cases} \sum_{i=0}^{m} \sum_{r \in I_i^k} \beta_{ir}(-f_i^*(x_i^{*r})) \to \sup \\ \sum_{i=0}^{m} \sum_{r \in I_i^k} \beta_{ir}(-x_i^{*r}) = 0 \\ \sum_{r \in I_0^k} \beta_{0r} = 1 \\ \beta_{ir} \geqq 0, \quad i = 0, \ldots, m\,, \end{cases}$$

which is equivalent to $(D)_k'$.

Using the KUHN-TUCKER conditions for $(P)_k'$ and $(D)_k'$, it is only a simple algebraic task to verify the following proposition.

Lemma: *Under the assumptions made above, the following holds:*

(1) *If* $(\lambda^k, \lambda_0^k)^T$ *is the optimal multiplier vector for* $(D)_k'$ *(λ_0^k being the multiplier to the constraint* $\sum_{r \in I_0^k} \beta_{0r} = 1$), *then* $x^k = -\lambda^k$ *is an optimal solution for* $(P)_k$ *and* $\lambda_0^k = f_0^k(x^k)$.

(2) *If* x^k *is optimal for* $(P)_k$, *then* $(\lambda^k, \lambda_0^k)^T = (-x^k, f_0^k(x^k))^T$ *is an optimal multiplier vector for* $(D)_k'$.

The following additional assumption is now reasonable:

(A2) *The k iterations for* (P) *and* (D)′ *have been carried out in such a way that* $x^r = -\lambda^r$ *and* $\lambda_0^r = f_0^r(x^r)$ *holds for* $r = 1, \ldots, k$.

This yields $\alpha_i^k = ((\lambda^k, \lambda_0^k)^T, (x_i^{*k}, 0)^T) - \gamma_i(w_i^k) = (-x^k, x_i^{*k}) + f_i^*(x_i^{*k}) = -f_i(x^k)$ for $i = 1, \ldots, m$, and $\alpha_0^k = ((\lambda^k, \lambda_0^k)^T, (x_0^{*k}, 1)^T) - \gamma_0(w_0^k) = (-x^k, x_0^{*k}) + \lambda_0^k + f_0^*(x_0^{*k}) = f_0^k(x^k) - f_0(x^k)$. Consequently, $\alpha_i^k < 0$ if and only if $f_i(x^k) > 0$ for $i = 1, \ldots, m$, and $\alpha_0^k < 0$ if and only if $f_0(x^k) > f_0^k(x^k)$. Thus, for $i = 0, \ldots, m$, $I_i^{k+1} = J_i^{k+1}$ holds. Furthermore, since $x_i^{*k} \in \partial f_i(x^k)$ holds if and only if

$$\sup\{(x^k, x_i^*) - f_i^*(x_i^*) : x_i^* \in \operatorname{dom} f_i^*\} = (x^k, x_i^{*k}) - f_i^*(x_i^{*k}),$$

choosing $x_i^{*k} \in \partial f_i(x^k)$ is equivalent to solving $(\mathrm{SP})_{ki}$. For $i = 1, \ldots, m$, $(\mathrm{SP})_{ki}$ becomes

$$(\mathrm{SP})_{ki} \begin{cases} (-x^k, x_i^*) + f_i^*(x_i^*) \to \inf \\ x_i^* \in \operatorname{dom} f_i^*, \end{cases}$$

for $i = 0$, $(\mathrm{SP})_{k0}$ becomes

$$(\mathrm{SP})_{k0} \begin{cases} (-x^k, x_0^*) + f_0^k(x^k) + f_0^*(x_0^*) \to \inf \\ x_0^* \in \operatorname{dom} f_0^*. \end{cases}$$

By (CP3), (CG4) now holds. Moreover, assumptions (A1) and (A2) have turned out to be reasonable. If they are valid for the iterations $1, \ldots, k$, the algorithms for (P) and (D)′ can be carried out in such a way that (A1) and (A2) still hold for iteration $k+1$.

Finally, (CG3) is satisfied. The $(\lambda^k, \lambda_0^k)^T = (-x^k, f_0^k(x^k))^T$ are in a compact set because $x^k \in X$ (by (CP3)) and $f_0^1(x^1) \leq f_0^k(x^k) \leq \bar{f}_0$. The x_i^{*k} are in a compact set $\{x : \|x\| \leq M\}$ (also by (CP3)), hence the $w_0^k = (x_0^{*k}, 1)^T$ and $w_i^k = (x_i^{*k}, 0)^T$, $i = 1, \ldots, m$, are in compact sets. Applying Fenchel's inequality yields

$$f_0^k(x^k) = \lambda_0^k = \sum_{i=0}^{m} \sum_{r \in I_i^k} \beta_{ir}^k(-f_i^*(x_i^{*r})) \leq \sum_{i=0}^{m} \sum_{r \in I_i^k} \beta_{ir}^k(f_i(x_s) - (x_i^{*r}, x_s))$$

$$= f_0(x_s) + \sum_{i=0}^{m} \tilde{v}_i^k f_i(x_s),$$

from which $0 \leq \tilde{v}_i^k \leq \dfrac{f_0(x_s) - f_0^k(x^k)}{-f_i(x_s)} \leq \dfrac{f_0(x_s) - f_0^1(x^1)}{-f_i(x_s)}$ is obtained for $i = 1, \ldots, m$. Since $\tilde{v}_0^k = 1$, all $\tilde{v}^k = (\tilde{v}_0^k, \ldots, \tilde{v}_m^k)^T$ are in a compact set. The following statement has now been proved.

Theorem 3: *Suppose that the conditions* (CP1), (CP2), (CP3), *and* (S) *are satisfied when the cutting plane algorithm is applied to* (P). *Then the conditions* (CG1), (CG2), (CG3), *and* (CG4) *are satisfied when the column generation algorithm is applied to* (D)′. *In this case, applying the column generation algorithm to* (D)′ *as described above amounts to nothing but applying the cutting plane algorithm to* (P), *and conversely.*

Theorem 4: *Suppose that the conditions of* Theorem 3 *are satisfied. When the cutting plane algorithm is applied to* (P), *the following inequality holds for every k such that* $\alpha^k = \inf\{f_0^k(x^k) - f_0(x^k), -f_1(x^k), \ldots, -f_m(x^k)\} < 0$:

$$f_0^k(x^k) \leq \bar{f}_0 \leq f_0^k(x^k) - \alpha^k \left(1 + \sum_{i=1}^{m} \frac{f_0(x_s) - f_0^k(x^k)}{-f_i(x_s)}\right).$$

Proof: Since $q=(0,1)^{\mathsf T}$, it follows from inequality (*) that $\lambda_0^k \leqq \sum_{i=0}^{m} \bar u_i^*(-f_i^*(\bar x_i^*)) \leqq \leqq \lambda_0^k - \alpha^k \sum_{i=0}^{m} \bar u_i^*$, $(\bar u^*, \bar x_0^*, \ldots, \bar x_m^*)$ being an optimal solution for (D)′. By the Lemma, $\lambda_0^k = f_0^k(x^k)$. Furthermore, (S) implies $\bar f_0 = \sum_{i=0}^{m} \bar u_i^*(-f_i^*(\bar x_i^*))$. Applying Fenchel's inequality, $-f_i^*(\bar x_i^*) \leqq f_i(x_s) - (\bar x_i^*, x_s)$ is obtained. Thus

$$\sum_{i=0}^{m} \bar u_i^*(-f_i^*(\bar x_i^*)) \leqq \sum_{i=0}^{m} \bar u_i^* f_i(x_s) - \left(\sum_{i=0}^{m} \bar u_i^* \bar x_i^*, x_s\right) = f_0(x_s) + \sum_{i=1}^{m} \bar u_i^* f_i(x_s)$$

holds. This yields $0 \leqq \bar u_i^* \leqq \frac{f_0(x_s) - \bar f_0}{-f_i(x_s)}$ for $i=1, \ldots, m$. Since $f_0^k(x^k) \leqq \bar f_0$ and $\bar u_0^* = 1$, $\sum_{i=0}^{m} \bar u_i^* \leqq 1 + \sum_{i=1}^{m} \frac{f_0(x_s) - f_0^k(x^k)}{-f_i(x_s)}$, and the inequality obviously holds, q. e. d.

Remarks: 1. Regarding Kelley's algorithm for (P) as an application of the present cutting plane algorithm to

$$(\tilde{\mathrm P}) \begin{cases} (f_0, x) \to \inf \\ f(x) = \sup\{f_1(x), \ldots, f_m(x)\} \leqq 0 \end{cases}$$

(cf. Theorem 1, Remark 6) the following estimation is obtained:

$$(f_0, x^k) \leqq (f_0, \bar x) \leqq (f_0, x^k) + \sup\{f_1(x^k), \ldots, f_m(x^k)\} \cdot \left(1 - \frac{(f_0, x_s - x^k)}{\sup\{f_1(x_s), \ldots, f_m(x_s)\}}\right).$$

2. When the general case is considered, instead of the fact that $x^* \in \partial f(x)$ if and only if $f(x) + f^*(x^*) = (x^*, x)$, the following fact must be used:
$x^* \in \partial_\varepsilon f(x)$ if and only if there is an $\varepsilon' \in [0, \varepsilon]$ such that $f(x) + f^*(x^*) = (x^*, x) + \varepsilon'$. Then the following proposition can be stated.

Theorem 3′: *Suppose that the conditions* (CP1), (CP2), (CP3), *and* (S) *are satisfied when the cutting plane algorithm is applied to* (P). *Then the conditions* (CG1), (CG2), (CG3), *and* (CG4) *are satisfied when the column generation algorithm is applied to* (D)′. *Applying the column generation algorithm to* (D)′ *where the* δ_i^k*-optimal solutions* x_i^{*k} *of* $(\mathrm{SP})_{ki}$ *are chosen in such a way that*

$$(\lambda^k, x_i^{*k}) + f_i^*(x_i^{*k}) = \inf\{(\lambda^k, x_i^*) + f_i^*(x_i^*) : x_i^* \in \operatorname{dom} f_i^*\} + \delta_i^k,$$

amounts to nothing but applying the cutting plane algorithm to (P) *where the* $x_i^{*k} \in \partial_{\delta_i^k} f_i(x^k)$ *are chosen such that* $f_i(x^k) + f_i^*(x_i^{*k}) = (x^k, x_i^{*k}) + \delta_i^k$, *and conversely.*

The following inequality becomes clear from the proof of Theorem 4 and the fact that

$$\alpha_i^k = (-x_i^{*k}, x^k) + f_i^*(x_i^{*k}) - \varepsilon_i^k \geqq -f_i(x^k) - \varepsilon_i^k.$$

Theorem 4′: *Suppose that the conditions of* Theorem 3′ *are satisfied. When the cutting plane algorithm is applied to* (P) *the following inequality holds for every k such that*

$$\hat\alpha^k = \inf\{f_0^k(x^k) - f_0(x^k) - \varepsilon_0^k, -f_1(x^k) - \varepsilon_1^k, \ldots, -f_m(x^k) - \varepsilon_m^k\} < 0:$$

$$f_0^k(x^k) \leqq \bar f_0 \leqq f_0^k(x^k) - \hat\alpha^k \left(1 + \sum_{i=1}^{m} \frac{f_0(x_s) - f_0^k(x^k)}{-f_i(x_s)}\right).$$

3. Both algorithms considered in this paper may converge slowly (like the algorithms of Kelley and of Dantzig-Wolfe). Many efforts have been made to improve this unpleasant behaviour (cf. [10], [12], [14], [16]). It would be interesting to find out how results obtained for one algorithm affect the other.

4. When carried out as described here, both algorithms will generate sequences of programs the dimensions of which grow infinitely. Methods of reducing the dimensions of these programs are known (cf. [1], [9], [12], [13], [16]) and results for one algorithm can certainly be carried over to the other.

References

[1] AFRIAT, S. N.: The progressive support method for convex programming. SIAM J. Numer. Anal. 7 (1970) 3, 447–457.

[2] BROISE, P., P. HUARD et J. SENTENAC: Décomposition des programmes mathématiques. Dunod, Paris 1968.

[3] DANTZIG, G. B.: Linear programming and extensions. Princeton University Press. Princeton, N. J., 1963.

[4] GOLSTEIN, E. G.: Dualitätstheorie in der nichtlinearen Optimierung und ihre Anwendung. Akademie-Verlag, Berlin 1976 (translation from the russian).

[5] CHENEY, E. W., and A. A. GOLDSTEIN: NEWTON's method of convex programming and TCHEBYCHEFF approximation. Numer. Math. 1 (1959), 253–268.

[6] HOLLOWAY, C. A.: A generalized approach to DANTZIG-WOLFE decomposition for convave programs. Opns. Res. 21 (1973) 1, 210–220.

[7] KELLEY, J. E.: The cutting-plane method for solving convex programs. J. Soc. Ind. Appl. Math. 8 (1960) 4, 704–712.

[8] MURPHY, F. K.: A column generation algorithm for nonlinear programming. Math. Programming 5 (1973) 3, 286–298.

[9] MURPHY, F. K.: Column dropping procedures for the generalized programming algorithm. Management Sci. 19 (1973) 11, 1310–1321.

[10] NEMHAUSER, G. L., and W. B. WIDHELM: A modified linear program for columnar methods in mathematical programming. Opns. Res. 19 (1971) 4, 1051–1060.

[11] ROCKAFELLAR, R. T.: Convex analysis. Princeton University Press, Princeton, N. J. 1970.

[12] TOPKIS, D. M.: Cutting plane methods without nested constraint sets. Opns. Res. 18 (1970) 3, 404–413.

[13] TOPKIS, D. M.: A note on cutting plane methods without nested constraint sets, Opns. Res. 18 (1970) 6, 1216–1224.

[14] VEINOTT, A. F., jr.: The supporting hyperplane method for unimodal programming. Opns. Res. 15 (1967) 1, 147–152.

[15] ZANGWILL, W. I.: Nonlinear programming: a unified approach. Prentice-Hall, Englewood Cliffs, N. J. 1969.

[16] ZANGWILL, W. I., and B. CURTIS EAVES: Generalized cutting plane algorithms. SIAM J. Control. 9 (1971) 4, 529–542.

Zusammenfassung

Bekanntlich sind Schnittebenen- und Spalten-Generations-Verfahren in gewissem Sinn dual. Im vorliegenden Artikel wird für die Aufgabe der konvexen Optimierung ein allgemeines Schnittebenenverfahren vom KELLEYschen Typ angegeben. Weiter wird für die WOLFEsche verallgemeinerte Aufgabe ein allgemeines DANTZIG-WOLFE-Verfahren beschrieben. Die beiden Verfahren erweisen sich als dual, wodurch eine für DANTZIG-WOLFE-Verfahren bekannte Optimumsabschätzung auf Schnittebenen-Verfahren übertragen werden kann.

Резюме

Как известно, методы отсечений двойственны в некотором смысле методам генерации столбцов. В данной статье предлагается общий метод отсечений типа КЕЛЛИ для задачи выпуклого программирования. Далее описан общий метод ДАНЦИГА-ВУЛЬФА для обобщённой задачи ВУЛЬФА. Оба метода оказываются двойственными друг другу. При этом известная для метода ДАНЦИГА-ВУЛЬФА оценка оптимума переносится на метод отсечений.

Eingereicht bei der Redaktion: 6. 5. 1976; revidierte Fassung: 20. 5. 1977

Math. Operationsforsch. Statist., Ser. Optimization, Vol. 9 (1978) No. 1, 43–55

Метастратегии в бескоалиционных играх

Николай Николаевич Воробьев [1]

Резюме. Ситуация x^* в бескоалиционной игре

$$\Gamma=\langle I, \{\mathfrak{x}_i\}_{i\in I}, \{H_i\}_{i\in I}\rangle$$

называется *K-оптимальной* (для $K\subset I$), если не существует такой стратегии $x_K\in\mathfrak{x}_K$, что

$$H_K(x^*)\leq H_K(x^*\parallel x_K)\ .$$

Ситуация x^* в игре Γ называется *$\mathfrak{K}$-устойчивой* (для $\mathfrak{K}\subset 2^I$), если она K-оптимальна для любой коалиции $K\in\mathfrak{K}$. Семейство коалиций $\mathfrak{K}$ называется *квазиразбиением* I, если из $K', K''\in\mathfrak{K}$ следует либо $K'\subset K''$, либо $K''\subset K'$, либо $K'\cap K''=\emptyset$. Доказывается, что для каждого квазиразбиения $\mathfrak{K}$ конечного множества I существует метастратегическое расширение бескоалиционной игры Γ с множеством игроков I в котором найдётся $\mathfrak{K}$-устойчивая ситуация.

1. Как обычно, бескоалиционной игрой называется система

$$\Gamma=\langle I, \{\mathfrak{x}_i\}_{i\in I}, \{H_i\}_{i\in I}\rangle\ ,$$

где

$$H_i\colon \prod_{i\in I}\mathfrak{x}_i\to \boldsymbol{R}^1\ .$$

Употребляемая далее терминология и большинство обозначений соответствуют таковым из статьи автора [1].

Как множество игроков I, так и множества $\mathfrak{x}_i$ стратегий каждого из игроков, мы будем предполагать конечными. Конечность множества игроков является существенным, принципиальным предположением. Напротив, конечность множеств стратегий $\mathfrak{x}_i$ вводится здесь главным образом для упрощения формулировок и доказательств и может быть, вообще говоря, заменена при соответствующих оговорках на более слабые предположения типа компактности или на рассмотрение соответствующих ε-понятий.

Если $x=x_I$-некоторая ситуация, то через x_K будет обозначаться коалиционная стратегия коалиции $K\subset I$, являющаяся её частью. Множество всех коалиционных стратегий коалиции K будем обозначать через $\mathfrak{x}_K$. Очевидно,

$$\mathfrak{x}_K=\prod_{i\in K}\mathfrak{x}_i\ .$$

Через $H_K(x)$ будем обозначать набор чисел вида $H_i(x)$ при $i\in K$. Мы будем далее понимать $H_K(x)$ как вектор, компоненты которого соответствуют игрокам из K.

[1] Институт социально-экономических проблем Академии Наук СССР. Отдел математических методов, СССР 198 147 Ленинград, ул. Серпуховская д. 38.

Пусть $K \subset I$. Будем говорить, что ситуация x' *K-доминирует* ситуацию x'', если[2]

$$H_K(x'') \leq H_K(x').$$

Ситуация x^* называется *K-оптимальной* в игре Γ, если среди ситуаций вида $x^* \| x_K$ нет таких, которые доминируют её. В частности, если коалиция K состоит из единственного игрока i, то K-оптимальность ситуации означает её приемлемость для игрока i.

Если коалиция K совпадает с множеством всех игроков I, то K-оптимальность ситуации означает её оптимальность по Парето.

Пусть $\mathfrak{K}$-некоторое семейство коалиций в игре Γ. Ситиация x называется *$\mathfrak{K}$-устойчивой*, если она K-оптимальна для любой коалиции $K \in \mathfrak{K}$.

В частности, если $\mathfrak{K} = I$, т. е. если $\mathfrak{K}$ состоит из всех одноэлементных коалиций, то $\mathfrak{K}$-устойчивость ситуации означает её равновесность по Нэшу.

Для достаточно «богатых» семейств $\mathfrak{K}$ многие игры не имеют $\mathfrak{K}$-устойчивых ситуаций. В том числе не все игры имеют ситуации равновесия. Вместе с тем заведомо имеют ситуации равновесия все игры из следующих двух классов:

1) Игры, в которых множества стратегий суть выпуклые подмножества линейных пространств, а функции выигрыша игроков выпуклы относительно стратегий этих игроков;

2) Игры, которые можно интерпретировать как игры с определенной очередностью ходов и в которых каждый игрок имеет полную информацию.

В связи с этим можно рассматривать погружения произвольной игры в игры каждого из этих двух типов, считать ситуации объемлющей игры обобщенными ситуациями исходной игры и среди этих обобщенных ситуаций находить нужные.

Погружения множеств стратегий и выпуклые множества могут быть осуществлены путем введения смешанных стратегий. На этом пути была доказана теорема Нэша [2] о существовании ситуации равновесия (в смешанных стратегиях) в играх с конечными множествами стратегий, а также её различные обобщения.

Однако, для существования ситуаций, устойчивых для семейств коалиций, бóльших, чем семейство всех одноэлементных коалиций, ситуаций в смешанных стратегиях, вообще говоря, недостаточно. В качестве примера можно привести игру, известную под названием «дилемма бандита» (см., например, [1]). Как показал Н. Ховард [3], в этом случае на помощь может прийти погружение исходных игр в игры с полной информацией. При этом наряду с первоначальными стратегиями игроков и их коалициями рассматриваются также их «метастратегии», состоящие в ответах игроков и коалиций на стратегии их партнеров, ответах на ответы и т. д. (конкретный смысл оборота «и т. д.» далее будет формально описан). Игра, в которой стратегиями являются такие метастратегии игроков и коалиций в игре Γ, называется метастратегическим расширением по отношению к игре Γ. В частности, конструкция

---

[2] Как обычно, неравенство $\leq$ между векторами понимается покомпонентно, причём хотя бы для одной компоненты имеет место строгое неравенство.

Ховарда позволяет установить в любой игре двух игроков (с конечным множеством стратегий) существование ситуации, которая одновременно являлась бы равновесной по Нэшу и оптимальной по Парето.

В настоящей статье содержится следующее обобщение этого результата.

Определение: Пусть $\mathfrak{K}$-семейство подмножеств множества игроков I в игре Γ. Оно называется *квазиразбиением* I, если из $K', K'' \in \mathfrak{K}$ следует либо $K' \subset K''$, либо $K'' \subset K'$, либо $K' \cap K'' = \emptyset$. Число множеств, входящих в квазиразбиение, называется его *длиной*.

Геометрическое изображение типичного квазиразбиения приведено на рис. 1.

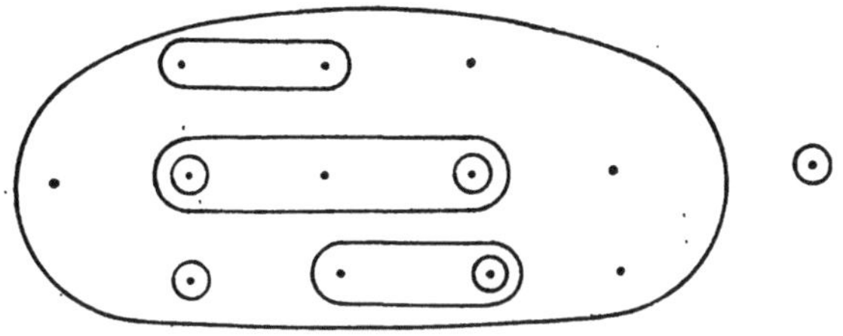

Рис. 1

Схема, соответствующая проблеме из игры «дилемма бандита», изображена на рис. 2.

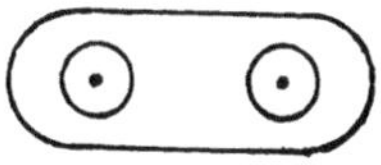

Рис. 2

Основная теорема данной работы утверждает, что какова бы ни была игра Γ с конечными множествами стратегий игроков и каково бы ни было квазиразбиение $\mathfrak{K}$ множества игроков в ней, существует такое метастратегическое расширение игры Γ, в котором найдется $\mathfrak{K}$-устойчивая ситуация.

Далее будут сформулированы точное определение метастратегии и метаигры, а также точный смысл описанной теоремы существования.

2. Определение: Последовательность пар

$$(A_1, K_1), (A_2, K_2), \ldots, (A_n, K_n)$$

называется *метастратегическим построением* в игре Γ, если всякое K_i есть коалиция в Γ, а всякое A_i либо является множеством $\mathfrak{x}_{K_i}$ всех коалиционных стратегий коалиции K_i в игре Γ, либо имеет вид

$$A_{i_0}^{A_{i_1} \times \ldots \times A_{i_r}}, \tag{1}$$

где $i_0, i_1, \ldots, i_r < i$, соответствующие коалиции $K_{i_0}, K_{i_1}, \ldots, K_{i_r}$ попарно не пересекаются, и $K_{i_0} = K_i$.

Степень (1), будучи множеством функций, отображающих $A_{i_1} \times \ldots \times A_{i_r}$ в A_{i_0}, можно содержательно понимать как совокупность всевозможных планов реагирования со стороны коалиции K_i на возникающие комбинации ранее определенных коалиционных стратегий из $A_{i_1}, \ldots, A_{i_r}$ соответственно коалиций $K_{i_1}, \ldots, K_{i_r}$.

Множество A называется *замкнутым* множеством метастратегий коалиции K, если пара (A, K) является последней в некотором метастратегическом построении.

В тех случаях, когда в метастратегическом построении будет ясно, для каких именно коалиций являются замкнутыми множествами метастратегий множества A_k, будем обозначения коалиций опускать и записывать метастратегическое построение как последовательность не пар, а одних только замкнутых множеств метастратегий.

Непосредственно из сформулированного определения вытекает (и поддается несложному индуктивному доказательству), что, если A_K есть замкнутое множество метастратегий коалиции K, и $K = K_1 \cup K_2$, причем $K_1 \cap K_2 = \emptyset$, то имеет место представление $A_K = A_{K_1} \times A_{K_2}$, где A_{K_1} и A_{K_2} суть замкнутые множества метастратегий коалиций K_1 и K_2.

В частности, всегда возможно от замкнутого множества метастратегий A_K коалиции K переходить к замкнутым множествам метастратегий A_L для любых коалиций $L \subset K$ и в частности — к замкнутым множествам метастратегий A_i игроков, входящих в коалицию K. Обратное, вообще говоря, не всегда возможно, так как перемножаемые замкнутые множества индивидуальных метастратегий могут иметь «различное происхождение».

Легко видеть, что коалиционные метастратегии, будучи элементами замкнутых множеств метастратегий, т. е. некоторых степеней множеств, являются, вообще говоря, функциями, ставящими в соответствие набору метастратегий других коалиций — собственную метастратегию в каком-то смысле «меньшего» порядка. Таким образом, выбор коалицией метастратегии состоит в ее решении отвечать на метастратегии других коалиций некоторой своей «более короткой» метастратегией. Приведенные выше примеры возможных условий в договорах и являются метастратегиями.

Пример: Пусть $I = \{1, 2\}$, $\mathfrak{x}_1 = A$ и $\mathfrak{x}_2 = B$.
Метастратегическими построениями здесь будут, в частности

$$A,\ B,\ A^B,\ B^{(A^B)},\ (A^B)^{(B^{(A^B)})} \tag{2}$$

и

$$A,\ B,\ A^B,\ B^{(A^B)},\ A^{(B^{(A^B)})}. \tag{3}$$

3. Не все наборы метастратегий поддаются «сопряжению» в ситуации. Например, если взять в метастратегическом построении (2)

$$f \in B^{(A^B)} \quad \text{и} \quad g \in (A^B)^{(B^{(A^B)})}$$

то, очевидно, будет

$$g(f) \in A^B \quad \text{и} \quad f(g(f)) \in B,$$

так что пара функций f и g порождает ситуацию

$$((g(f)))\ (f(g(f))),\quad f(g(f)) \in A \times B.$$

Напротив, если взять в метастратегическом построении (3) пару функций

$$f \in B^{(A^B)} \quad \text{и} \quad g \in A^{(B^{(A^B)})},$$

то из них можно получить стратегию $g(f) \in A$, но никакой определенной стратегии из B получить нельзя.

Сказанное дает нам основание ввести следующие понятия.

Определение. Пусть $K_1, \ldots, K_k$ – разбиение множества игроков I (т. е. набор попарно непересекающихся коалиций, которые в сумме дают I), а

$$(A_1, K_1), \ldots, (A_k, K_k) \tag{4}$$

– набор пар, в которых каждое A_l есть замкнутое множество стратегий соответствующей коалиции K_l. Такой набор будем называть (*метастратегическим*) *базисом*. Ясно, что одна и та же бескоалиционная игра может иметь несколько различных метастратегических базисов.

Метастратегической разверткой базиса (4) назовем последовательность

$$(A_1, K_1), \ldots, (A_k, K_k), (A_{k+1}, K_{k+1}), \ldots, (A_n, K_n),$$

в которой при $i > k$ всякое A_i является замкнутым множеством метастратегий коалиции K_i, причем

а) либо найдется такое $i' < i$, что

$$A_{i'} = A_i \times A_{i''}, \tag{5}$$

где $A_{i''}$ – замкнутое множество метастратегий коалиции $K_{i'} \backslash K_{i''}$;

б) либо найдутся такие $i_0, i_1, \ldots, i_r < i$, что

$$A_{i_0} = A_i^{A_{i_1} \times \ldots \times A_{i_r}}. \tag{6}$$

Нетрудно видеть, что все метастратегические развертки данного базиса отличаются друг от друга разве лишь порядком своих членов.

Метастратегическая развертка называется *правильной*, если она содержит набор пар

$$(A_{j_1}, L_1), \ldots, (A_{j_l}, L_l), \tag{7}$$

где $L_1, \ldots, L_l$ составляют разбиение I, а все A_{j_l} имеют вид $\mathfrak{x}_{L_l}$ (т. е. суть просто множества стратегий соответствующих коалиций).

Базис (4) называется *правильным*, если он имеет правильную метастратегическую развертку. Так, например, если выписать члены метастратегического построения (2) в обратном порядке, то получится правильная метастратегическая развертка, а если это же проделать с метастратегическим построением (3), то нет.

Из однозначности (с точностью до порядка) метастратегической развертки вытекает, что каждый правильный базис однозначно определяет соответствующий набор пар вида (7).

Следующее определение охватывает все возможности получения ситуаций через метастратегии.

Определение. Пусть

$$(A_1, K_1), \ldots, (A_k, K_k) \tag{8}$$

– правильный метастратегический базис в игре Γ, и $f_i \in A_i$ для $i = 1, \ldots, k$. Систему

$$f = (f_1, \ldots, f_k)$$

назовем *метаситуацией в базисе* (8).

Пусть

$$(A_1, K_1), \ldots, (A_k, K_k), (A_{k+1}, K_{k+1}), \ldots, (A_n, K_n)$$

– правильная метастратегическая развертка базиса (8). Последовательность метастратегий

$$f_1, \ldots, f_k, f_{k+1}, \ldots, f_n$$

называется *разверткой метаситуации* f, если при $i \leqq k$

$$f_i \in A_i;$$

при $i > k$ в условиях (5)

$$\text{из} \quad f_{i'} \in A_{i'} \quad \text{и} \quad f_{i''} \in A_{i''} \quad \text{следует} \quad f_{i'} = (f_i, f_{i''});$$

при $i > k$ в условиях (6)

$$\text{из} \quad f_{i_t} \in A_{i_t} \, (t = 0, 1, \ldots, r) \quad \text{следует} \quad f_i = f_{i_0}(f_{i_1}, \ldots, f_{i_r}) \, .$$

Те члены развертки метаситуации, которые отвечают членам соответствующего набора (7), являются коалиционными стратегиями в игре Γ и образуют ситуацию в ней. Эта ситуация называется *проекцией* метаситуации f на игру Γ и обозначается через $\mathrm{Pr}_\Gamma f$.

Из сделанных выше замечаний об однозначности метастратегической развертки следует, что всякая метаситуация в бескоалиционной игре определяет свою проекцию на эту игру единственным образом.

Определение. Пусть

$$\Gamma = \langle I, \{\mathfrak{x}_i\}_{i \in I}, \quad \{H_i\}_{i \in I} \rangle$$

– бескоалиционная игра,

$$(A_1, K_1), \ldots, (A_k, K_k) \tag{9}$$

– некоторый ее правильный метастратегический базис, а $A_i \, (i \in I)$ – замкнутые множества метастратегий игроков, входящие декартовыми сомножителями в произведения A_l. Положим для любой метаситуации f в этом метастратегическом базисе и для любого игрока i

$$H_i(f) = H_i(\mathrm{Pr}_\Gamma f) \, .$$

Систему

$$\mathsf{M}_\Gamma = \langle I, \{A_l\}_{l=1,\ldots,k}, \quad \{H_i\}_{i \in I} \rangle$$

назовем *метаигрой* для игры Γ, *порожденной метастратегическим базисом* (9).

Подчеркнем, что метаигра M_Γ задается не только исходной игрой Γ, но и некоторым ее метастратегическим базисом (9). Заметим также, что отношение метаигры к игре является транзитивным: если Δ есть метаигра игры Γ, а E – метаигра игры Δ, то E есть метаигра игры Γ. Чтобы в этом убедиться, достаточно к метастратегическому базису игры Δ, приводящему к ее метаигре Γ, приписать метастратегический базис игры E, приводящий ее к ее метаигре Δ.

4. Процесс протекания игры Γ с использованием метастратегий можно представить себе следующим образом. Участники игры выбирают в соответствии с заданным (правильным) метастратегическим базисом игры Γ свои метастратегии, формируя тем самым некоторую метаситуацию. Затем строится развертка этой метаситуации, приводящая к ситуации в игре Γ, после чего игроки получают причитающиеся им в этой ситуации выигрыши.

Построение по метаситуации ее развертки может при этом пониматься двояко. С одной стороны, можно себе представить, что имеется «различная информированность» игроков и интерпретировать значения функций – метастратегий, как ответы на становящиеся известными значения аргументов стратегий других игроков. Практически любые схемы такой «различной информированности» игроков укладывается в систему метастратегических рассмотрений. С другой стороны, развертку метаситуации и нахождение ее проекции можно интерпретировать, как деятельность посредника, «собирающего» метастратегии игроков и выдающего игрокам выигрыши после логического анализа полученной метаситуации, состоящего в построении ее развертки и нахождении проекции.

5. $\mathfrak{R}$-устойчивость в метаиграх может предопределяться их устойчивостью в основной игре.

Рассмотрим сначала два следующих полезных для дальнейшего примера.

Теорема. *Пусть*

$$\Gamma = \langle I, \{\mathfrak{x}_i\}_{i\in I}, \{H_i\}_{i\in I}\rangle$$

– бескоалиционная игра.

Возьмем $K, L \subset I (K \cap L = \emptyset)$ *и рассмотрим над* Γ *метаигру*

$$\mathsf{M}_\Gamma = \langle I, \{\{\mathfrak{x}_i\}_{i\in I\setminus K}, \{\mathfrak{x}_k^{\mathfrak{x}_L}\}_{k\in K}, \{H_i\}_{i\in I}\rangle,$$

где для любых $i\in I$, $x_L \in \mathfrak{x}_L$ *и* $f_K: \mathfrak{x}_L \to \mathfrak{x}_K$ *положено* $I\setminus(K\cup L) = N$ *и*

$$H_i(f_K, x_L, x_N) = H_i(f_K(x_L), x_L, x_N)\,. \tag{10}$$

Пусть далее $x^* = (x_K^*, x_L^*, x_N^*)$ *– некоторая ситуация в игре* Γ, *а* f_K^* *– метастратегия* K, *для которой* $f_K^*(x_L) = x_K^* = x_K^*$ *при любом* $x_L \in \mathfrak{x}_L$ (то есть метастратегия, которая, понимаемая как функция, является константой).

Пусть, наконец, $R\subset I$, *и* x^* *есть* R*-оптимальная ситуация в игре* Γ.

Тогда, если $R\subset K$ *или* $R\subset L$ *или* $R\subset N$, *то* (f_K^*, x_L^*, x_N^*) *является* R*-оптимальной ситуацией в* M_Γ.

Доказательство: 1) Предположим сначала, что $R\subset K$ и допустим, что ситуация (f_K^*, x_L^*, x_N^*) в M_Γ не является R-оптимальной. Это значит, что найдется такая метастратегия $\bar f_R \in \mathfrak{x}_R^{\mathfrak{x}_L}$, для которой

$$H_R(f_R^*, f_{K\setminus R}^*, x_L^*, x_N^*) \leq H_R(\bar f_R, f_{K\setminus R}^*, x_L^*, x_N^*)\,. \tag{11}$$

Положим $\bar f_R(x_L^*) = \bar x_R$. Тогда из (10) следует, что

$$H_R(f_R^*, f_{K\setminus R}^*, x_L^*, x_N^*) = H_R(x^*)$$

и аналогично

$$H_R(\bar f_R, f_{K\setminus R}^*, x_L^*, x_N^*) = H_R(x^* \,\|\, \bar x_R)\,.$$

Поэтому неравенство (11) может быть переписано как

$$H_R(x^*) \leq H_R(x^* \,\|\, \bar x_R)\,,$$

что противоречит R-оптимальности ситуации x^* в игре Γ.

2) Допустим теперь, что $R \subset L$, и ситуация (f_K^*, x_L^*, x_N^*) не R-оптимальна в M_Γ. Это значит, что найдется стратегия $\bar{x}_R \in \mathfrak{x}_R$, для которой

$$H_R(f_K^*, x_R^*, x_{L\setminus R}^*, x_N^*) \le H_R(f_K^*, \bar{x}_R, x_{L\setminus R}^*, x_N^*) .$$

Но тогда из определения метастратегии f_K^* будет следовать, что

$$H_R(x^*) \le H_R(x^* \parallel \bar{x}_R) ,$$

а это противоречит R-оптимальности ситуации x^* в Γ.

3) Пусть, наконец, $R \subset N$. В этом случае переход к метаигре замены стратегии x_R^* на $\bar{x}_R$ просто никак не затрагивает, и R-оптимальность ситуации сохраняется тривиальным образом.

Следствие. *Пусть Γ-бескоалиционная игра,*

$$(A_1, K_1), \ldots, (A_k, K_k) \tag{12}$$

– некоторый её правильный метастратегический базис, а M_Γ-порожденная этим базисом метаигра над Γ. Если R-коалиция в Γ, для которой при каждом $i=1, \ldots, k$ имеет место $R \subset K_i$ или $R \cap K_i = \emptyset$, то из существования R-оптимальной ситуации в игре Γ следует существование R-оптимальной ситуации в метагре M_Γ.

Доказательство проводится индукцией по длине метастратегического базиса (12) и сводится к повторному применению доказанной теоремы.

6. Ясно, что использование метастратегий обогащает возможности игроков. В частности, можно ожидать, что среди метаситуаций можно найти более устойчивые, чем среди исходных ситуаций. Важной иллюстрацией может служить следующее утверждение.

Теорема. *Рассмотрим конечную бескоалиционную игру*

$$\Gamma = \langle I, \{\mathfrak{x}_i\}_{i\in I}, \{H_i\}_{i\in I}\rangle ,$$

где $I = K \cup L$, причем $K \cap L = \emptyset$. Пусть $\mathfrak{K}$ и $\mathfrak{L}$-соответственно квазиразбиения множеств игроков K и L. Пусть

1) В игре Γ для любого $x_L \in \mathfrak{x}_L$ найдется $\mathfrak{K}$-устойчивая ситуация вида $(x_K^*(x_L), x_L)$;

2) В игре

$$\Gamma^* = \langle L, \{\mathfrak{x}_i\}_{i\in L}, \{H_i^*\}_{i\in L}\rangle ,$$

где

$$H_i^*(x_L) = H_i(x_K^*(x_L), x_L)$$

существует $\mathfrak{L}$-устойчивая ситуация x_L^*.

Тогда в метаигре

$$\mathsf{M}_\Gamma = \langle I, \{\{\mathfrak{x}_l\}_{l\in L} \cup \{\mathfrak{x}_k^{\mathfrak{x}_L}\}_{k\in K}, \{H_i\}_{i\in I}\rangle$$

существует $\mathfrak{K} \cup \mathfrak{L}$-устойчивая ситуация.

Доказательство. Поставим в соответствие каждой стратегии $x_L \in \mathfrak{x}_L$ стратегию $x_K^*(x_L)$. Это соответствие есть функция из $\mathfrak{x}_K^{\mathfrak{x}_L}$, т. е. некоторая метастратегия f_K^* коалиции K, являющаяся ее стратегией в метаигре M_Γ. Из условия 1) и первой части предыдущей теоремы следует, что при любом

$x_L \in \mathfrak{X}_L$ ситуация (x_L, f_K^*) является $\mathfrak{K}$-устойчивой в M_Γ. В частности, $\mathfrak{K}$-устойчива и ситуация (x_L^*, f_K^*).

Далее из условия 2) и второй части предыдущей теоремы вытекает $\mathfrak{L}$-устойчивость (x_L^*, f_K^*) в M_Γ. Таким образом, в M_Γ ситуация (x_L^*, f_K^*) является $\mathfrak{K} \cup \mathfrak{L}$-устойчивой.

В качестве непосредственного следствия отсюда можно вывести, что для любой конечной бескоалиционной игры можно указать такую метаигру над ней, в которой существуют ситуации равновесия.

7. Перейдем теперь к основной теореме данной статьи

Теорема. *Пусть*

$$\Gamma = \langle I, \{\mathfrak{X}_i\}_{i \in I}, \{H_i\}_{i \in I} \rangle$$

– конечная бескоалиционная игра, $\mathfrak{K}$-квазиразбиение множества игроков I, и $L = I \setminus \cup \mathfrak{K}$.

Тогда можно указать такой зависящий лишь от I и $\mathfrak{K}$ правильный метастратегический базис

$$(A_1, \bar{K}_1), \ldots, (A_k, \bar{K}_k)$$

в котором $\bar{K}_1, \ldots, \bar{K}_k \in \mathfrak{K}$, что порожденная им метаигра над Γ имеет $\mathfrak{K}$-устойчивые ситуации вида $(z_{\cup \mathfrak{K}}, x_L)$, где x_L-любая коалиционная стратегия коалиции L в Γ.

Доказательство. Мы будем доказывать теорему индукцией по длине квазиразбиения $\mathfrak{K}$. Для случая, когда эта длина равна единице, соответствующее утверждение по существу означает существование оптимальных по Парето ситуаций в конечном множестве и потому не составляет труда.

Предположим, что для всех квазиразбиений с длинами, не превосходящими данного n, утверждение теоремы доказано, и возьмем квазиразбиение $\mathfrak{K}$ с длиной $n+1$.

Пусть K-одна из максимальных коалиций $\mathfrak{K}$. Обозначим через $K_1, \ldots, K_k$ все максимальные коалиции из $\mathfrak{K}$, содержащиеся в K (т. е. такие, что из $K_j \subset K' \subset K$ и $K' \in \mathfrak{K}$ следует либо $K' = K_j$, либо $K' = K$), и положим $\cup \mathfrak{K} \setminus K = \bar{K}$. Не нарушая общности, можно считать, что $K_1 \cup \ldots \cup K_k = K$, т. е. что каждый принадлежащий K игрок входит в какую-нибудь коалицию.

Как в коалициях K_i, так и множестве игроков $\bar{K}$ могут содержаться (а могут и не содержаться) другие, меньшие коалиции из $\mathfrak{K}$. Те элементы квазиразбиения $\mathfrak{K}$, которые содержатся в $\bar{K}$, очевидно, составляют некоторое квазиразбиение $\bar{K}$. Обозначим его через $\bar{\mathfrak{K}}$. Положим, кроме того, $\mathfrak{K} \setminus (\bar{\mathfrak{K}} \cup \{K\}) = \mathfrak{K}^*$. В результате мы получим картину типа изображенной на рис. 3.

Возьмём теперь произвольную стратегию $x_{\bar{K} \cup L}$ коалиции $\bar{K} \cup L$. Поскольку длина квазиразбиения $\mathfrak{K}^*$ не превосходит n, по индуктивному предположению

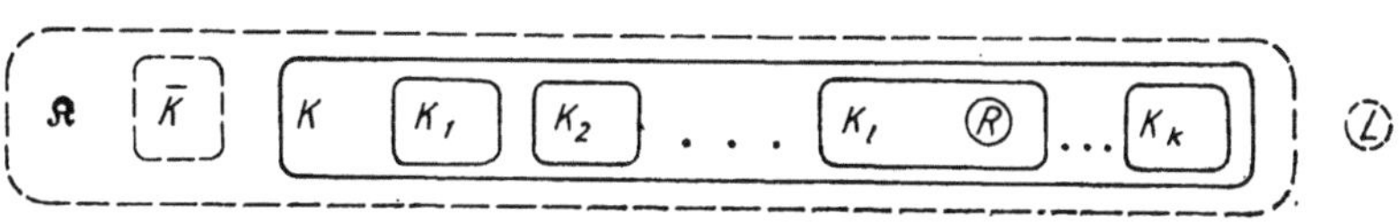

Рис. 3

можно построить порожденную надлежащим метастратегическим базисом метаигру

$$\Delta = \langle I, \{\mathfrak{t}_i\}_{i\in I}, \{H_i\}_{i\in I}\rangle ,$$

в которой будут $\mathfrak{K}^*$-устойчивые ситуации вида $(t_K^*, x_{\bar{K}\cup L})$ при любом $x_{\bar{K}\cup L}\in\mathfrak{x}_{\bar{K}\cup L}$. Преобразуем ее метастратегическим образом так, чтобы она стала ещё и K-оптимальной.

Подвергнем для этого метаигру Δ дальнейшим метастратегическим расширениям. В целях упрощения записи будем множества коалиционных стратегий $\mathfrak{t}_{K_j}$ каждой из коалиций K_j обозначать просто через $\mathfrak{t}_j$, а сами их стратегии – через t_j (вместо t_{K_j}). Факт зависимости каждой из стратегий t_j от стратегии $x_{\bar{K}\cup L}$ мы также не всегда будем отражать в обозначениях. В соответствии со сказанным имеющуюся $\mathfrak{K}^*$-устойчивую ситуацию мы обозначим через

$$t^* = (t_1^*, \ldots, t_k^*, x_{\bar{K}\cup L}) .$$

Как нетрудно убедиться, в игре Δ существует K-оптимальная ситуация, доминирующая по K ситуацию t^*. Обозначим её через t^0:

$$t^0 = (t_1^0, \ldots, t_k^0, x_{\bar{K}\cup L}) .$$

(Подобно ситуации t^* ситуация t^0 также зависит от $x_{\bar{K}\cup L}$, но мы эту зависимость специально обозначать не будем.)

Если окажется, что $t_K^* = t_K^0$, то эта ситуация будет одновременно $\mathfrak{K}^*$-устойчивой и K-оптимальной, т. е. $\mathfrak{K}^*\cup\{K\}$-устойчивой, и наша цель достигнута. Будем поэтому предполагать, что $t_K^* \neq t_K^0$.

Возьмем метастратегическое построение из $2k$ замкнутых множеств метастратегий:

$$\mathfrak{t}_1, \ldots, \mathfrak{t}_k, \mathfrak{f}_1, \ldots, \mathfrak{f}_k ,$$

где

$$\mathfrak{f}_j = \mathfrak{t}_j^{\mathfrak{f}_1\times\ldots\times\mathfrak{f}_{j-1}\times\mathfrak{t}_{j+1}\times\ldots\times\mathfrak{t}_k} \quad \text{для} \quad j = 1, \ldots, k . \tag{13}$$

(Здесь $\mathfrak{f}_1\times\ldots\times\mathfrak{f}_{j-1}\times\mathfrak{t}_{j+1}$ при $j=1$ следует понимать, как $\mathfrak{t}_2$, а $\mathfrak{f}_{j-1}\times\mathfrak{t}_{j+1}\times\ldots\times\mathfrak{t}_k$ при $j=k$, как $\mathfrak{f}_{k-1}$.)

Метаигру над Δ, порожденную метастратегическим базисом, соответствующим построению (13), обозначим через E.

Введем далее метастратегии

$$f_j^0 \in \mathfrak{f}_j \quad (j = 1, \ldots, k) ,$$

положив индуктивно при $j = 1, \ldots, k$ для любых $t_j\in\mathfrak{t}_j$ и $f_j\in\mathfrak{f}_j$

$$f_j^0(f_1, \ldots, f_{j-1}, t_{j+1}, \ldots, t_k) = \begin{cases} t_j^0 & \text{если } f_u = f_u^0 \text{ для } u = 1, \ldots, j-1 \\ & \text{и } t_u = t_u^0 \text{ для } u = j+1, \ldots, k; \\ t_j^* & \text{в остальных случаях.} \end{cases} \tag{14}$$

Покажем, что метаситуация

$$f^0 = (f_1^0, \ldots, f_k^0, x_{\bar{K}\cup L}) \tag{15}$$

в игре E является $\mathfrak{K}^*\cup\{K\}$-устойчивой.

Найдем для этого сначала проекцию f^0 на игру Δ.

Построение метастратегической развертки этой метаситуации в соответствии с формулами (14) состоит из k шагов, каждый из которых заменяет в списке стратегий ситуации очередное f_j^0 на t_j^0. Таким образом,

$$\mathrm{Pr}_\Delta f^0 = (t_1^0, \ldots, t_k^0, x_{\overline{K \cup L}}) .$$

K-оптимальность ситуации t^0 в Δ означает, что ни для какой ситуации $\bar{t}$ в этой игре, имеющей вид $(\bar{t}_K, x_{\overline{K \cup L}})$, не может быть

$$H_K(\bar{t}) \geq H_K(t^0) . \tag{16}$$

Но при любой метастратегии $\bar{f}_K \in \mathfrak{f}_k$ проекция $\mathrm{Pr}_\Delta(\bar{f}_K, x_{\overline{K \cup L}})$, очевидно, имеет вид $(\bar{t}_K, x_{\overline{K \cup L}})$, а $t^0 = \mathrm{Pr}_\Delta f^0$. Значит, из невозможности (16) следует невозможность

$$H_K(\mathrm{Pr}_\Delta(\bar{f}_K, x_{\overline{K \cup L}})) \geq H_K(\mathrm{Pr}_\Delta(f^0)) ,$$

или, переходя к игре E, – невозможность

$$H_K(\bar{f}_K, x_{\overline{K \cup L}}) \geq H_K(f^0) .$$

Но это и означает K-оптимальность f^0 в E.

Займемся теперь доказательством R-оптимальности ситуации f^0 для произвольной коалиции $R \in \mathfrak{R}^*$ (см. рис. 3). Будем для определенности считать, что $R \subset K_l$. Возьмем произвольную коалиционную метастратегию $f_R \in \mathfrak{f}_R$.

Если $f_R = f_R^0$, то тривиальным образом будет

$$H_R(f^0 \| f_R) = H_R(f^0) ,$$

и в частности, не может быть

$$H_R(f^0 \| f_R) \geq H_R(f^0) .$$

Пусть теперь $f_R \neq f_R^0$. Будем строить и анализировать проекцию метаситуации $f^0 \| f_R$ на игру Δ. Положим по индукции для $j = k, k-1, \ldots, l+1$

$$f_j^0(f_1^0, \ldots, f_{l-1}^0, (f_R, f_{K_l \setminus R}^0), f_{l+1}^0, \ldots, f_{j-1}^0, \bar{t}_{j+1}, \ldots, \bar{t}_k) = \bar{t}_j$$

(очевидно, число таких формул будет равно $k - l$).

По предположенному здесь $f_R \neq f_R^0$. Следовательно, согласно формуле (14) должно быть (переходя от бóльших значений индекса j к мéньшим)

$$\bar{t}_j = t_j^* \quad \text{при} \quad j = k, k-1, \ldots, l+1 .$$

Положим далее

$$(f_R, f_{K_l \setminus R}^0)(f_1^0, \ldots, f_{l-1}^0, t_{l+1}^*, \ldots, t_k^*) = \bar{t}_l .$$

В соответствии со сказанным в п. 2, коалиционная стратегия $\bar{t}_l$ должна иметь вид $(\bar{t}_R, t_{K_l \setminus R}^0)$. Если при $j = k, k-1, \ldots, l+1$ будет $\bar{t}_j = t_j^* = t_j^0$ и, кроме того, $\bar{t}_l = t_l^0$, то по (14) дальнейший процесс метастратегической развертки пойдет так же, как и в случае метаситуации f^0, мы в этом случае получим

$$\mathrm{Pr}_\Delta(f^0 \| f_R) = \mathrm{Pr}_\Delta f^0 ,$$

и наш вопрос решается тривиально.

Предположим поэтому, что одна из коалиционных стратегий $\bar{t}_j (j = k, k-1, \ldots, l+1)$ отлична от t_j^0. Тогда по (14) будет

$$f_j^0(f_1^0, \ldots, t_{j-1}^0, t_{j+1}^*, \ldots, t_{l-1}^*, \bar{t}_l, t_{l+1}^*, \ldots, t_k^*) = t_j^*$$

при всех $j=l-1, l-2, \ldots, 1$, а также

$$f^0_{K_l\setminus R}(f^0_1, \ldots, f^0_{l-1}, t^*_{l+1}, \ldots, t^*_k)=t^*_{K_l\setminus R}.$$

Итак, в этом случае

$$\mathrm{Pr}_\Delta(f^0 \| f_R)=(t^*_1, \ldots, t^*_{l-1}, \bar{t}_R, t^*_{K_l\setminus R}, t^*_{l+1}, \ldots, t^*_k)=t^* \| \bar{t}_R.$$

Ввиду предположенной R-оптимальности ситуации t^*, не может быть

$$H_R(t^* \| \bar{t}_R) \geq H_R(t^*),$$

а ввиду обусловленного K-доминирования, и в том числе R-доминирования

$$H_R(t^0) \geq H_R(t^*),$$

не может быть и

$$H_R(t^* \| \bar{t}_R) \geq H_R(t^0).$$

Таким образом, не может быть

$$H_R(f^0 \| f_R) \geq H_R(f^0),$$

и ситуация f^0 оказывается R-оптимальной.

Воспользуемся ещё раз индуктивным предположением: на этот раз – применительно к игре E и квазиразбиению $\bar{\mathfrak{K}}$, длина которого не превосходит n. Именно, построим метаигру Z над E, в которой есть $\bar{\mathfrak{K}}$-устойчивая ситуация вида (f^0_K, g^0_K, t_L) (или точнее, вида $(f^0_K, g^0_K(f^0_K), t_L)$). При этом все коалиции в соответствующих членах метастратегического базиса содержатся в K, так что доказанная выше $\mathfrak{K}^* \cup \{K\}$-устойчивость ситуации

$$(f^0_K, \mathrm{Pr}_E g^0_K(f^0_K), t_L)$$

в игре E при переходе к ситуации (f^0_K, g^0_K, t_L) в игре Z сохранится. Таким образом ситуация (f^0_K, g^0_K, t_L) оказывается $\mathfrak{K}^* \cup \{K\}$-устойчивой и одновременно $\bar{\mathfrak{K}}$-устойчивой, т. е. в итоге $\mathfrak{K}$-устойчивой, и индуктивный переход обоснован.

Литература

[1] Воробьев, Н. Н.: Современное состояние теории игр. Успехи мат. наук **XXV** (1970) 2 (152), 81–140.

[2] Нэш, Дж.: Бескоалиционные игры. Сб. «Матричные игры», М., 1961, 205–221.

[3] Howard, N.: The theory of meta-games. Year-book of the Society for General System Research. **XI** (1966), 167–186.

Summary

A situation x^* in a non-cooperative game

$$\Gamma=\langle I, \{\mathfrak{x}_i\}_{i\in I}, \{H_i\}_{i\in I}\rangle$$

is said to be *K-optimal* (for $K \subset I$) if there are no $x_K \in \mathfrak{x}_K$, for which

$$H_K(x^*) \leq H_K(x^* \| x_K).$$

A situation x^* in the game Γ is said to be $\mathfrak{K}$-*stable* (for $\mathfrak{K} \subset 2^I$) if it is K-optimal for every $K \in \mathfrak{K}$.

A family $\mathfrak{K} \subset 2^I$ is said to be *quasipartition* of I if for K', $K'' \in \mathfrak{K}$ either $K' \subset K''$ or $K'' \subset K'$ or $K' \cap K'' = \emptyset$.

A suitable metastrategical extension of the game Γ containing a $\mathfrak{K}$-stable situation is proved to exist for arbitrary game Γ with finite sets of players and their strategies and for arbitrary quasipartition $\mathfrak{K}$ of the set I.

Zusammenfassung

Die Situation x^* im nichtkooperativen Spiel

$$\Gamma = \langle I\,,\, \{\mathfrak{x}_i\}_{i \in I},\, \{H_i\}_{i \in I} \rangle$$

heißt *K-optimal* (für $K \subset I$), wenn keine Strategie $x_K \in \mathfrak{x}_K$ existiert, für die

$$H_K(x^*) \leq H_K(x^* \parallel x_K)$$

gilt. Die Situation x^* im Γ heißt *$\mathfrak{K}$-stabil* (für $\mathfrak{K} \subset 2^I$), wenn sie K-optimal für eine beliebige Koalition $K \in \mathfrak{K}$ ist.

Eine Familie von Koalitionen $\mathfrak{K}$ heißt *Quasizerlegung* von I, wenn für beliebige K', $K'' \in \mathfrak{K}$ entweder $K' \subset K''$ oder $K'' \subset K'$ oder $K' \cap K'' = \emptyset$ ist.

Es wird bewiesen, daß es für jede Quasizerlegung $\mathfrak{K}$ der endlichen Menge I eine metastrategische Erweiterung des nichtkooperativen Spiels Γ mit der Spielermenge I gibt, in der $\mathfrak{K}$-stabile Situationen existieren.

Buchbesprechung

J. Wilhelm: **Objectives and Multi-Objective Decision Making under Untertainty.** Lecture Notes in Economics and Mathematical Systems 112, Springer-Verlag, Berlin-Heidelberg-New York 1975, IV, 111 S., DM 18,–

Das vorliegende Buch behandelt Fragen der Entscheidungstheorie mit einem oder mehreren Zielen beim Vorliegen von unvollständigen Informationen (unter Ungewißheit). Der Autor geht von einem sehr allgemeinen Begriff einer Entscheidungssituation aus. Diese wird zunächst durch vier Komponenten beschrieben — durch den Ausgangszustand der Welt, die Menge A der bei diesem Zustand möglichen Alternativen des Entscheidenden, die Menge Ω der möglichen Reaktionen der Umwelt sowie durch Informationen über die Realisierung oder Nichtrealisierung dieser Reaktionen. Um von rationellen Entscheidungen sprechen zu können, muß weiter vorausgesetzt werden, daß der Entscheidungsträger gewisse Ziele verfolgt. Im Gegensatz zur klassischen Entscheidungstheorie wird hier aber nicht unterstellt, daß stets exakt beurteilt werden kann, inwieweit ein bestimmter sogenannter Endzustand der Welt (resultierend aus Wahl einer Alternative des Entscheidenden und der Reaktion der Umwelt) irgendeinem Ziel mehr oder weniger gut entspricht, wie das etwa dann der Fall wäre, wenn eine auf $A \times \Omega$ definierte reellwertige Zielfunktion von vornherein vorliegt. Es wird vielmehr ein sehr allgemeiner Zielbegriff entwickelt, der zunächst unter Voraussetzung vollständiger Informationen (unter Gewißheit) formuliert und dann auf Entscheidungssituationen unter Ungewißheit übertragen wird.
Organisch integriert in die Ausführungen zum Zielbegriff sind einerseits Ergebnisse über Existenz, Eindeutigkeit, Integrierbarkeit und Stetigkeit einer Nutzensfunktion beim Vorliegen einer Präferenzrelation auf der Menge der Endzustände und andererseits einige Darlegungen zum Problem der Vektoroptimierung. Diese beiden Dinge nehmen einen relativ breiten Raum ein. Weitere Ausführungen betreffen Lösungswege für Probleme mit mehreren Zielen unter Ungewißheit.
Insgesamt gesehen kann eingeschätzt werden, daß das vorliegende Buch theoretisch recht anspruchsvoll ist und die verwendeten Begriffe und Modelle auf einem hohen Abstraktionsniveau stehen. Das Studium dieser Arbeit erfordert bei derart vielen allgemeinen Begriffen und Symbolen, die hier verwendet werden, einen relativ großen Aufwand und einige Vorkenntnisse. Dieser Abstraktionsgrad liefert aber gerade die Möglichkeit für die Entwicklung sehr realistischer Modelle und Lösungsansätze. Einfache Beispiele illustrieren außerdem an vielen Stellen gut die theoretischen Abhandlungen. Zu bemerken ist noch, daß man am Schluß des Buches eine Zusammenstellung von Anwendungsmöglichkeiten der dargelegten Ergebnisse findet.

K. Tammer

Math. Operationsforsch. Statist., Ser. Optimization, Vol. 9 (1978) No. 1, 57–68

Сбалансированные игры и ситуации $\mathfrak{K}$-равновесия

Е. Б. Яновская [1]

Резюме: Рассматриваются условия реализуемости двух теоретико-игровых принципов оптимальности. Первый принцип обобщает понятие c-ядра в кооперативных играх (отношение доминирования рассматривается только по коалициям из некоторого семейства $\mathfrak{K}$ подмножеств игроков). Второй принцип, $\mathfrak{K}$-равновесие, определяется для бескоалиционных игр. Ситуация называется $\mathfrak{K}$-равновесной, если она устойчива для всех коалиций из $\mathfrak{K}$. Исследуется взаимосвязь этих принципов и условий их реализуемости.

Большинство теоретико-игровых принципов оптимальности, отражающих идею устойчивости, можно определить как отображение множества всех ситуаций игры в его подмножество, элементами которого являются ситуации, максимальные относительно некоторого бинарного отношения, заданного на множестве ситуаций. Например, c-ядро в кооперативных играх является множеством ситуаций (в классических кооперативных играх-дележей), максимальных по отношению доминирования.

Таким образом, принцип оптимальности задается некоторым бинарным отношением на множестве ситуаций игры. В данной работе рассматриваются два класса игр: кооперативные с конечным множеством игроков (с фиксированным набором $\mathfrak{K}$ возможных коалиций) и бескоалиционные и, соответственно, два бинарных отношения на множествах ситуаций этих игр: отношение доминирования и отношение, называемое бескоалиционным доминированием, которое будет определено в § 3, максимальные элементы которого называются ситуациями $\mathfrak{K}$-равновесия, и являются реализацией принципа осуществимости цели [1] относительно коалиций из множества $\mathfrak{K}$.

Если построить кооперативную игру без побочных платежей по данной бескоалиционной игре, то оказывается, что отношение доминирования в первой в некотором смысле сильнее отношения бескоалиционного доминирования в последней, и, следовательно, ситуации $\mathfrak{K}$-равновесия содержатся в c-ядре соответствующей кооперативной игры с множеством коалиций.

В данной статье рассматриваются достаточные условия реализуемости указанных принципов оптимальности. Работа состоит из трех параграфов.

В первом рассматриваются общие кооперативные игры в форме характеристической функции, обобщающие классические кооперативные игры и игры без побочных платежей, и показывается, что при наложении достаточно есте-

---

[1] Институт социально-экономических проблем Академии Наук СССР. Отдел математических методов, СССР 193015 Ленинград, ул. Воинова 50.

ственных условий на их компоненты условие сбалансированности игры является достаточным условием непустоты c-ядра. В § 2 для общих кооперативных игр с супераддитивной функцией выигрыша находятся достаточные условия сбалансированности игры (и, таким образом, для достаточно широких классов игр непустоты c-ядра). Эти условия, состоящие в описании множеств существенных и несущественных коалиций, можно интерпретировать как реализуемость некоторого нового принципа оптимальности, более слабого, чем c-ядро (доминирование рассматривается только по множеству существенных коалиций исходной игры). В § 3 для бескоалиционных игр с функциями выигрыша находятся достаточные условия существования ситуаций $\mathfrak{K}$-равновесия и показывается, насколько эти условия сильнее, чем условия реализуемости соответствующего принципа оптимальности, приведенные в § 2.

§ 1. Существование c-ядра в общих кооперативных играх

Общей кооперативной игрой называется система

$$\Gamma = \langle I, \mathfrak{K}, X, v, \{P_i\}_{i\in I}\rangle\,, \tag{1.1}$$

где I – множество игроков, $\mathfrak{K}$ – множество коалиций, являющихся подмножествами I, X – множество ситуаций, $v\colon \mathfrak{K}\to X$ характеристическая функция игры, P_i – бинарные отношения предпочтения игрока $i\in I$, заданные на множестве X. Очевидно, классические кооперативные игры и игры без побочных платежей являются частными случаями игры (1.1). В дальнейшем будем предполагать, что $I\in\mathfrak{K}$.

Определение 1.1. Ситуация x *доминирует* ситуацию y, если найдется такая $K\in\mathfrak{K}$, что

1. $x\in v(K)$,
2. $xP_i y$ для всех $i\in K$.

Определение 1.2. Множество всех недоминируемых ситуаций называется *c-ядром* игры и будет обозначаться через $C(\Gamma)$.

Известны необходимые и достаточные условия непустоты c-ядра в классических кооперативных играх и достаточные условия – в играх без побочных платежей. Эти условия состоят в сбалансированности игры и были получены для классических кооперативных игр О. Н. Бондаревой [2] и Шепли [3], а для игр без побочных платежей – Скарфом [4] и Биллера [5]. Будет показано, что сбалансированность игры является достаточным условием существования c-ядра и для общих кооперативных игр (1.1) при выполнении достаточно естественных топологических условий, налагаемых на их компоненты.

Приведем определение сбалансированности игры.

Определение 1.3. Набор коалиций T называется *сбалансированным*, если существуют такие неотрицательные числа λ_S, $S\in T$, что $\sum\limits_{\substack{S\in T\\ S\ni i}} \lambda_S = 1$ для всех $i\in I$.

Определение 1.4. Игра Γ называется *сбалансированной*, если для любого сбалансированного набора T из $x\in \bigcap\limits_{S\in T} v(S)$ следует, что $x\in v(I)$.

Обозначим через $\overline{v(S)}$ множество

$$\overline{v(S)}=\left\{x\in v(S)\mid y\bar{P}_S x,\ zP_i x\Rightarrow z\notin v(i)\quad \text{для любых}\quad y,z\in v(S),\ i\in I\right\},$$

где $P_S=\bigcap_{i\in S} P_i \bar{P}_S$ – *отрицание отношения* P_S.

Теорема 1.1. *Если в игре Γ $\mathfrak{K}$ – множество всех непустых подмножеств I, характеристическая функция v удовлет условию $x\in v(S), xP_S y\Rightarrow y\in v(S)$, отношения P_i, $i\in I$, являются отношениями строгого полного порядка на множестве ситуаций X, множества $\overline{v(S)}$ непусты и конечны для всех $S\in\mathfrak{K}$, то сбалансированная игра имеет непустое с-ядро.*

Доказательство совпадает с доказательством соответствующего утверждения Скарфа для игр без побочных платежей, так как все рассуждения, как отметил и сам автор, носили «ординальный» характер и не зависели от того факта, что X – подмножество Евклидова пространства, а P_i – отношения порядка вещественной прямой.

Рассмотрим теперь случай бесконечных множеств $\overline{v(S)}$ и покажем, если их можно в некотором смысле аппроксимировать конечными, то сбалансированная игра имеет непустое c-ядро.

Пусть игра Γ удовлетворяет следующим условиям:

1. X – сепарабельное топологическое пространство.
2. Для любого $S\in\mathfrak{K}$, $|S|\geqq 2$, отношение $P_S=\bigcap_{i\in S} P_i$ непрерывно, т. е. множества $\{y\in X\mid yP_S x\}$, $\{y\in X\mid xP_S y\}$ открыты для всех $x\in X$, и для всех $i\in I$ отношения P_i полунепрерывны сверху, т. е. множества $\{y\in X\mid xP_i y\}$ открыты для всех $x\in X$.
3. Множество $X'=\bigcap_i \{x\in X\mid yP_i x\Rightarrow y\notin v(i)\}$ не пусто.
4. $v(S)$ замкнуты для всех $S\in\mathfrak{K}$, $S\neq i$.
5. Множества $\overline{v(S)}$, $S\in\mathfrak{K}$, непусты и компактны в топологии X.

Теорема 1.2. *Сбалансированная игра, для которой выполняются условия 1–5 (и условия теоремы 1.1 кроме конечности $\overline{v(S)}$) имеет непустое с-ядро.*

Доказательство: По данной игре Γ построим игру

$$\Gamma'=\langle I,\ \mathfrak{K}',\ X',\ v,\ \{P_i\}_{i\in I}\rangle,$$

где

$$\mathfrak{K}'=\{K\in\mathfrak{K}\mid |K|\geqq 2\},$$

множество X' определено в условии 3, т. е. в игре Γ' в качестве множества всех ситуаций рассматриваются индивидуально-рациональные (недоминируемые по одноэлементным коалициям) ситуации игры Γ. Очевидно, что игра Γ' также сбалансирована, и $C(\Gamma)=C(\Gamma')$. Так как $\overline{v(S)}$ компактные подмножества сепарабельного пространства, они метризуемы. Соответствующие метрики обозначим через ϱ (так как число коалиций конечно, возможно построить метрику, не зависящую от S). Тогда для любого $\varepsilon>0$ существуют конечные ε-сети X^S_ε на множествах $\overline{v(S)}$: $X^S_\varepsilon=\{x^S_{1\varepsilon},\ldots,x^S_{k\varepsilon}\}\subset\overline{v(S)}$, т. е. для любого $x\in\overline{v(S)}$ найдется $j=1,\ldots,k$, для которого $\varrho(x,x^S_{j\varepsilon})<\varepsilon$.

Фиксируем $\varepsilon>0$ и рассмотрим множества
$v_\varepsilon(S)=\{x\in v(S) \mid$ существует $x_{j\varepsilon}^S(x)\in X_\varepsilon^S$, $x_{j\varepsilon}^S P_S x$ или $x_{j\varepsilon}^S=x\}$ для $S\in\mathfrak{K}$, $S\neq I$. $v_\varepsilon(I)=v(I)$.

Очевидно, $\overline{v_\varepsilon(S)}=\{x_{1\varepsilon}^S, \ldots, x_{k\varepsilon}^S\}$ и, по теореме 1.1 игра

$$\Gamma_\varepsilon'=\langle I, \mathfrak{K}', X', v_\varepsilon, \{P_i\}_{i\in I}\rangle$$

имеет непустое c-ядро, так как ввиду того, что $v_\varepsilon(S)\subset v(S)$, а $v_\varepsilon(I)=v(I)$, свойство сбалансированности игры сохраняется при переходе от Γ' к Γ_ε'.

Пусть $x_\varepsilon\in C(\Gamma_\varepsilon')$. Из компактности и сепарабельности $\overline{v(I)}$ следует, что из последовательности $\{x_{\varepsilon_i}\}$ можно извлечь сходящуюся при $\varepsilon_i\to 0$. Пусть уже $x_\varepsilon \xrightarrow[\varepsilon\to 0]{} x$. Покажем, что $x\in C(\Gamma')$. Предположим противное, т. е. существует y, $y\underset{S}{>}x$. По замкнутости $\overline{v(S)}$ можно считать, что $y\in\overline{v(S)}$. Рассмотрим множество

$$A(x)=\{z\in X \mid zP_S x\}\ .$$

По предположению 2 $A(x)$ открыто и $y\in A(x)$. Следовательно, найдется $\varepsilon_0>0$ такое, что для любого $\varepsilon<\varepsilon_0$ найдется такое $x_{j\varepsilon}^S\in\overline{v_\varepsilon(S)}$, что $x_{j\varepsilon}^S\in A(x)$, т. е. $x_{j\varepsilon}^S P_S x$ и $x\notin C(\Gamma_\varepsilon')$. Далее, можно считать, что при $\varepsilon_1<\varepsilon_2$ $X_{\varepsilon_2}^S\subset X_{\varepsilon_1}^S$, и тогда $v_{\varepsilon_2}(S)\subset v_{\varepsilon_1}(S)$ и, следовательно,

$$C(\Gamma_{\varepsilon_1}')\subset C(\Gamma_{\varepsilon_2}')\ . \tag{1.2}$$

Так как из условия 2 следует, что c-ядро замнуто, дополнение $X\backslash C(\Gamma_\varepsilon')$ открыто, поэтому для любых $\varepsilon>0$, $x\in X\backslash C(\Gamma_\varepsilon')$ найдется такая окрестность $U_\varepsilon(x)$, что

$$U_\varepsilon(x)\cap C(\Gamma_\varepsilon')=\emptyset\ . \tag{1.3}$$

Из (1.2) и (1.3) следует, что

$$U_{\varepsilon'}(x)\cap C(\Gamma_{\varepsilon'}')=\emptyset \quad \text{для всех} \quad \varepsilon'\leqq\varepsilon\ . \tag{1.4}$$

Соотношение (1.4) противоречит тому, что существует последовательность $x_\varepsilon\to x$, $x_\varepsilon\in C(\Gamma_\varepsilon')$.

Можно показать, что теорема 1.2. не эквивалентна соответствующей теореме для игр без побочных платежей ($X\subset E^{|I|}$). Действительно, для того, чтобы существовали такие непрерывные функции $u_i(x)$, $x\in X$, что $xP_iy\Leftrightarrow u_i(x)>u_i(y)$, необходима помимо выполнений условий теоремы 1.2. непрерывность отношений P_i в топологии X. Однако из непрерывности отношений P_S, $|S|\geqq 2$, и полунепрерывности сверху отношений P_i не следует, вообще говоря, непрерывность P_i.

Пример: $X=[0, 1]$ с обычной топологией вещественной прямой, $I=\{1, 2\}$. Отношение P_1 совпадает с отношением порядка вещественной прямой. Отношение P_2 определяется следующим образом:

$$xP_2y\Leftrightarrow x>y,\ \ y\neq 0\ ,$$
$$x=0,\ \ y>0\ .$$

Тогда для любых $x, y\in X$ выполняется xP_2y или yP_2x или $x=y$, и отношение P_2 транзитивно. Далее, P_2 полунепрерывно сверху, но не является непрерывным. Отношение $P_I=P_1\cap P_2$ определяется так:

$$xP_Iy\Leftrightarrow x>y\ ,\ \ y\neq 0$$

и, очевидно, непрерывно. Проверим, что можно выбрать множества $v(i)$ таким образом, чтобы выполнялось условие 3. Пусть $0<a<1$. Положим

$$v(1)=[0, a]$$
$$v(2)=(0, a]\ .$$

Тогда

$$X'=\bigcap_{i=1,2}\{x\in X \mid yP_ix\Rightarrow y\notin v(i)\}=a\neq\emptyset\ .$$

§ 2. Сбалансированные игры

Целью этого параграфа является нахождение достаточных условий, на множество коалиций $\mathfrak{K}$, при которых игра (1.1) с супераддитивной характеристической функцией сбалансирована. Из определения сбалансированности игры очевидно следует, что свойство сбалансированности не зависит от отношений P_i предпочтений игроков.

В классических кооперативных играх и в играх без побочных платежей множество коалиций $\mathfrak{K}$ считается равным множеству всех непустых подмножеств множества игроков, и игра полностью определяется заданием характеристической функции (P_i – отношение порядка вещественной прямой, множество игроков считается фиксированным). Поэтому достаточные условия сбалансированности таких игр состоят в условиях, налагаемых на характеристическую функцию.

Рассматривая общую кооперативную игру в форме (1.1), можно подойти к исследованию сбалансированности игры с другой стороны: рассматривать условия на множество коалиций, не налагая ограничений (кроме супераддитивности) на характеристическую функцию и остальные компоненты, задающие игру. Например, если $\mathfrak{K}=\{i\}$, $i\in I$, то c-ядро является множеством всех индивидуально-рациональных ситуаций.

Определение 2.1: Коалиция S называется *несущественной*, если $v(S)=\bigcap_{i\in S} v(i)$. Остальные коалиции называются существенными.

Очевидно, что c-ядро $C(\Gamma)$ игры Γ (1.1) совпадает с c-ядром $C(\Gamma')$ игры $\Gamma'=\langle I, \mathfrak{K}'\ X, v, \{P_i\}_{i\in I}\rangle$, где $\mathfrak{K}$ – множество всех непустых подмножеств I, а $\mathfrak{K}'\subset\mathfrak{K}$ – множество существенных и одноэлементных коалиций игры Γ.

Действительно, $C(\Gamma)\subset C(\Gamma')$. С другой стороны, если $x\in C(\Gamma')$, то в игре Γ ситуация x может доминироваться только по несущественным коалициям, т. е. x не является индивидуально-рациональной, что противоречит тому, что $x\in C(\Gamma')$. Следовательно, $x\in C(\Gamma)$.

Будем для удобства рассматривать вопрос о сбалансированности игры в первой постановке: считать, что $\mathfrak{K}$ – множество всех непустых подмножеств I, и выяснять условия, которым должно удовлетворять множество существенных коалиций $\mathfrak{K}'$, для того, чтобы игра была сбалансированной.

Весьма существенным условием в последующих теоремах будет супераддитивность характеристической функции. Характеристическая функция v общей кооперативной игры называется супераддитивной, если для любых непересекающихся коалиций S, T

$$v(S)\cap v(T)\subset v(S\cup T)\ .$$

Определение 2.2. Набор $\mathfrak{T}$ подмножеств I называется *квазиразбиением*, если $\bigcup_{K\in\mathfrak{T}} K=I$, и из $K_1, K_2\in\mathfrak{T}$ следует, что либо $K_1\cap K_2=\emptyset$, либо $K_1\subset K_2$, либо $K_2\subset K_1$.

Определение 2.3. Коалиция S называется *сильно существенной*, если для любого $K\subset S$

$$v(S)\supsetneqq v(K)\cap v(S\backslash K)\ .$$

Лемма 2.1. *Если для любого сбалансированного набора T, состоящего только из сильно существенных и несущественных коалиций, из $x\in\bigcap_{S\in T} v(S)$ следует $x\in v(I)$, то игра сбалансирована.*

Доказательство: Возьмем любой сбалансированный набор T'. Тогда по нему, дробя входящие в него коалиции, можно построить сбалансированный набор T, удовлетворяющий условию леммы. Так как

$$\bigcap_{S'\in T'} v(S')=\bigcap_{S\in T} v(S)\ ,$$

лемма доказана.

Теорема 2.1. *Если характеристическая функция v игры Γ супераддитивна, и множество $\tilde{\mathfrak{K}}$ сильно существенных коалиций является квазиразбиением I или произвольного подмножества $I'\subset I$, то игра сбалансирована.*

Доказательство: Достаточно рассмотреть случай, когда $\tilde{\mathfrak{K}}$ – квазиразбиение I. Пусть T – сбалансированный набор в Γ, составленный только из сильно существенных и несущественных коалиций, т. е. $T=T_1\cup T_2$, где T_1 – множество сильно существенных коалиций из T, а T_2 – множество несущественных коалиций из T. Обозначим через T_3 множество $T_3=\{S\in T_1\mid$ не существует $S_0\in T_1$, $S_0\supsetneqq S\}$.
Мы имеем

$$x\in\bigcap_{S\in T} v(S)=\bigcap_{S\in T_1} v(S)\cap\bigcap_{S\in T_2} v(S)\Rightarrow\bigcap_{S\in T_1} v(S)\cap\bigcap_{i\in\bigcup_{S\in T_2} S} v(i)$$

$$\subset\bigcap_{S\in T_3} v(S)\cap\bigcap_{i\in I\backslash\bigcup_{S\in T_3} S} v(i)\subset v(I)\ ,$$

так как коалиции из T_3 не пересекаются по определению квазиразбиения.

Доказательство этого факта для классических кооперативных игр в несколько иной формулировке имеется в статье Чарнса и Литлчайлда [6].

Теорема 2.2. *Если характеристическая функция v игры Γ* (1.1) *супераддитивна и для любого сбалансированного набора коалиций, отличного от квазиразбиения, найдется несущественная коалиция S, для которой соответствующие $\lambda_S<1$ ($\{\lambda_S\}_{S\in T}$ – неотрицательные числа, соответствующие сбалансированному набору T), то игра сбалансирована.*

Доказательство: Из доказательства теоремы 2.1 следует, что нужно проверить справедливость соотношений

$$x\in\bigcap_{S\in T} v(S)\Rightarrow x\in v(I) \tag{2.1}$$

для сбалансированных наборов T, не являющихся квазиразбиениями. Будем доказывать этот факт индукцией по числу игроков. Наименьшее число игроков, для которого найдется сбалансированный набор, отличный от квазиразбиения, равно трем. Для $|I|=3$ крайними точками таких сбалансированных наборов являются $\{(1, 2), (2, 3), (1, 3)\}$, $\{(1, 2), (2, 3), (1), (3)\}$, $\{(1, 2), (1, 3), (2), (3)\}$, $\{(2, 3), (1, 3), (1), (3)\}$.

Поэтому достаточно проверить выполнение соотношения (2.1) для этих наборов. Рассмотрим набор $\{(1, 2), (2, 3), (1, 3)\}$. Пусть коалиция (1.3) несущественна, т. е. $v(1, 3)=v(1)\cap v(3)$, и пусть $x\in v(1, 2)\cap v(2, 3)\cap v(1, 3)$. Тогда $x\in v(1)\cap v(3)$ и $x\in v(1, 2)\cap v(3)\subset v(I)$. Случай остальных крайних сбалансированных наборов проверяются аналогично. Предположим, что теорема справедлива для $|I|<n\ (n\geqq 3)$ и рассмотрим игру с $|I|=n$. Рассмотрим сбалансированный набор, состоящий из всех коалиций из $n-1$ игроков. Тогда по условию теоремы среди них найдется хотя бы одна несущественная. Пусть это $S_1=(1, 2, \dots, n-1)$. Пусть T – произвольный сбалансированный набор на I. Рассмотрим 2 случая.

1. Для любого $S\in T$ из $1\in S$ следует $n\in S$. Пусть $\mathfrak{S}=\{S\in T \mid (1, n)\subset S\}$. Тогда набор $T\setminus\mathfrak{S}$ состоит из несущественных коалиций, и $\bigcup_{K\in T\setminus\mathfrak{S}} K=K_0$ – тоже несущественна в Γ. Пусть $x\in \bigcap_{S\in T} v(S)$. Тогда

$$x\in \bigcap_{S\in\mathfrak{S}} v(S)\cap \bigcap_{i\in K_0} v(i)\,. \tag{2.2}$$

Так как $\bigcup_{S\in\mathfrak{S}} S\cup K_0\subset I$, из (2.2) и супераддитивности v мы имеем $x\in v(I)$. (Возьмем произвольное $S\in\mathfrak{S}$. Тогда $x\in v(S)\cap \bigcap_{i\in K_0} v(i)\subset v(S)\cap \bigcap_{i\in I\setminus S} v(i)\subset v(I)$).

2. Существует такое $S\in T$, что $1\in S$, $n\notin S$. Рассмотрим игру Γ' из $n-1$ игроков:

$$\Gamma'=\langle I', \mathfrak{K}', X', v', \{P_i\}_{i\in I'}\rangle\,,$$

где $I'=I\setminus 1$, $\mathfrak{K}'$ – множество всех непустых подмножеств I', $X'=X$,

$$v'(K)=\begin{cases} v(K), & \text{если}\quad K=i\,,\\ v(K)\cup v(K\cup 1) & \text{в остальных случаях}\,.\end{cases}$$

Покажем, что функция v' супераддитивна. Пусть $K_1, K_2\subset I'$, $K_1\cap K_2=\emptyset$. Следует проверить только случай $|K_1|\geqq 2$, $|K_2|\geqq 2$.

$$\begin{aligned} v'(K_1)\cap v'(K_2)&=(v(K_1)\cup v(K_1\cup 1))\cap(v(K_2)\cup v(K_2\cup 1))\\ &=(v(K_1)\cap v(K_2))\cup(v(K_1\cup 1)\cap v(K_2))\cup(v(K_1)\cap v(K_2\cup 1))\\ &\quad\cup(v(K_1\cup 1)\cap v(K_2\cup 1)).\end{aligned} \tag{2.3}$$

Так как одна из коалиций $K_1\cup 1$ или $K_2\cup 1$ несущественны в Γ (пусть, например, $K_1\cup 1$), мы имеем

$$\begin{aligned} v(K_1\cup 1)\cap v(K_2\cup 1)&=v(1)\cap \bigcap_{i\in K_1} v(i)\cap v(K_2\cup 1)\\ &\subset v(1)\cap v(K_1\cup K_2\cup 1)\subset v(K_1\cup K_2\cup 1)\,.\end{aligned} \tag{2.4}$$

Следовательно, по супераддитивности v и используя (2.4), из равенства (2.3) мы получаем

$$\begin{aligned} v'(K_1)\cap v'(K_2)&\subset v(K_1\cup K_2)\cup v(K_1\cup K_2\cup 1)\\ &=v'(K_1\cup K_2)\,.\end{aligned}$$

Рассмотрим теперь произвольный сбалансированный набор T' в Γ', не являющийся квазиразбиением I'. Тогда существует такая коалиция $S' \in T'$, что $n \notin S'$. Так как коалиция $S' \cup 1$ несущественна в Γ, то по определению v' S' несущественна в Γ'. Если $\lambda_{S'} = 1$, то рассмотрим $T''' = T' \setminus S'$ – сбалансированный набор для $I' \setminus S'$, и, так как $T' = (T''', S')$ не является квазиразбиением I', в T''' найдется не содержащая n и, следовательно, несущественная в Γ' коалиция. Если соответствующее число λ для этой коалиции равно 1, то продолжая этот процесс дальше и используя тот факт, что T' не является квазиразбиением, найдем такую несущественную коалицию $\tilde{S} \in T'$, для которой $\lambda_{\tilde{S}} < 1$. Таким образом для игры Γ' выполнены условия теоремы, и, по индукционному предположению, она сбалансирована.

Пусть теперь T – произвольный сбалансированный набор в Γ и $x \in \bigcap_{S \in T} v(S)$. Через T' обозначим усечение T на I':

$$T' = \{S' \subset I' \mid S' \in T \text{ или } S = S' \cup 1 \in T\} .$$

Тогда T' – сбалансированный набор на I'. По определению v мы имеем $v(S) \subset \subset v'(S)$ и $v(S \cup 1) \subset v'(S)$. Следовательно,

$$\bigcap_{S \in T} v(S) = \bigcap_{\substack{S \in T \\ S \subset I'}} v(S) \cap \bigcap_{\substack{S \in T \\ 1 \in S}} v(S) \subset \bigcap_{\substack{S \in T \\ S \subset I'}} v'(S) \cap \bigcap_{\substack{S \in T \\ 1 \in S}} v'(S \setminus 1) . \tag{2.5}$$

Обозначая $S \setminus 1$ через S', из (2.5) получаем

$$\bigcap_{S \in T} v(S) \subset \bigcap_{\substack{S \in T \\ S \subset I'}} v'(S) \cap \bigcap_{\substack{S' \in T' \\ S' \notin T}} v'(S') = \bigcap_{S' \in T'} v'(S') \subset v'(I') = v(I) \cup v(I') .$$

Последнее включение следует из сбалансированности игры Γ'. Если $x \in v(I')$, то возьмем такую $S \in T$, что $1 \in S$, $n \notin S$. Тогда S несущественна, и из $x \in v(I')$, $x \in v(S)$ следует, что

$$x \in v(I') \cap \bigcap_{i \in S} v(i) \subset v(I') \cap v(1) \subset v(I) .$$

Пример: Назовем игру *k-игрой* $(1 < k < n)$, если коалиции S с $|S| < k$ несущественны, а коалиции S с $n > |S| > k$ не являются сильно существенными. Тогда для того, чтобы k-игра была сбалансированной достаточно, чтобы нашлась хотя бы одна несущественная коалиция с $|S| = k$.

Следствие 2.1. *Пусть множество сильно существенных коалиций $\mathfrak{K}$ в игре Γ представимо в виде $\mathfrak{K} = \bigcup_i \mathfrak{K}_i$, где $\mathfrak{K}_i = \{K \in \mathfrak{K}, K \subset I_j\}$, $I = \bigcup_j I_j$ – некоторое разбиение множества игроков. Тогда если для любого сбалансированного набора T из того факта, что $T_j = \{K_j \subset I_j \mid K_j = K \cap I_j, K \in T\}$ не является квазиразбиением I_j следует, что существует несущественная коалиция $K_j \in T_j$, причем $\lambda_K < 1$, $K_j = K \cap I_j$, то игра сбалансирована.*

Доказательство: Рассмотрим сбалансированный набор T, удовлетворяющий условию следствия 2.1, для которого все его усечения T_i являются квазиразбиениями I_i. Если $T = \bigcup_i T_i$, то T – квазиразбиение I, и из доказательства теоремы 2.1 мы получаем, что из $x \in \bigcap_{S \in T} v(S)$ следует $x \in v(I)$. Если же существует такая коалиция $K \in T$, что $K \notin \bigcup_i T_i$, то $K \notin \mathfrak{K}$, т. е. K не является сильно существенной и, по лемме 2.1 такой набор T можно не рассматривать для проверки сбалансированности игры.

Если же для некоторых T, j, T_j не является квазиразбиением I_j, то по условию следствия найдется несущественная коалиция $K_j \in T_j$. Если $K_j \in T$, то $\lambda_{K_j} < 1$, и набор T удовлетворяет условию теоремы. Если же $K_j \notin T$, то коалиция $K \in T$, такая что $K_j = K \cap I_j$ не является сильно существенной, и опять по лемме 2.1 набор T можно не рассматривать.

Следствие 2.1 устанавливает условие сбалансированности игры для следующих наборов сильно существенных коалиций $\mathfrak{K}$: $\mathfrak{K}$ представимо в виде квазиразбиения I, причем элементами квазиразбиения являются не коалиции, а подмножества $\mathfrak{K}_j \subset \mathfrak{K}$, $j \in J$, $1 \leqq |J| \leqq n$, $\mathfrak{K}_j = \{K \subset I_j,\ K \in \mathfrak{K}\}$, $I_j \subset I$, $I_{j_1} \cap I_{j_2} = \emptyset$, $j_1, j_2 \in J$, причем наборы $\mathfrak{K}_j$, рассматриваемые как подмножества I_j, удовлетворяют условиям теоремы 2.2.

В доказательстве теоремы 2.2 было показано, что найдется хотя бы одна несущественная коалиция из $n-1$ игроков. Обозначим эти коалиции через S_l, $l = 1, \ldots, r$, $1 \leqq r < n$, $|S_l| = n-1$. Тогда существует «сильная» коалиция $S_0 = I \setminus \bigcap_{l=1}^{r} S_l$ со свойством $S_0 \not\subset K \Rightarrow K$ несущественна. Поэтому условие следствия 2.1 означает, что в игре Γ имеются сильные коалиции $\mathfrak{L}_j \in \mathfrak{K}_j$ для всех j, и множество $\mathfrak{K}$ обладает следующим свойством: если $\mathfrak{L}_{j_1} \subset K_1$, $\mathfrak{L}_{j_2} \subset K_2$, то или $K_1 \cap K_2 = \emptyset$, или $K_1 \subset K_2$, или $K_2 \subset K_1$.

§ 3. Ситуации $\mathfrak{K}$-равновесия

В этом параграфе будут рассматриваться бескоалиционные игры с функциями выигрышей

$$\Gamma = \langle I, \{X_i\}_{i \in I}, \langle H_i \rangle_{i \in I} \rangle , \tag{3.1}$$

где $I = (1, \ldots, n)$ – множество игроков, X_i – множество стратегий игрока $i \in I$, H_i – функция выигрыша игрока i, определенная на множестве ситуаций $X = \prod_{i \in I} X_i$.

Пусть $\mathfrak{K}$ – произвольный набор подмножеств I. Ситуация $x^* \in X$ называется ситуацией $\mathfrak{K}$-равновесия, если для любых $K \in \mathfrak{K}$, $x_K \in X_K = \prod_{i \in K} X_i$

$$H_K(x^* \parallel x_K) \not\succ H_K(x^*) , \tag{3.2}$$

где $H_K = (H_i)_{i \in K}$. Таким образом, если $\mathfrak{K} = \{i\}_{i \in I}$, то ситуации $\mathfrak{K}$-равновесия являются ситуациями равновесия по Нэшу.

Имеются теоремы существования ситуаций равновесия [7], если $\mathfrak{K}$ – разбиение I (в иной формулировке это теоремы существования ситуаций равновесия в играх с векторными выигрышами [8]). Доказательства этих теорем основаны на традиционном в теории игр методе применения теорем о неподвижной точке. Оказывается, что этим методом возможно доказать существование ситуации $\mathfrak{K}$-равновесия в ряде игр, когда элементы из $\mathfrak{K}$ могут пересекаться (при наложении соответствующих топологических и алгебраических предположений на множества ситуаций и функции выигрышей).

Теорема 3.1. *Пусть множество* $\mathfrak{K}$ *подмножеств* I *обладает свойством:* $\mathfrak{K}=\bigcup_{r=1}^{l}\mathfrak{K}_r$ $(1\leqq l\leqq n)$, *причем* $K_i\in\mathfrak{K}_i, K_j\in\mathfrak{K}_j, i\neq j\Rightarrow K_i\cap K_j=\emptyset, i,j=1,\ldots,l,$ *и* $\bigcap_{K\in\mathfrak{K}_r} K=A_r\neq\emptyset$ *для всех* $r=1,\ldots,l$.

Тогда если в бескоалиционной игре (3.1) *множества* X_i *— компактные выпуклые подмножества линейных топологических локально-выпуклых хаусдорфовых пространств и для любого множества* A_r, $r=1,\ldots,l$, *функции* $\sum_{i\in A_r} H_i(x)$ *непрерывны на* X *и квазивогнуты по* x_K, $K\in\mathfrak{K}_r$, *то в игре* Γ *существуют ситуации* $\mathfrak{K}$-*равновесия.*

Доказательство: Достаточно рассмотреть случай, когда все коалиции из $\mathfrak{K}$ имеют непустое пересечение. Пусть $A=\bigcap_{K\in\mathfrak{K}} K$. Для каждой ситуации $x\in X$ рассмотрим выражение

$$\max_{K\in\mathfrak{K}}\ \max_{z_K\in X_K=\prod_{i\in K}X_i}\ \sum_{i\in A} H_i(x\parallel z_K)\,. \tag{3.3}$$

Обозначим через $K_1(x)$ множество коалиций, на которых достигается внешний максимум в (3.3), а через Y_{K_1} — множество стратегий коалиции $K_1\in K_1(x)$, на которых достигается внутренний максимум в (3.3). Далее рассмотрим аналогично выражения

$$\max_{K\in\mathfrak{K}\setminus K_1(x)}\ \max_{z_K\in X_K}\ \sum_{i\in A} H_i(x\parallel z_K)\,,$$

$$\max_{K\in\mathfrak{K}\setminus\bigcup_{l=1}^{r}K_l(x)}\ \max_{z_K\in X_K}\ \sum_{i\in A} H_i(x\parallel z_K)\,,$$

где $K_l(x)$ — множество коалиций, на которых достигается внешний максимум в выражении

$$\max_{K\in\mathfrak{K}\setminus K_{l-1}(x)}\ \max_{z_K\in X_K}\ \sum_{i\in A} H_i(x\parallel z_K)\,, \tag{3.4}$$

причем r такого, что $\bigcup_{l=1}^{r+1} K_l(x)=\mathfrak{K},\ K_{r+1}(x)\neq\emptyset$.

Через $Y_{K_l}(x)$ обозначим множество стратегий коалиции K_l, на которых достигается внутренний максимум в выражении (3.4).

Упорядочим произвольным образом множество $\mathfrak{K}$, отношение порядка между коалициями будем обозначать через $>$. Построим следующее отображение $\varphi\colon X\to X$ множества ситуаций в себя:

$$(\varphi x)_i=(Y_{K_l})_i \quad \text{для} \quad i\in K_l\setminus\Bigl(\bigcup_{\substack{K\in K_j(x)\\ j=1,\ldots,l-1}} K\cup\bigcup_{\substack{K\in K_l(x)\\ K>K_l}} K\Bigr),$$
$$K_l\in K_l(x)\,,$$
$$l=1,\ldots,r\,.$$

Так как $\mathfrak{K}=\bigcup_{l=1}^{r+1} K_l(x)$, и для произвольного $K'\in K_l(x)$ $K_l(x)=\bigcup_{\substack{K\in K_l(x)\\ K>K'}} K\cup K'\cup\bigcup_{\substack{K\in K_l(x)\\ K'>K}} K$, отображение φ определено для всех компонент векторов $x\in X$.

Покажем, что неподвижная точка отображения φ является ситуацией $\mathfrak{K}$-равновесия игры Γ. Пусть $x^* \in \varphi x^*$. Тогда для коалиций $K \in K_1(x^*)$

$$H_A(x^*) = \sum_{i \in A} H_i(x^*) = \max_{x_K} \sum_{i \in A} H_i(x^* \| x_K)$$

и члены коалиции K не могут, отступая от стратегии x_K^*, увеличить своего выигрыша для всех своих членов. Далее, для $K \in K_2(x^*)$

$$H_A(x^*) > \max_{z_K \in X_K} \sum_{i \in A} H_i(x^* \| z_K)$$

что невозможно, следовательно $K_2(x^*) = \emptyset$, $\mathfrak{K} = K_1(x^*)$, и x^* – ситуация $\mathfrak{K}$-равновесия.

Остается показать, что отображение φ имеет неподвижную точку. По условию теоремы 3.1 для каждого $x \in X$ множество φx непусто и выпукло по квазивогнутости функции $H_A(x)$ по x_K, $K \in \mathfrak{K}$. Чтобы проверить замкнутость φ, отметим, что если $x_\sigma \to x$ – обобщенная последовательность, сходящаяся к x, то по непрерывности функции H_A

$$\max_{z_K \in X_K} H_A(x_\sigma \| z_K) \to \max_{z_X \in X_K} H_A(x \| z_K) \tag{3.5}$$

для всех $K \in \mathfrak{K}$. Далее, обозначая выражение в (3.4) через $h_l(x)$, очевидно, имеем

$$h_1(x) > h_2(x) > \ldots > h_{r+1}(x) . \tag{3.6}$$

Из (3.5) и (3.6) следует, что для достаточно больших σ

$$K_l(x_\sigma) = K_l(x)$$

и для любого $i \in I$ из $(\varphi x)_i = (Y_K(x))_i$ следует $(\varphi x_\sigma)_i = (Y_K(x_\sigma))_i$. Пусть $y_\sigma \in \varphi x_\sigma$, $y_\sigma \to y$, $(y_\sigma)_i \in (Y_K(x_\sigma))_i$. Тогда из непрерывности функций H_A следует, что $y_i \in (Y_K(x))_i$, т. е. $y \in \varphi x$. Итак, отображение φ удовлетворяет условиям теоремы Гликсберга [9], и существует неподвижная точка $x^* \in \varphi x^*$.

Сравним теперь результат теоремы 3.1 с результатами теорем 2.1 и 2.2 и следствия 2.1. Как было отмечено во введении, бескоалиционные принципы оптимальности сильнее кооперативных. Действительно, ситуации $\mathfrak{K}$-равновесия игр (3.1) являются максимальными элементами следующего бинарного отношения R на множестве ситуаций X:

xRy если 1. существует $K \in \mathfrak{K}$, такая что $y = x \| y_K$, 2. xP_iy для всех $i \in K$.

Легко видеть, что если по данной бескоалиционной игре (3.1) построить соответствующую ей кооперативную игру без побочных платежей (используя любое из понятий α- или β-эффективности), (см., например, [10]), то в последней игре отношение доминирования (по коалициям из $\mathfrak{K}$) сильнее отношения R, т. е.

$$x \succ y \Rightarrow \text{существует } z \in X,\ zRy .$$

Поэтому множество ситуаций $\mathfrak{K}$-равновесия содержится в c-ядре соответствующей кооперативной игры, в которой доминирование рассматривается только по коалициям из $\mathfrak{K}$. Поэтому множество ситуаций $\mathfrak{K}$-равновесия содержится в c-ядре соответствующей кооперативной игры, в которой доминирование рассматривается только по коалициям из $\mathfrak{K}$. Далее, известно, что характеристическая функция v_α кооперативной игры без побочных платежей, соответствующей бескоалиционной игре (3.1), супераддитивны. Поэтому следует ожидать, что условия теоремы 3.1, налагаемые на множество $\mathfrak{K}$, сильнее, чем соответствующие условия теорем 2.1, 2.2 и следствия 2.1.

Действительно, если множество $\mathfrak{K}$ удовлетворяет условию теоремы 3.1, то выполнено соответствующее условие следствия 2.1. Именно, условие непустоты общего пересечения или непересекаемости коалиций из $\mathfrak{K}$ удовлетворяет условию следствия 2.1.

Однако множество $\mathfrak{K}'$, удовлетворяющее условию следствия 2.1, допускает еще образование квазиразбиения непересекающихся коалиций из множества $\mathfrak{K}$, удовлетворяющего теореме 3.1.

Литература

[1] Воробьев, Н. Н.: Современное состояние теории игр. Усп. мат. наук **25** (1970) 2, 81–140.

[2] Бондарева, О. Н.: Теория ядра в игре N лиц. Вестн. ЛГУ, Сер. мат. мех. астрон. **13** (1962), 141–142.

[3] Shapley, L. S.: On balanced sets and cores. Naval Res. Logist. Quart. **14** (1967) 4, 453–460.

[4] Scarf, H. E.: The core of an N-person game. Econometrica **35** (1967), 50–69.

[5] Billera, L. J.: Some theorems on the core of an n-person game without side payments. SIAM J. Appl. Math. **18** (1970), 567–579.

[6] Charnes, A., and S. C. Littlechild: On the formation of unions in n-person games. J. of Econ. Theory **10** (1975), 386–402.

[7] Никайдо, X., и К. Исода: Заметка о бескоалиционных выпуклых играх. В сб. «Бесконечные антагонистические игры», Москва, 1963, 442–458.

[8] Shapley, L. S.: Equilibrium points in games with vector payoffs. Naval Res. Logist. Quart. **6** (1959), 57–61.

[9] Гликсберг, И. Л.: Дальнейшее обобщение теоремы Какутани о неподвижной точке с приложением к ситуациям равновесия в смысле Нэша. В сб. «Бесконечные антагонистические игры», Москва, 1963, 497–503.

[10] Aumann, R. J.: A survey of cooperative games without side payments. In: "Essays in mathematical economics (in honor of Oskar Morgenstern), Princeton, 1967, 3–27.

Zusammenfassung

Es werden Realisierbarkeitsbedingungen für zwei spieltheoretische Optimalitätsprinzipien betrachtet. Das erste Prinzip verallgemeinert den Begriff des Cores in kooperativen Spielen (wobei ein Dominieren nur in bezug auf Koalitionen einer gewissen Familie $\mathfrak{K}$ von Teilmengen der Spieler in Betracht gezogen wird). Das zweite Prinzip – die $\mathfrak{K}$-Stabilität – wird für ein nicht-kooperatives Spiel definiert. Eine Situation heißt $\mathfrak{K}$-stabil, wenn sie für alle Koalitionen aus $\mathfrak{K}$ stabil ist. Es werden die Zusammenhänge zwischen diesen Prinzipien und Realisierbarkeitsbedingungen untersucht.

Summary

The conditions of realizability of two game-theoretic optimality principles are considered. The first generalizes the notion of core in cooperative games (the domination is considered only for coalitions from a certain set $\mathfrak{K}$ of player's sets). The second, $\mathfrak{K}$-stability, is defined for noncooperative games. A strategy vector is called $\mathfrak{K}$-stable, if it is stable for all coalitions of $\mathfrak{K}$. A correspondence between these principles is investigated.

Eingereicht bei der Redaktion: 29. 3. 1976; revidierte Fassung: 6. 4. 1977

Math. Operationsforsch. Statist., Ser. Optimization, Vol. 9 (1978) No. 1, 69–78

Ein Seitenalgorithmus zur Lösung linearer Optimierungsprobleme

R. KUSTERER [1]

Zusammenfassung: Eine naheliegende Erweiterung der Simplexmethode besteht darin, nicht nur ausschließlich entlang Kanten, sondern entlang beliebig-dimensionaler Seiten des gegebenen Polyeders eine optimale Lösung zu suchen. Nach diesem Prinzip entwickeln wir einen s-dimensionalen Seitenalgorithmus. Anschließend wird der Algorithmus für den Fall $s=2$ numerisch erprobt. Dabei zeigt sich, daß er der Simplexmethode bezüglich Iterationen und Rechenzeit zum Teil beträchtlich überlegen ist.

1. Einführung

Das klassische Verfahren zur Lösung linearer Optimierungsprobleme ist die Simplexmethode, die sich kurz als „Seitenmarsch entlang eindimensionaler Seiten" – also entlang Kanten – des durch die Aufgabenstellung gegebenen Polyeders P charakterisieren läßt. Es ist naheliegend, diesen Algorithmus so zu verallgemeinern, daß er entlang beliebig-dimensionaler Seiten von P eine Lösung findet. Nach diesem Prinzip entwickeln wir in dieser Arbeit einen s-dimensionalen Seitenalgorithmus. Ein gewisses numerisches Problem dieses Algorithmus besteht darin, die in Abschnitt 4 erklärten Sattelmatrizen mit vertretbarem Rechenaufwand zu bestimmen. Wir lösen dieses Problem hier für den Fall $s=2$. Dieser zweidimensionale Seitenalgorithmus wird dann anschließend numerisch erprobt. Hier zeigt sich, daß er der Simplexmethode bezüglich Iterationen und Rechenzeit zum Teil beträchtlich überlegen ist; dabei haben sich Probleme, deren Restriktionsmatrix viele Spalten und wenig Zeilen enthält, für unseren Algorithmus als besonders günstig erwiesen.

Es sei noch erwähnt, daß wir sämtliche Sätze ohne Beweise angeben werden. Zum Beweis der Sätze sei auf die Arbeit [3] verwiesen.

2. Bezeichnungen und Problemstellung

E_q sei der q-dimensionale euklidische Vektorraum, und es sei h eine affin lineare Abbildung:

$$h: E_q \to \boldsymbol{R} \quad \text{mit} \quad h(x) = ax - \beta \quad \text{und} \quad 0 \neq a \in E_q .$$

[1] Universität Dortmund, Mathematisches Institut, D-4600 Dortmund-Hombruch, Postfach 500, BRD.

Die durch h definierte *orientierte Hyperebene* bezeichnen wir mit $H(a)$ oder auch nur mit H:

$$H = H(a) = \{x \in E_q \mid h(x) = 0\};$$

den Halbraum $\{x \in E_q \mid h(x) \leqq 0\}$ bezeichnen wir mit H^-. Ist umgekehrt H eine *orientierte Hyperebene* bzw. H^- ein Halbraum, dann bedeute h die diese Hyperebene bzw. diesen Halbraum definierende affin lineare Abbildung.

Eine orientierte Hyperebene $H = H(a)$ heiße *Stütze* an ein Polyeder R, wenn

$$R \subset H^- \quad \text{und} \quad R \cap H \neq \emptyset$$

ist. Eine Teilmenge S von R heißt Seite von R, wenn entweder $S = R$ gilt, oder wenn eine Stütze H an R existiert, so daß $S = R \cap H$ ist. Die Dimension von S ist die Dimension des kleinsten affinen Unterraums, der S enthält: $\dim S = \dim [S]$; eine 0-dimensionale Seite von R heißt Ecke von R.

Vorgelegt sei die lineare Optimierungsaufgabe

$$\max \{cx \mid x \in P\}, \quad 0 \neq c \in E_q; \tag{1}$$

dabei sei P das Polyeder

$$P = \bigcap_{i=1}^{n} H_i^-, \quad n = m + q \ (m \in \mathbf{N}), \quad h_i(x) = a_i x - \beta_i \quad (a_i \in E_q)\,, \tag{2}$$

$$\left.\begin{aligned} a_i &= -e_j \\ \beta_i &= \ \ 0 \end{aligned}\right\} \quad \text{für} \quad i = m + j \quad (j = 1, \ldots, q)\,,$$

wobei e_j der j-te Einheitsvektor ist. Offensichtlich sind (1) und das Problem

$$\text{suche eine Stütze } H(c) \text{ an } P \tag{1'}$$

äquivalente Probleme. Diese einfache und geometrisch anschauliche Problemstellung (1′) wird sich als für unsere Zwecke günstig erweisen.

Durch Einführung von Schlupfvariablen erhalten wir aus (2) das zu P affin äquivalente Polyeder

$$Q = L \cap \{z \in E_n \mid z \geqq 0\}, \quad L = \{z \in E_n \mid (A, I_m) z = b\}; \tag{3}$$

dabei ist A' die $q \times m$ Matrix $(a_1, \ldots, a_m)$, I_m ist die $m \times m$ Einheitsmatrix, und b' ist der Vektor $(\beta_1, \ldots, \beta_m)$. Q wird beispielsweise bei der Untersuchung der Seiten eines Polyeders und, wie dies auch bei der Simplexmethode der Fall ist, bei der Definition des Seitenalgorithmus herangezogen.

3. Theoretische Grundlagen

Es sollen nun einige Sätze angegeben werden, die für unsere weiteren Überlegungen grundlegend sind. Zunächst werden wir eine für unsere Zwecke geeignete Charakterisierung der Seiten eines Polyeders vornehmen und anschließend, so wie dies die Problemstellung (1′) nahelegt, die Beziehung zwischen Stütze und Polyeder analytisch formulieren. Letzteres wird sich im wesentlichen als Dualitätsaussage erweisen.

Zu einem Vektor $z \in E_n$ mit $0 \neq z$ seien $j_1, \ldots, j_r$ die von Null verschiedenen Komponenten. Dann heiße der von den Einheitsvektoren $e_{j_1}, \ldots, e_{j_r}$ erzeugte Unterraum

$$T_z = [e_{j_1}, \ldots, e_{j_r}]$$

der *Trägerraum* von z; für $z=0$ wird $T_z=0$ gesetzt. Mit dem durch (3) gegebenen Polyeder Q, von dem wir annehmen, daß es nicht leer ist, gilt nun der

Satz 1 (Seiten): *Für jeden Punkt $w \in Q$ ist die Menge*

$$S = T_w \cap Q \tag{4}$$

eine Seite von Q; umgekehrt läßt sich jede Seite S von Q in der Form (4) *darstellen, indem man w aus dem relativen Inneren von S wählt.*

Wenn wir in (4) die Dimension von S mit s bezeichnen, dann gilt für den Trägerraum

$$\dim T_w \leqq n - q + s = m + s\,.$$

Bekanntlich heißt eine Ecke von P entartet, wenn sie auf mehr als q der gegebenen Hyperebenen liegt. Entsprechend heiße eine s-dimensionale Seite entartet, wenn sie in mehr als $q-s$ Hyperebenen enthalten ist. Nach Satz 1 läßt sich jeder Seite ein Trägerraum zuordnen. Für entartete Seiten gilt überdies

Satz 2 (Seiten-Entartung): *Sei $w \in Q$. Die Seite $S = T_w \cap Q$ ist genau dann entartet, wenn es ein $z \in E_n$ gibt mit*

$$T_z \neq T_w \quad \textit{und} \quad S = Q \cap T_z\,.$$

Satz 3 ($(s+t)$-dimensionale Seiten): *Für $w \in Q$ sei $S = T_w \cap Q$ s-dimensional. Ferner sei $z \in E_n$ so gewählt, daß $T_w \subset T_z$ und* $\dim T_z = \dim T_w + t$ *gilt. Dann ist*

$$S' = Q \cap T_z$$

eine höchstens $(s+t)$-dimensionale Seite von Q, und es ist

$$\dim S' = s + t,$$

falls S nicht entartet ist.

Für das Folgende gehen wir von dem durch (2) gegebenen Polyeder P aus. Ist H Stütze an P, dann gilt für die diese Stütze definierende affin lineare Abbildung h der

Satz 4 (Stütze an P): *Die Seite $S = P \cap H$ sei s-dimensional. Dann läßt sich h in der Form*

$$h = \sum_{k=1}^{q-s} u_k h_{i_k} \quad \textit{mit} \quad u_k \geqq 0 \quad \textit{für} \quad k = 1, \ldots, q-s$$

darstellen; dabei ist $[S] = \bigcap_{k=1}^{q-s} H_{i_k}$; *ferner ist*

$$u_k > 0 \quad \textit{für jedes} \quad k = 1, \ldots, q-s, \quad \textit{falls} \quad \dim P = q$$

gilt.

Wenn die Teilmenge

$$S = \bigcap_{j=1}^{q-s} H_{i_j} \cap \bigcap_{l=q-s+1}^{n} H_{i_l}^-, \quad h_{i_1}, \ldots, h_{i_{q-s}} \quad \textit{linear unabhängig}\,,$$

von P nicht leer ist, dann ist S Seite von P, und es ist $\dim S \leqq s$.
Mit dieser Seite gilt der

Satz 5 (Stütze an S): *Ist H Stütze an S, dann läßt sich h in der Form*

$$h=\sum_{j=1}^{q-s} v_j h_{i_j}+\sum_{k=1}^{s} u_k h_{i_{l_k}} \quad (q-s+1\leqq l_k\leqq n),\quad v_j\in \boldsymbol{R},\quad u_k\geqq 0\ ,$$

darstellen.

Wir erinnern noch daran, daß jede nichtleere Seite des Polyeders P, und damit auch jede Stütze an P wenigstens eine Ecke von P enthält, falls $P\neq\emptyset$.

4. Sattelmatrizen

Bekanntlich spielt bei der Simplexmethode die geeignete Pivotwahl eine entscheidende Rolle. Für diese Pivotwahl erfordert unser Lösungsalgorithmus ein Äquivalent, das wir nach kurzer Vorbereitung in dem Begriff der Sattelmatrix bereitstellen.

Vorgegeben sei eine Ecke $z\in Q$, und es sei

$$\begin{aligned}&\beta=\bar{c}z_N+\beta_0 \text{ (Zielfunktion)}\\ &z_B=\bar{b}-\bar{A}z_N\end{aligned}\tag{5}$$

eine Basisdarstellung dieser Ecke z (z_N ist der Teil des Vektors z, der die Nichtbasisvariablen, z_B der Teil, der die Basisvariablen enthält). Nach Satz 1 enthält der Trägerraum T_z als einziges Element von Q gerade diese Ecke z. Wenn wir nach Vorgabe einer natürlichen Zahl s mit $1\leqq s\leqq q$ einen Trägerraum T_w so wählen, daß $T_z\subset T_w$ und $\dim T_w=\dim T_z+s$ gilt, dann ist, falls keine Entartung vorliegt, wegen Satz 3 die Menge $S=Q\cap T_w$ eine s-dimensionale Seite von Q. Unser Ziel ist, eine Ecke dieser Seite S zu bestimmen, so daß sich durch diese Ecke, die wir dann auch optimale Ecke von S nennen, eine Stütze $H(c)$ an S legen läßt. Dazu müssen wir die in Satz 4 bzw. Satz 5 enthaltenen Bedingungen erfüllen. Das bedeutet: Geeignete Wahl der Abbildungen h_i und dazu Bestimmung der Multiplikatoren u_k. Bei der Simplexmethode – dort ist $s=1$ – wird dazu ein Austauschschritt mit einem Element der Matrix $\bar{A}$ als Pivot durchgeführt. Bei unserem Algorithmus tritt anstelle dieses Pivots eine reguläre im allgemeinen $s\times s$ Teilmatrix von $\bar{A}$. Mit dieser Teilmatrix als Block-Pivot wird dann ein Block-Austausch vorgenommen (zum Block-Austausch vgl. Künzi/Tan [2]).

Vorgegeben sei die Basisdarstellung (5) einer Ecke $z\in Q$. Ferner sei

(i) C_s die Menge aller Vektoren, die aus $\bar{c}$ durch Streichen von $q-s$ Komponenten entstehen ($s\in \boldsymbol{N}$, $1\leqq s\leqq q$);

für $c_s=(\bar{c}_{j_1},\ldots,\bar{c}_{j_s})$ aus C_s sei

(ii) $A^{(c_s)}$ die den Komponenten von c_s entsprechende $m\times s$ Teilmatrix von $\bar{A}$:

$$A^{(c_s)}=(\bar{a}_{j_1},\ldots,\bar{a}_{j_s})\,.$$

Die Indizes der Nichtbasisvariablen der Spalten $j_{s+1},\ldots,j_q$ sollen die Indexmenge J_{q-s} bilden. Dann ist

$$S^{(c_s)}=Q\cap T_{\tilde{z}},\quad T_{\tilde{z}}=\left\{z=\begin{pmatrix}z_1\\ \vdots\\ z_n\end{pmatrix}\in E_n \mid z_i=0 \quad \text{für} \quad i\in J_{q-s}\right\}\tag{6}$$

eine höchstens s-dimensionale Seite von Q.

Definition (Sattelmatrix, duale Unverträglichkeit):

(i) Sei $c_s \nleqq 0$. Eine $p \times p \, (p \leqq s)$ Teilmatrix $A_{11}^{(c_s)}$ von $A^{(c_s)}$ heißt *Sattelmatrix*, wenn ein Block-Austausch mit $A_{11}^{(c_s)}$ als Block-Pivot eine Basislösung liefert, die optimale Ecke der Seite $S^{(c_s)}$ ist.

(ii) Existiert ein $c_s \in C_s$ mit $c_s \nleqq 0$, so daß die Matrix $A^{(c_s)}$ keine Sattelmatrix enthält, dann heißt die gegebene Basisdarstellung *dual unverträglich.*

Mit Hilfe des Satzes 5 läßt sich nun zeigen, daß *aus der dualen Unverträglichkeit einer Basisdarstellung einer Ecke $z \in Q$ folgt, daß es keine Stütze $H(c)$ an P gibt*; für das Maximierungsproblem (1) existiert dann keine Lösung, da die Zielfunktion auf dem Polyeder unbeschränkt ist.

5. Seitenalgorithmus

Es sei eine Basisdarstellung einer Ecke $z \in Q$ in der Form (5) vorgegeben (zur Unterscheidung der Koeffizienten verwenden wir nun wieder die Bezeichnungen A, b, c anstelle von $\bar{A}$, $\bar{b}$, $\bar{c}$). Ferner wollen wir der Einfachheit halber annehmen, daß keine Ecke von Q entartet ist. Dann kann, ausgehend von dieser Basisdarstellung, unser Verfahren wie folgt beschrieben werden:

5.1. Algorithmus

Schritt 0: *Wähle $s \in \mathbf{N}$ mit $1 \leqq s \leqq q$.*

Schritt 1: *Wähle $c_s = (c_{j_1}, \ldots, c_{j_s})$ so, daß* $\min\{c_{j_1}, \ldots, c_{j_s}\} \geqq \max\{c_{j_{s+1}}, \ldots, c_{j_q}\}$ *gilt*[2]; *ist $c_s \leqq 0$, dann liefert die gegebene Basisdarstellung eine optimale Lösung des Problems – Ende. Andernfalls*

Schritt 2: *Bestimme eine Sattelmatrix $A_{11}^{(c_s)}$; enthält $A^{(c_s)}$ keine Sattelmatrix, dann ist die Zielfunktion auf Q unbeschränkt – Ende. Andernfalls*

Schritt 3: *Block-Austausch mit $A_{11}^{(c_s)}$ als Block-Pivot. Anschließend Fortsetzung mit Schritt* 1.

Es ist evident, daß der Algorithmus unter den gegebenen Bedingungen nach endlich vielen Schritten abbricht. Für $s = 1$ ist 5.1 die Simplexmethode.

Wenn wir Seiten-Entartung nicht ausschließen, dann folgt mit Satz 3, daß die theoretische Möglichkeit einer zyklischen Wiederholung einer Basisdarstellung derselben Ecke durch unseren Algorithmus besteht. Da diese Gefahr in der Praxis jedoch äußerst gering ist, zumal für größeres s, werden wir nicht weiter darauf eingehen. Es sei nur erwähnt, daß der Algorithmus so erweitert werden kann, daß zyklische Wiederholungen auch theoretisch ausgeschlossen sind (vgl. Kusterer [3]).

6. Der Fall $s = 2$

Ein wesentlicher Bestandteil des Algorithmus 5.1 ist Schritt 2, die Bestimmung einer Sattelmatrix. Wir werden jetzt für den Fall $s = 2$ ein Verfahren angeben, das es gestattet, diese Matrix mit vertretbarem Aufwand zu finden.

---

[2] Dies ist eine mögliche Wahl; wie bei der Simplexmethode können auch hier andere Strategien angewandt werden.

Wir gehen aus von einer nicht optimalen Basisdarstellung einer Ecke $z\in Q$. In dieser Darstellung gilt $b\geqq 0$. Durch Schritt 1 aus 5.1 sei der zweidimensionale Vektor c_s bestimmt; seine Komponenten seien c_{s_1} und c_{s_2}; wenigstens eine davon ist positiv. $S^{(c_s)}$ sei die dem Vektor c_s nach (6) zugeordnete Seite, und P_0 sei das Polyeder

$$\left\{x\in E_2 \,\middle|\, \begin{pmatrix} A^{(c_s)} \\ -I_2 \end{pmatrix} x \leqq \begin{pmatrix} b \\ 0 \end{pmatrix}\right\}.$$

Mit $\tilde{a}_i=(\tilde{a}_{ij})_{j=1,2}$ bezeichnen wir den i-ten Zeilenvektor der Matrix $\begin{pmatrix} A^{(c_s)} \\ -I_2 \end{pmatrix}$; die b_i seien die Komponenten des Vektors $\begin{pmatrix} b \\ 0 \end{pmatrix}$ $(i=1,\ldots,m+2)$. Aus Satz 5 folgt, daß $\tilde{H}=\{x\in E_2 \mid \tilde{h}(x)=c_s x-\beta=0\}$ genau dann Stütze an P_0 ist, wenn $H=\{x\in E_q \mid h(x)=cx-\beta=0\}$ Stütze an die zu $S^{(c_s)}$ affin äquivalente Seite von P ist. Notwendig dafür, daß eine Stütze an P_0 mit dem Normalenvektor c_s existiert, ist nach Satz 4, daß sich c_s aus höchstens zwei Zeilenvektoren $\tilde{a}_l$, $\tilde{a}_i$ positiv-linear kombinieren läßt. Wegen $P_0\neq\emptyset$ ist diese Bedingung dann aber auch hinreichend.

Mit Hilfe der Abbildung

$$F: E_2\to E_2 \quad \text{mit} \quad F(x)=x\begin{pmatrix} 0 & 1 \\ -1 & 0 \end{pmatrix},$$

wobei wir im folgenden $x^{\perp}$ *statt* $F(x)$ schreiben, wollen wir zunächst Vektoren finden, so daß sich c_s in der gewünschten Form ausdrücken läßt. Dazu teilen wir die Vektoren $\tilde{a}_i$ $(1\leqq i\leqq m+2)$ in drei Klassen ein:

$$K^+=\{\tilde{a}_i \mid \tilde{a}_i c_s^{\perp}>0\}, \quad K^-=\{\tilde{a}_i \mid \tilde{a}_i c_s^{\perp}<0\},$$
$$K=\{\tilde{a}_i \mid \tilde{a}_i c_s^{\perp}=0, \quad \tilde{a}_i c_s>0\}.$$

Für $\tilde{a}_i\in K$ ist $c_s=u_i\tilde{a}_i$ mit $u_i=\dfrac{c_s\tilde{a}_i}{\tilde{a}_i\tilde{a}_i}>0$. Ferner gilt folgender

Satz 6: *Sei* $\tilde{a}_l\in K^+$. *Dann ist*

$$c_s=u_l\tilde{a}_l+u_i\tilde{a}_i, \quad u_l, u_i>0,$$

genau dann, wenn

$$\tilde{a}_i\in K^- \quad \textit{und} \quad \tilde{a}_i\tilde{a}_l^{\perp}<0$$

ist; für die Multiplikatoren u_l *und* u_i *gilt dann*

$$u_l=\frac{\tilde{a}_i c_s^{\perp}}{\tilde{a}_i\tilde{a}_l^{\perp}} \quad \textit{und} \quad u_i=\frac{-\tilde{a}_l c_s^{\perp}}{\tilde{a}_i\tilde{a}_l^{\perp}}.$$

Mit Hilfe dieses Satzes bestimmen wir nun ein β, so daß $H=\{x\in E_2 \mid c_s x=\beta\}$ Stütze an P_0 ist. Daraus erhalten wir dann die gesuchte Sattelmatrix.

Sei

$$J=\{l \mid \tilde{a}_l\in K^+ \quad \text{und} \quad \tilde{a}_i\tilde{a}_l^{\perp}<0 \quad \text{für ein} \quad \tilde{a}_i\in K^-\};$$

für jedes $l\in J$ bestimme man ein $\tilde{a}_k\in K^-$, so daß

$$M_{l,k}=\frac{1}{\tilde{a}_k\tilde{a}_l^{\perp}}\left(b_l(\tilde{a}_k c_s^{\perp})+b_k(-\tilde{a}_l c_s^{\perp})\right)$$
$$=\min\left\{\frac{1}{\tilde{a}_i\tilde{a}_l^{\perp}}\left(b_l(\tilde{a}_i c_s^{\perp})+b_i(-\tilde{a}_l c_s^{\perp})\right) \,\middle|\, \tilde{a}_i\in K^-, \tilde{a}_i\tilde{a}_l^{\perp}<0\right\}$$

gilt; ferner sei für $\tilde{a}_r \in K$

$$N_r = \frac{c_s\tilde{a}_r}{\tilde{a}_r\tilde{a}_r} \cdot b_r = \min\left\{\frac{c_s\tilde{a}_i}{\tilde{a}_i\tilde{a}_i} \cdot b_i \mid \tilde{a}_i \in K\right\}.$$

Wir definieren

$$\beta_1 = \begin{cases} N_r, & \text{falls} \quad K \neq \emptyset \\ \infty, & \text{falls} \quad K = \emptyset \end{cases}, \quad \beta_2 = \begin{cases} \min\{M_{l,k} \mid l \in J\}, & \text{falls} \quad J \neq \emptyset \\ \infty, & \text{falls} \quad J = \emptyset \end{cases}$$

und

$$\beta = \min\{\beta_1, \beta_2\}.$$

Mit Hilfe von Dualitätsaussagen der linearen Optimierung folgt
(i) für $\beta < \infty$ ist $H = \{x \in E_2 \mid c_s x - \beta = 0\}$ Stütze an P_0,
(ii) für $\beta = \infty$ ist die gegebene Basisdarstellung dual unverträglich.
Damit erhalten wir

6.1. Regel zur Bestimmung einer Sattelmatrix

Sei $\beta = \beta_2 < \infty$, und es existiere genau ein $(l, k) \in K^+ \times K^-$ mit $M_{l,k} = \beta_2$. Dann können wir o. B. d. A. annehmen, daß $l < k$ und, wegen $c_s \lneq 0$, $l \leqq m$ ist. Dann ist

(i) $\begin{pmatrix} \tilde{a}_l \\ \tilde{a}_k \end{pmatrix}$ *Sattelmatrix, falls* $k \leqq m$ *gilt,*

und

(ii) *falls* $k = m + j$ $(j = 1$ *oder* $j = 2)$ *gilt,* $\tilde{a}_{lj'}$ *Sattelmatrix* $(j \neq j')$.

Wenn mehrere Elemente $(l, k) \in K^+ \times K^-$ existieren mit $M_{l,k} = \beta$, oder wenn $\beta = \beta_1 < \infty$ gilt, dann kann durch geeignete Störung des Vektors c_s die Bestimmung der Sattelmatrix auf den soeben abgehandelten Fall zurückgeführt werden (vgl. Kusterer [3], S. 70). Wir gehen hier nicht weiter darauf ein, zumal dieser Fall in der Praxis nur selten relevant werden dürfte; bei unseren numerischen Untersuchungen spielte er keine Rolle.

7. Numerische Ergebnisse

Die Erprobung des in den vorangegangenen Abschnitten beschriebenen zweidimensionalen Seitenalgorithmus geschah auf der elektronischen Rechenanlage IBM 370/158 an der Universität Dortmund. Dazu wurden 850 Beispiele sowohl mit dem Seitenalgorithmus als auch mit der Simplexmethode gerechnet, die Ergebnisse bezüglich der Anzahl der notwendigen *Iterationen* und der benötigten *Rechenzeit* verglichen und statistisch ausgewertet. Die für die Beispiele notwendigen Daten wurden als reelle Zufallszahlen erzeugt. Beide Algorithmen wurden in ALGOL programmiert.

Um bezüglich des Aufwandes vergleichbare Ergebnisse zu erzielen, haben wir für den Seitenalgorithmus *im Falle eines Block-Austausches mit einer* 2×2 *Sattelmatrix als Block-Pivot nicht nur eine, sondern zwei Iterationen berechnet,* da ein solcher Austausch ohne die Vergleiche zur Bestimmung der Sattelmatrix ungefähr den Aufwand von zwei Simplexiterationen erfordert. Wie bisher bedeute m die Anzahl der Zeilen, q die Anzahl der Spalten der gegebenen Restriktionsmatrix A. Der Quotient aus Spalten und Zeilen wird im folgenden mit Q

bezeichnet:

$$Q = q/m;$$

er wird uns ein Maß für die Brauchbarkeit des Seitenalgorithmus liefern.

Für 17 verschiedene Werte von Q zwischen 1/4 und 10 wurden je 50 Beispiele mit den beiden erwähnten Verfahren gerechnet und die beobachteten Ergebnisse in Tabelle 1 für die Iterationen, in Tabelle 2 für die Rechenzeit festgehalten. Auf einige signifikante Punkte wollen wir nun kurz eingehen.

Tabelle 1. Iterationen

m	q	Q	$\frac{M(\text{SiI})}{M(\text{SaI})}$	Beispiele (in %) mit SiI/SaI			$M(\text{SiI})/M(\text{SaI})$ für die Beispiele mit SiI/SaI	
				$<0,9$	>1	$>1,1$	>1	$\leqq 1$
1	2	3	4	5a	5b	5c	6a	6b
100	25	1/4	1,152	22	64	54	1,381	0,813
60	30	1/2	1,186	10	68	52	1,324	0,910
48	36	3/4	1,122	16	70	56	1,257	0,852
40	40	1	1,177	10	68	56	1,300	0,914
44	55	5/4	1,138	22	66	46	1,303	0,837
40	60	3/2	1,145	28	60	46	1,373	0,835
40	70	7/4	1,175	22	70	60	1,366	0,778
40	80	2	1,144	20	66	54	1,319	0,843
36	81	9/4	1,288	8	80	64	1,423	0,900
30	75	5/2	1,222	12	84	68	1,340	0,750
32	88	11/4	1,124	28	66	56	1,338	0,787
35	105	3	1,172	20	70	64	1,345	0,835
30	105	7/2	1,162	20	66	56	1,446	0,809
25	105	21/5	1,242	18	72	58	1,404	0,859
15	90	6	1,171	24	66	58	1,406	0,812
20	160	8	1,169	24	68	56	1,378	0,802
15	150	10	1,233	16	70	64	1,459	0,808

Es bedeuten:

SiI bzw. SaI = die zur Lösung eines Beispiels benötigten Iterationen mit dem Simplex- bzw. Seitenalgorithmus;

$M(\text{SiI})$ bzw. $M(\text{SaI})$ = die im Mittel benötigten Iterationen für ein Beispiel bei Anwendung des Simplex- bzw. Seitenalgorithmus

Iterationen: Zur Lösung einer Aufgabe benötigte für jedes Q die Simplexmethode im Mittel mehr Iterationen als der Seitenalgorithmus, s. Tabelle 1, Spalte 4. Dieser Mehraufwand betrug im Mittel pro Beispiel rund 18%. Er war nicht etwa dadurch bedingt, daß zwischen beiden Algorithmen für wenig Beispiele ein sehr hoher, für den größten Teil der Beispiele aber kein oder ein nur geringer Unterschied an Iterationen zu beobachten war. Dies wird insbesondere durch die Zahlen der Spalten 5c und 5a aus Tabelle 1 deutlich. Danach verbrauchte die Simplexmethode bei rund 57% aller erprobten Beispiele über 10% mehr Iterationen als der Seitenalgorithmus; dagegen waren Iterationseinsparungen durch sie von über 10% bei rund 19% aller Aufgaben zu beobachten. Insgesamt waren 586 Beispiele – das sind rund 69% – mit dem Seitenalgorithmus nach weniger Iterationen als mit der Simplexmethode gelöst, die hier im Mittel pro Beispiel rund 35% mehr Iterationen, für den Rest der Beispiele jedoch im Mittel rund 17% weniger Iterationen benötigte als der Seitenalgorithmus. Anders als dies für die Rechenzeiten der Fall war, war auch kein Gewinn oder Verlust an Iterationen mit einem der beiden Verfahren festzustellen, der sich auf Grund der Formate der Restriktionsmatrizen A erklären ließe. Für alle Werte von Q wurden einander ähnliche Ergebnisse erzielt, s. Tabelle 1, Spalten 5b, 6a und 6b. Um eine Vorstellung von der absolut notwendigen Anzahl an Iterationen zu geben, sei noch erwähnt, daß zur Lösung eines Beispiels die Simplexmethode wenigstens 7 und höchstens 180, im Mittel 65, der Seitenalgorithmus wenigstens 9 und höchstens 183, im Mittel 55 Iterationen benötigte.

Tabelle 2. Rechenzeiten

m	q	Q	$\frac{M(\text{SiZ})}{M(\text{SaZ})}$	Beispiele (in %) mit SiZ/SaZ $<0{,}9$	>1	$>1{,}1$	$M(\text{SiZ})/M(\text{SaZ})$ für die Beispiele mit SiZ/SaZ >1	$\leqq 1$
1	2	3	4	5a	5b	5c	6a	6b
100	25	1/4	0,543	96	4	2	1,129	0,527
60	30	1/2	0,823	72	22	22	1,228	0,731
48	36	3/4	0,853	64	22	14	1,163	0,783
40	40	1	0,931	54	30	14	1,199	0,822
44	55	5/4	0,948	50	40	32	1,220	0,788
40	60	3/2	0,949	48	36	30	1,294	0,727
40	70	7/4	1,031	34	52	38	1,329	0,787
40	80	2	1,019	34	52	34	1,242	0,805
36	81	9/4	1,132	24	64	60	1,352	0,846
30	75	5/2	1,101	16	68	48	1,269	0,800
32	88	11/4	1,043	30	56	44	1,311	0,784
35	105	3	1,079	32	64	44	1,246	0,795
30	105	7/2	1,082	34	58	48	1,405	0,786
25	105	21/5	1,173	22	62	56	1,400	0,862
15	90	6	1,088	28	60	50	1,352	0,787
20	160	8	1,105	30	64	50	1,332	0,784
15	150	10	1,228	16	70	64	1,454	0,805

Es bedeuten:
SiZ bzw. SaZ = die zur Lösung eines Beispiels benötigte Rechenzeit mit dem Simplex- bzw. Seitenalgorithmus;
M(SiZ) bzw. M(SaZ) = die im Mittel benötigte Rechenzeit für ein Beispiel bei Anwendung des Simplex- bzw. Seitenalgorithmus.

Rechenzeiten: Die folgende einfache Überlegung zeigt, welche Resultate hier überhaupt zu erwarten sind. Da für zwei Iterationen die Simplexmethode etwa $2mq$ Multipikationen, der Seitenalgorithmus aber wegen der Sattelmatrix-Suche zusätzlich Multiplikationen in der Größenordnung von m^2 benötigt, sind durch ihn keine Einsparungen in dem Umfang wie für die Iterationen zu erwarten. Neben diesen wirkt sich das mit m quadratische Anwachsen auf die Rechenzeit sehr stark dann aus, wenn Q klein ist; dieser Einfluß nimmt mit wachsendem Q ab. *Rechenzeiteinsparungen* durch den Seitenalgorithmus sind demnach im wesentlichen *für große Q* zu erwarten. Diese Erwartungen werden durch die tatsächlich beobachteten Ergebnisse bestätigt, s. Tabelle 2 (sie ist analog zu Tabelle 1 aufgebaut). Bei den von uns erprobten Beispielen wurden ab $Q=7/4$ sowohl im Mittel pro Beispiel als auch bei über der Hälfte der Beispiele Rechenzeiteinsparungen durch den Seitenalgorithmus erzielt, die für $Q=10$ bei 70% der Aufgaben im Mittel beachtliche 45,4% pro Beispiel betrugen, s. Tabelle 2, Spalten 4, 5b und 6a. Andererseits benötigte für $Q=1/4$ die Simplexmethode – mit Ausnahme von zwei Aufgaben – pro Beispiel im Mittel nur wenig mehr als die Hälfte der Rechenzeit des Seitenalgorithmus, s. Tabelle 2, Spalte 6b.

Wir wollen noch erwähnen, daß zur Lösung einer Aufgabe in der Regel weniger als 80 Sekunden Rechenzeit verbraucht wurden. Die Behandlung größerer Probleme (etwa mit $m=90$ und $q=300$) erforderte schon Rechenzeiten bis zu 80 Minuten. Aus diesem Grund wurden nur einige wenige größere Beispiele gerechnet; die Ergebnisse fallen in den aufgezeigten Rahmen.

References

[1] Collatz, L., und W. Wetterling: Optimierungsaufgaben. Berlin-Heidelberg-New York: Springer 1971.

[2] Künzi, H. P., und S. T. Tan: Lineare Optimierung großer Systeme. Lecture Notes in Mathematics **27** (1966).

[3] Kusterer, R.: Seitenalgorithmen der linearen Optimierung. Dissertation Dortmund 1973.

[4] Nožička, F., J. Guddat und H. Hollatz: Theorie der linearen Optimierung. Akademie-Verlag Berlin 1972.

[5] Tschernikow, S. N.: Lineare Ungleichungen. Deutscher Verlag der Wissenschaften Berlin 1971.

Summary

A generalization of the simplex method, that suggest itself, consists of searching an optimal point on s-dimensional faces of a given polyhedron, instead of merely proceeding along edges. Following this notion a s-dimensional algorithm is presented. The case $s=2$ has been numerically tested. It transpired that, in certain cases, it gives considerable advantages over the simplex method with respect to both, computing-time and number of iterations.

Резюме

Логическое расширение симплексного метода заключается в том, что оптимальное решение следует искать не только вдоль ребер данного полиэдра, но и вдоль сторон любой расмерности.

Исходя из этого принципа нами был разработан s-мерный алгоритм, численная проверка которого была проведена в случае $s=2$.

Что касаеться итераций и времени вычисления, то нами было установлено, что наш алгоритм, отчасти, намного эффективнее симплексного метода.

Eingereicht bei der Redaktion: 24. 2. 1976

Math. Operationsforsch. Statist., Ser. Optimization, Vol. 9 (1978) No. 1, 79–87

Zum Satz von LJAPUNOV in Vektorverbänden

WOLFGANG THÄMELT[1]

Zusammenfassung: Es wird gezeigt, daß das Bild einer abgeschlossenen, konvexen und ordnungsbeschränkten Menge K eines ordnungsvollständigen Vektorverbands bei einer mageren stetigen linearen Abbildung zusammenfällt mit dem Bild der Menge der Extremalpunkte von K. Es wird nachgewiesen, daß sich verschiedene bekannte Verallgemeinerungen des Satzes von LJAPUNOV über den Wertebereich von Vektorintegralen aus diesem Satz ableiten lassen.

0. In den letzten Jahren wurden verschiedene Verallgemeinerungen des Satzes von LJAPUNOV über den Wertebereich von Vektorintegralen angegeben [3–6, 14, 15], mit denen eine Reihe interessanter Aufgaben der Steuerungstheorie, der mathematischen Statistik, der Ökonometrie und anderer Disziplinen gelöst werden konnten. Vom Autor [9] wurde gezeigt, daß eine gleichartige Fragestellung auch in ordnungsvollständigen topologischen Vektorverbänden formuliert und beantwortet werden kann. Es wurden hinreichende Bedingungen dafür genannt, daß bei einer stetigen linearen Abbildung das Bild eines Ordnungsintervalls gleich ist dem Bild der Menge der Extremalpunkte dieses Ordnungsintervalls.

Satz 1 dieser Arbeit zeigt, daß eine solche Aussage auch für die Bilder bestimmter konvexer Mengen gilt, die keine Ordnungsintervalle sind. Resultate von CASTAING [3], ARKIN/LEVIN [15], WEGMANN [14], KINGSMAN/ROBERTSON [5], CESARI [4] u. a. erweisen sich als Spezialfälle dieses Satzes. Einige davon werden im zweiten Teil dieser Arbeit ausführlicher betrachtet.

Zunächst werden die erforderlichen Bezeichnungen und Voraussetzungen eingeführt. Dabei benutzte Hilfsmittel aus der Theorie halbgeordneter Räume findet man bei VULICH [16] und SCHAEFER [8].

Es sei (Z, τ) ein *ordnungsvollständiger Vektorverband* mit einer *lokalkonvexen Topologie* τ, in dem *jedes Ordnungsintervall schwach kompakt* ist. Es seien ferner T eine beliebige nichtleere Menge und $X = Z^T = \prod_{t \in T} Z_t$ mit $Z_t = Z \, \forall t \in T$ (d. h., X ist die Menge aller Abbildungen von T in Z).

Dann ist X ein ordnungsvollständiger Vektorverband bezüglich der durch

$$x = (x_t)_{t \in T} \geqq 0 \Leftrightarrow x_t \geqq 0 \quad \forall \, t \in T$$

erklärten Halbordnung.

In den folgenden Darlegungen wird stets angenommen, daß X in dieser Weise erklärt und mit der Produkttopologie der schwachen Topologie in Z versehen ist.

[1] Technische Hochschule „Carl Schorlemmer", Leuna-Merseburg, DDR – 42 Merseburg, Geusaer Str.

Da nach Voraussetzung in Z jedes Ordnungsintervall schwach kompakt ist, ist nach dem Satz von TICHONOV jedes Ordnungsintervall in X als Produkt von Ordnungsintervallen aus Z kompakt. Die für den Raum Z gemachte Kompaktheitsvoraussetzung ist für größere Klassen von Räumen erfüllt, so z. B. für L_p-Räume mit $1 \leqq p \leqq \infty$ und den Raum aller stetigen linearen Funktionale auf $C[a, b]$, wobei als Topologie jeweils die schwache Topologie zu benutzen ist.

In einem ordnungsvollständigen Vektorverband V wird ein linearer Unterraum M mit

a) $A \subset M, \quad \sup A = x \in V \Rightarrow x \in M$

und

b) $x \in M, \quad y \in V, \quad |y| \leqq |x| \Rightarrow y \in M$

als *Band* bezeichnet. Ist $x \in V$, $x \geqq 0$, so ist ${}_M x = \sup \{y \in M \mid y \leqq x\}$ die *Komponente* von x im Band M. Für beliebiges x erhält man die Komponente ${}_M x$ von x in M durch ${}_M x = {}_M x^+ - {}_M x^-$, wo x^+ und x^- positiver bzw. negativer Anteil von x sind.

Ist S eine meßbare Teilmenge des Intervalls $[0, 1]$, so ist die Menge B aller Elemente aus $L_1[0, 1]$, die fast überall auf S verschwinden, z. B. ein Band in $L_1[0, 1]$, und jedes Band in diesem Raum läßt sich in dieser Form darstellen.

Ist B ein Band in Z, so ist B^T ein Band in X. Die Menge aller derartigen Bänder in X wird mit $\mathfrak{B}$ bezeichnet. Ist $M \subset X$, so sei ext M die Menge aller Extremalpunkte von M.

Es seien k ein beliebiges von Null verschiedenes Element aus X und L_k die Menge aller endlichen Linearkombinationen aus Projektionen von k auf Bänder, die zu $\mathfrak{B}$ gehören. Dann wird mit M_k die Abschließung von L_k und mit H_k die Menge aller bezüglich k beschränkten Elemente aus M_k, d. h. die Vereinigung der Abschließungen aller bezüglich k beschränkten Teilmengen aus L_k, bezeichnet.

Die soeben eingeführten Räume ermöglichen eine bequeme Formulierung der weiteren Voraussetzungen und eine übersichtliche Gestaltung der erforderlichen Beweise.

Es sei K eine nichtleere, konvexe, ordnungsbeschränkte und abgeschlossene Teilmenge aus X, die folgender Bedingung genügt:

$$ {}_B k_1 + (k_2 - {}_B k_2) \in K \quad \forall\, B^T \in \mathfrak{B}, \quad \forall\, k_1, k_2 \in K, \tag{1}$$

wobei ${}_B k$ die Komponente von k im Band B^T ist. (1) ist eine bestimmte Reichhaltigkeitsforderung für die Menge K. Diese Eigenschaft wird für spezielle Mengen K z. B. von ARKIN/LEVIN [15] und SAINTE-BEUVE [7] explizit, von verschiedenen anderen Autoren implizit benutzt. Ist $X = Z = L_1[0, 1]$ und $k_1, k_2 \in X$, so ist für das oben beschriebene Band $B \subset X$

$$ ({}_B k_1 + (k_2 - {}_B k_2))\,(t) = \begin{cases} k_2(t), & \text{falls } t \in S \\ k_1(t), & \phantom{\text{falls }} t \notin S. \end{cases}$$

Die Menge $K = \{x \in X \mid 0 \leqq x(t) \leqq 1 \text{ f. ü.}\}$ genügt daher z. B. der Forderung (1). Da K abgeschlossen und ordnungsbeschränkt, also eine abgeschlossene Teilmenge eines Ordnungsintervalls aus X ist und da nach dem oben Gesagten jedes Ordnungsintervall in X kompakt ist, ist K kompakt.

Es seien schließlich Y ein lokalkonvexer topologischer Vektorraum und A eine stetige lineare Abbildung von X in Y. A wird *mager* genannt, falls für beliebiges

H_k, $k\in X$, $k\neq 0$, die Einschränkung von A auf H_k nicht injektiv ist, d. h., in jedem H_k findet sich ein von Null verschiedenes Element x mit $Ax=0$. Nach diesen Vorbereitungen kann jetzt das Hauptresultat dieser Arbeit formuliert werden.

Satz 1: *Es sei A eine magere stetige lineare Abbildung des ordnungsvollständigen Vektorverbands X in den lokalkonvexen Raum Y, K eine nichtleere, konvexe, ordnungsbeschränkte und abgeschlossene Teilmenge aus X, die der Bedingung* (1) *genügt. Dann gilt:*
1. $AK=A(\text{ext } K)$.
2. $A(\text{ext } K)$ *ist konvex und kompakt.*

Beweis: Da A stetig und linear und K konvex und kompakt ist, ist AK konvex und kompakt. Gilt also die erste Behauptung, so gilt auch die zweite.

K hat als nichtleere, konvexe und kompakte Menge Extremalpunkte, also ist ext $K\neq\emptyset$. Ist $K=\text{ext } K$, so ist die Aussage des Satzes trivial. Anderenfalls sei $k_0\in K\setminus\text{ext } K$. Dann finden sich zwei Elemente $k_1, k_2\in K$ und eine reelle Zahl λ, so daß

$$k_0=\lambda k_1+(1-\lambda)\, k_2, \quad k_1\neq k_2, \quad 0<\lambda<1\ ,$$

gilt.
Es seien $\varepsilon=\frac{1}{2}\min(\lambda, 1-\lambda)$ und $k=k_1-k_2$.
Nach Voraussetzung ist A mager, also findet sich ein $x_0\in H_k$, so daß gilt $Ax_0=0$, $x_0\neq 0$, und so daß x_0 Berührpunkt einer Menge $M\subset L_k$ ist, für die gilt $|x|\leqq\varepsilon|k|$ $\forall x\in M$ (vgl. die Definition von H_k!).

Da $0<\lambda\pm\varepsilon<1$ ist, sind die Elemente

$$k_0\pm\varepsilon k=(\lambda\pm\varepsilon)\, k_1+(1-(\lambda\pm\varepsilon))\, k_2$$

konvexe Linearkombinationen von Elementen der konvexen Menge K, gehören also zu K.

Jedes $x\in M$ läßt sich in der Form $x=\sum\lambda_i k_i$ darstellen, wobei k_i die Projektion von k auf das Band $B_i^T\in\mathfrak{B}$ ist, die endlich vielen k_i disjunkt sind und $|\lambda_i|\leqq\varepsilon$ gilt. Aus (1) folgt

$$_{B_i}(k_0\pm\varepsilon k)+(k_0-{}_{B_i}k_0)=k_0\pm\varepsilon k_i\in K\ .$$

Dann ist $k_0+\lambda_i k_i$ konvexe Linearkombination von k_0 und $k_0+\varepsilon k_i$ bzw. $k_0-\varepsilon k_i$, also $k_0+\lambda_i k_i\in K$. Aus (1) ergibt sich dann

$$k_0+\sum\lambda_i k_i=k_0+x\in K\ ,$$

d. h., es gilt $k_0+M\subset K$. Da K abgeschlossen und x_0 Berührpunkt von M ist, gilt somit $x_1=k_0+x_0\in K$. Analog erhält man $x_2=k_0-x_0\in K$. Somit ist $k_0=\frac{1}{2}(x_1+x_2)$ und $Ak_0=Ax_1=Ax_2$, d. h., k_0 ist nicht Extremalpunkt der nichtleeren, kompakten und konvexen Menge $K_0=\{x\in K \mid Ax=Ak_0\}$. Da ext K_0 nichtleer ist, findet sich ein $k_3\in\text{ext } K_0\subset K$. k_3 kann nach den vorangegangenen Überlegungen nicht zu $K\setminus\text{ext } K$ gehören. Somit ist $k_3\in\text{ext } K$ und $Ak_0=Ak_3$, d. h., es gilt $AK=A(\text{ext } K)$.

Bemerkungen:

1. Der soeben bewiesene Satz 1 ist in seiner Grundaussage mit dem Satz von LJAPUNOV [17] identisch. Im Unterschied zu diesem und zu den meisten seiner Verallgemeinerungen treten hier keine vektorwertigen Maße auf, sondern es wird

in Vektorverbänden gearbeitet. Die bezüglich X, K und A gemachten Voraussetzungen lassen deutlicher als im klassischen Fall das Wesentliche an Satz 1 erkennen.

2. Ist z ein Atom in Z und $x=(z)_{t\in T}$, so ist H_x gleich dem von x in X erzeugten Band. Ist A ein magerer Operator, so ist $Ax=0$. Diese Eigenschaft eines mageren Operators ermöglicht es, die häufig anzutreffende Voraussetzung der Atomfreiheit von X fallenzulassen.

3. Der Begriff eines mageren Operators ist eine zweckmäßige Erweiterung des von Kingsman/Robertson [5] u. a. benutzten Begriffs einer mageren Menge.

Ist K' eine kompakte Menge eines lokalkonvexen Raums mit einer abgeschlossenen konvexen Hülle $K=\text{cl conv } K'$, die kompakt ist, so gilt ext $K\subset K'$. Hieraus erhält man

Folgerung 1: *Unter den Voraussetzungen von Satz 1 sei K die abgeschlossene konvexe Hülle der kompakten Menge K'. Dann gilt*

$$AK=AK'=A(\text{ext } K)\,.$$

Im zweiten Teil dieser Arbeit soll gezeigt werden, daß einige bekannte Verallgemeinerungen des Satzes von Ljapunov Spezialfälle von Satz 1 sind.

1. Es seien X atomfrei (und damit kein endlichdimensionaler Euklidischer Raum) und Y m-dimensional. Dann hat jeder stetige lineare Operator $A: X\to Y$ die Gestalt $Ax=(c_1x, \ldots c_mx)$, wo $c_1, \ldots c_m$ stetige lineare Funktionale auf X sind. Ist B ein beliebiges nichtleeres von $\{0\}$ verschiedenes Band in X und $b\in B$, so läßt sich b wegen der Atomfreiheit von X als Summe von $m+1$ disjunkten Elementen $b_i\in B$ darstellen. Das homogene Gleichungssystem

$$\sum_{i=1}^{m+1} c_j b_i \lambda_i=0 \quad (j=1, \ldots m)$$

hat dann eine nichttriviale Lösung in B. Das bedeutet, daß A mager ist. Die sich aus den gemachten Voraussetzungen für ein Ordnungsintervall K ergebende Variante von Satz 1 wurde vom Autor [9] im Zusammenhang mit einer Verallgemeinerung des Lemmas von Neyman/Pearson bewiesen.

Für $X=Z=L_\infty(S, \mathfrak{S}, \mu)$, $\tau=\sigma(L_\infty(S, \mathfrak{S}, \mu), L_1(S, \mathfrak{S}, \mu))$, wo μ ein atomfreies Vektormaß auf der σ-Algebra $\mathfrak{S}$ ist, und für

$$K=\{x\in X \mid 0\leqq x(s)\leqq 1 \text{ f. ü.}\}$$

erhält man hieraus die ursprüngliche Fassung des Satzes von Ljapunov [17]. Der hier betrachtete Spezialfall ermöglicht den Beweis einer interessanten Folgerung aus Satz 1.

Folgerung 2: *Es sei X ein atomfreier Vektorverband und K eine nichtleere, konvexe, ordnungsbeschränkte und abgeschlossene Teilmenge aus X, die der Bedingung* (1) *genügt. Dann ist* cl ext $K=K$.

Beweis: Es sei U eine Nullumgebung in X. Da in X die Produkttopologie schwacher Topologien betrachtet wird, finden sich endlich viele Elemente z_i' aus dem zu (Z, τ) adjungierten Raum Z' und eine reelle Zahl $\varepsilon>0$ so, daß ohne Beschränkung der Allgemeinheit

$$U = \{x \in X \mid |z_i' x_{j_i}| < \varepsilon \,\forall i\}$$

ist, wobei mit x_j die j-te Komponente von x bezeichnet wird. Die linearen Funktionale $f_i\colon x \to z_i' x_{j_i}$ sind stetig auf X, die lineare Abbildung $F\colon x \to (f_i x)$ ist dann ebenfalls stetig und da sie in einen endlichdimensionalen Raum abbildet, auch mager. Also gilt nach Satz 1 $FK = F(\text{ext}\, K)$, d. h., für ein beliebiges $k \in K$ findet sich ein $k' \in \text{ext}\, K$ mit $Fk = Fk'$. Hieraus folgt aber $k' \in k + U$, d. h., ext K ist dicht in K, es gilt also cl ext $K = K$.

Folgerung 3: *Unter den Voraussetzungen von Folgerung 2 sei A eine stetige lineare Abbildung von X in den lokalkonvexen Raum Y. Dann ist $AK = \text{cl}(A(\text{ext}\, K))$.*

Für den Spezialfall $X = L_\infty(S, \mathfrak{S}, \mu)$ findet man Folgerung 2 bei CASTAING [2] und KINGSMAN/ROBERTSON [5]. Für Ordnungsintervalle wurde Folgerung 2 in [10] bewiesen. Gleichartige Aussagen für allgemeinere Maßräume findet man z. B. bei UHL [12] und TWEDDLE [11].

2. Satz 2: *Es seien folgende Voraussetzungen erfüllt:*

1. $(Z, \tau) = (L_\infty(S, \mathfrak{S}, \mu), \sigma(L_\infty(S, \mathfrak{S}, \mu), L_1(S, \mathfrak{S}, \mu)))$, *wobei S ein metrisches Kompakt und μ ein nichtnegatives, vollständiges und atomfreies Maß auf der σ-Algebra $\mathfrak{S}$ ist, $X = Z^n$.*

2. *G ist eine $(m \times n)$-Matrix mit Elementen aus $Z' = L_1(S, \mathfrak{S}, \mu)$.*

3. $Ax = \int_S G(s)\, x(s)\, d\mu$, $Y = R^m$.

4. *$K(s) \subset R^n$ sind nichtleere, abgeschlossene und gleichmäßig beschränkte Teilmengen des R^n, so daß die Punkt-Mengen-Abbildung $s \to K(s)$ meßbar ist.*

$$K' = \{x \in X \mid x(s) \in K(s) \text{ } \mu\text{-fast überall auf } S\}.$$

Dann ist

$$AK' = A(\text{conv } K') = A(\text{ext conv } K')$$

eine kompakte konvexe Menge.

Beweis: 1. Jedes Ordnungsintervall in $Z = L_\infty$ ist normbeschränkt und damit $\sigma(L_\infty, L_1)$-kompakt, damit ist die für den Raum Z erforderliche Voraussetzung erfüllt.

2. Die definierte Abbildung ist bezüglich der Topologie τ stetig und linear. Da Y endlichdimensional und X atomfrei ist, ist A ein magerer Operator.

3. In endlichdimensionalen Räumen ist die konvexe Hülle einer kompakten Menge kompakt, also conv $K(s)$ abgeschlossen. Damit ist die Menge

$$K = \text{conv } K' = \{x \in X \mid x(s) \in \text{conv } K(s) \text{ f. ü.}\}$$

nichtleer, abgeschlossen und ordnungsbeschränkt (zum Nachweis dieser Eigenschaften vgl. z. B. [15]) und damit kompakt im Raum X (dessen Topologie nach Vereinbarung die Topologie τ ist). Jeder Extremalpunkt von K gehört zu K' [3].

4. Es seien $S_0 \in \mathfrak{S}$, $x, y \in K$ und

$$z(s) = \begin{cases} x(s), & \text{falls } s \in S_0 \\ y(s), & s \notin S_0 . \end{cases}$$

Dann ist offenbar $z \in K$ und folglich Voraussetzung (1) für K erfüllt.

Damit sind alle Voraussetzungen von Satz 1 und von Folgerung 1 erfüllt, aus denen sich sofort Satz 2 ergibt.

3. Mit den Bezeichnungen von Satz 2 sei

– $S=[a, b]$, μ das LEBESGUEsche Maß auf $[a, b]$;

– $g_j=\chi_B f_j$ die j-te Spalte von G, wobei χ_B die charakteristische Funktion der meßbaren Menge $B\subset[a, b]$ ist;

– $K(s)=\left\{x(s)\in R^n \mid \sum_{j=1}^{n} x_j(s)=1,\ x_j(s)\geqq 0\right\}$, wobei x_j die Komponenten von x sind. Dann ergibt sich aus Satz 2 der von CESARI [4] bewiesene

Satz 3: *Es seien f_j, $j=1, \ldots n$, m-dimensionale Vektorfunktionen auf $[a, b]$ mit integrierbaren reellen Komponentenfunktionen, und es sei B eine meßbare Teilmenge aus $[a, b]$. Dann sind die Mengen* $H=\left\{\sum_{j=1}^{n} \int_{E_j} f_j(s)\,ds \mid \bigcup E_j=B,\ E_j \text{ disjunkt, meßbar}\right\}$ *und*

$$F=\left\{\sum_{j=1}^{n} \int_B f_j(s)\,x_j(s)\,ds \mid x_j(s)\geqq 0,\ \sum_{j=1}^{n} x_j(s)=1 \text{ f. ü., } x_j \text{ meßbar}\right\}$$

gleich, konvex und kompakt.

(Es gilt offenbar $K=K'$, $H=A(\text{ext } K)$, $F=AK$.)

4. Mit den Bezeichnungen von Satz 2 sei G eine Diagonalmatrix mit den Hauptdiagonalelementen f_j. Dann erhält man aus Satz 2 den folgenden von CASTAING [3] und VALADIER [13] bewiesenen und nach ARKIN/LEVIN [15] zitierten

Satz 4: *Es seien*

1. *$(S, \mathfrak{S}, \mu)$ ein Maßraum mit einem nichtnegativen, endlichen, vollständigen und atomfreien Maß;*
2. *f_j, $j=1, \ldots n$, integrierbare reelle Funktionen auf S;*
3. *$M: S\to\mathfrak{P}(R^n)$ eine meßbare Punkt-Mengen-Abbildung, für die $M(s)$ fast überall kompakt und in einer Kugel mit dem Radius $\varrho(s)$ um den Nullpunkt enthalten ist;*
4. *$\varrho\in L_\infty(S, \mathfrak{S}, \mu)$;*
5. *$Ax=\left(\int_S f_j(s)\,x_j(s)\,ds\right)$.*

Dann ist

$$\{Ax \mid x(s)\in M(s)\}=\{Ax \mid x(s)\in \text{conv } M(s)\}=\{Ax \mid x(s)\in \text{ext conv } M(s)\}$$

eine konvexe und kompakte Menge.

(In [15] wird statt $\varrho\in L_\infty$ nur $\varrho f_j\in L_1$ gefordert.)

5. Von RUDOLPH [6] wurde folgendes Optimalproblem untersucht:

$$\begin{aligned} &\int_0^1 p(s)\,x(s)\,ds=\sup!\\ &\int_0^1 G'(s)\,x(s)\,ds=0 \qquad\qquad (2)\\ &Bx(s)\leqq b \text{ f. ü. auf } [0,1] \end{aligned}$$

mit $x\in L_p^n[0, 1]$, $p\in C^n[0, 1]$, $G'\in C^{(mn)}[0, 1]$, $B: R^n\to R^m$.

Satz 5 [6]: *Es sei das Polyeder $P=\{y\in R^n \mid By\leqq b\}$ beschränkt und enthalte den Nullpunkt. Ferner sei die Lösung des zu (2) gehörigen Lagrange-Problems eindeutig.*

Dann nimmt die optimale Lösung von (2) fast überall auf $S=[0, 1]$ Eckwerte des Polyeders P an.

Auch diese Aussage erhält man aus Satz 1, wenn man folgendes beachtet:

1. Wegen der Beschränktheit von P gehört jedes für (2) zulässige x zu L_∞^n. Da P beschränkt ist, ist die Menge der zulässigen Lösungen von (2) $\sigma(L_\infty^n, L_1^n)$-kompakt.

2. $C[0, 1] \subset L_1[0, 1]$.

3. $K(s)=P \ \forall s \in [0, 1]$.

4. Wegen der Voraussetzung $0 \in P$ ist (2) zulässig, und da der zulässige Bereich schwach kompakt ist, existiert eine optimale Lösung.

5. Ist z der optimale Zielfunktionswert, so ist

$$(z, 0) \in AK = \left\{ \left(\int_0^1 p(s)\, x(s)\, \mathrm{d}s,\ \int_0^1 G'(s)\, x(s)\, \mathrm{d}s \right) \mid Bx(s) \leqq b \text{ f. ü.} \right\},$$

und nach Satz 1 gibt es ein $x^0 \in \operatorname{ext} K$ mit $Ax^0=(z, 0)$. Dieses x^0 muß fast überall auf S Eckwerte von P annehmen, d. h., $x^0(s)$ ist Extremalpunkt von P fast überall auf S.

Die letzte Überlegung zeigt, daß die von RUDOLPH gemachte Voraussetzung, daß das zugehörige Lagrange-Problem eindeutig ist, fallengelassen werden kann, wenn es lediglich um den Nachweis der Existenz einer optimalen Lösung von (2) geht, die nur Eckwerte von P annimmt.

Das hier benutzte Vorgehen zur Untersuchung eines linearen Optimalproblems kann auch sinngemäß zum Nachweis der Existenz von Extremalpunktlösungen von linearen Optimalproblemen der Gestalt

$$cx = \sup!$$
$$Ax \leqq b$$
$$x \in K$$

angewendet werden.

6. In den vorangegangenen Beispielen für Satz 1 war der Bildraum des Operators A endlichdimensional. Dadurch waren die betrachteten Operatoren immer mager. Wir wenden uns jetzt einem von ARKIN/LEVIN [15] bewiesenen Satz zu, der sich ebenfalls als Spezialfall von Satz 1 erweist und in dem Y unendlichdimensional ist.

Satz 6 [15]: *Jedem Punkt $(s, t) \in M=[0, 1] \times [0,1]$ sei eine kompakte konvexe Menge $K(s, t) \subset R^n$ zugeordnet, die in einer Kugel um den Nullpunkt mit dem Radius $\varrho(s, t)$, $\varrho \in L_\infty(M)$, enthalten ist. Es seien*

$$f_k \in L_1^{m_1}(M), \quad g_k \in L_1^{m_2}(M), \quad h_k \in L_1^{m_3}(M), \quad k=1, \ldots n,$$

integrierbare Vektorfunktionen,

$$A: x \to \begin{pmatrix} \int_0^1 \sum_{k=1}^n f_k(s, t)\, x_k(s, t)\, \mathrm{d}t \\ \int_0^1 \sum_{k=1}^n g_k(s, t)\, x_k(s, t)\, \mathrm{d}s \\ \int_0^1 \int_0^1 \sum_{k=1}^n h_k(s, t)\, x_k(s, t)\, \mathrm{d}s\, \mathrm{d}t \end{pmatrix}$$

eine Abbildung von $X = L^n_\infty(M)$ *in den Raum*

$$Y = L^{m_1}_1[0, 1] \times L^{m_2}_1[0, 1] \times R^{m_3}.$$

Ferner sei ein $x^0 \in X$ *mit* $x^0(s, t) \in K(s, t)$ *für fast alle* $(s, t) \in M$ *gegeben, und die Menge*

$$\{(s, t, u) \mid u \in K(s, t), \quad (s, t) \in M\}$$

sei eine BORELmenge (mod 0).
Dann hat die Menge

$$\{x \in X \mid Ax = Ax^0, \quad x(s, t) \in K(s, t) \text{ f. ü.}\}$$

Extremalpunkte, und jeder solche Extremalpunkt x *genügt der Bedingung*

$$x(s, t) \in \operatorname{ext} K(s, t) \text{ f. ü.}$$

Wählt man $Z = L_\infty(M)$, $Z' = L_1(M)$, $\tau = \sigma(L_\infty(M), L_1(M))$, $X = Z^n$, $K = \{x \in X \mid x(s, t) \in K(s, t) \text{ f. ü.}\}$, so erkennt man, daß die Voraussetzungen von Satz 1 erfüllt sind. Ist $x \in \operatorname{ext} K$, so gilt $x(s, t) \in \operatorname{ext} K(s, t)$ f. ü. Die im Satz 6 erklärte lineare Abbildung A ist $\sigma(L^n_\infty(M), L^n_1(M)) - \sigma(Y, Y')$-stetig. Der Nachweis, daß A mager ist, ist verhältnismäßig aufwendig und der wesentlichste Teil des in [15] angegebenen Beweises von Satz 6.

Mögliche interessante Anwendungen von Satz 6 in verschiedenen Gebieten sind bei ARKIN/LEVIN [15] zusammengestellt.

References

[1] AMEMIYA, I.: On ordered topological linear spaces. Proc. Int. Symp. Lin. spaces 1960, Jerusalem, 1961, 14–23.

[2] CASTAING, CH.: Sur une extension du théorème de LYAPUNOV. C. R. Ac. Sci. (Paris) **260** (1975), 3838–3841.

[3] CASTAING, CH.: Sur une nouvelle extension du théorème de LYAPUNOV. C. R. Ac. Sci. (Paris) **264** (1967), 333–336.

[4] CESARI, L.: Convexity of the range of certain integrals. SIAM J. Control **13** (1975) 3, 666–676.

[5] KINGSMAN, J. F. C., and A. P. ROBERTSON: On a theorem of LYAPUNOV. J. London Math. Soc. **43** (1968) 170, 347–351.

[6] RUDOLPH, H.: Kapazitierte lineare Programme in Funktionenräumen. Beiträge zur Analysis **6** (1974), 155–168.

[7] SAINTE-BEUVE, M. F.: Propriétés topologiques des mesures vectorielles et applications. C. R. Ac. Sci. (Paris) **280** (1975), 881–884.

[8] SCHAEFER, H. H.: Topological vector spaces. Springer-Verlag, New York, Heidelberg, Berlin, 1971.

[9] THÄMELT, W.: Eine Verallgemeinerung des Lemmas von NEYMAN-PEARSON. Math. Operationsforsch. Stat. **6** (1975) 6, 933–937.

[10] THÄMELT, W.: Lineare Optimalprobleme in ordnungsvollständigen topologischen Vektorräumen. Dissertation B, Technische Hochschule „Carl Schorlemmer" Leuna-Merseburg, 1975.

[11] TWEDDLE, I.: Weak compactness in locally convex spaces. Glasgow Math. J. **9** (1968), 123–127.

[12] UHL, J. J.: The range of a vector valued measure. Proc. Am. Math. Soc. **23** (1969), 158–163.

[13] VALADIER, M.: Multi-applications mesurables à valeurs convexes compactes. J. Math. Pures et Appl. **50** (1971), 265–297.

[14] WEGMANN, R.: Der Wertebereich von Vektorintegralen. Z. Wahrscheinlichkeitstheorie verw. Geb. **14** (1970), 203–238.
[15] АРКИН, В. И., и В. Л. ЛЕВИН: Выпуклость значений векторных интегралов, теоремы измеримого выбора и вариационные задачи. Усп. мат. наук **27** (1972) 3 (165), 21–77.
[16] Вулих, Б. З.: Введение в теорию полуупорядоченных пространств. Физматгиз, Москва, 1961.
[17] Ляпунов, А. А.: О вполне аддитивных вектор-функциях. Изв. АН СССР, сер. мат. **4** (1940) 6, 465–478.

Summary

Let K be a closed convex order-bounded set of an order-complete vector lattice and let A be a thin continuous linear operator. Then the equality $AK = A(\text{ext } K)$ is proved, where ext K is the set of all extremal points of K. It is shown that various generalizations of the LJAPUNOV-theorem on the range of vector-measures are special cases of this general statement.

Резюме

Пусть K – замкнутое выпуклое порядково ограниченное множество порядково полной векторной решетки и A – тонкий непрерывный линейный оператор. Доказывается, что $AK = A$ (ext K), где ext K – множество экстремальных точек K. Из этого предложения выводятся разные известные обобщения теоремы ЛЯПУНОВА о векторной мере.

Eingereicht bei der Redaktion: 11. 10. 1976; revidierte Fassung: 17. 1. 1977

Buchbesprechung

G. Lorenzen: **Parametrische Optimierung und einige Anwendungen.** R. Oldenburg Verlag, München-Wien 1974, 90 S., 25 Abb., DM 20,–

In diesem Buch beschäftigt sich der Autor mit linearen Optimierungsproblemen, bei denen einige oder alle Elemente des Zielfunktionsvektors bzw. der rechten Seite der Nebenbedingungen bzw. einer Spalte der Koeffizientenmatrix Parameter sind.
Im ersten Kapitel werden die Aufgabenstellungen für die drei betrachteten Problemklassen formuliert. Dabei versteht der Autor unter Lösung eines parametrischen Problems, daß erstens zu einer vorgegebenen Indexmenge I mit geeigneter Anzahl von Elementen die Menge V(I) aller der Parameterwerte zu bestimmen ist, für die eine optimale Basislösung mit den entsprechenden Variablen als Basisvariablen existiert, und daß zweitens alle diejenigen Indexmengen I ermittelt werden müssen, für welche V(I) nicht leer ist.
Das zweite Kapitel ist der Hauptteil des Buches, in dem die theoretischen Ergebnisse des Verfahrens dargestellt sind. Hier wird im wesentlichen für jede der drei Problemklassen eine Darstellung der Stabilitätsbereiche V(I) entwickelt.
Im dritten Kapitel werden einige zweiparametrische Beispiele durchgerechnet und die Ergebnisse zeichnerisch veranschaulicht. Das vierte Kapitel beinhaltet einige Überlegungen zur Problematik der Bestimmung aller der Indexmengen I, für die V(I) nicht leer ist. Im fünften Kapitel werden schließlich Möglichkeiten der Anwendung der linearen parametrischen Optimierung zur Lösung gewisser Probleme der Investitionsplanung vorgeschlagen. Die in den entscheidenden Kapiteln 2 und 4 dargestellten Lösungsansätze sind gegenüber den bisher bekannten neu. Die Stabilitätsbereiche werden nicht wie meist üblich mit Hilfe der Simplextechnik in impliziter Form dargestellt, sondern explizit durch ihre Ecken und unbeschränkten Kanten. Allerdings sagt der Autor nichts darüber aus, wann dieses Vorgehen besser geeignet ist. Während für die Probleme mit Parametern in der Zielfunktion bzw. in den rechten Seiten der Restriktionen natürlich keine wesentlich neuen qualitativen theoretischen Ergebnisse zu erwarten waren, da diese in der Literatur bereits sehr ausführlich untersucht wurden, könnten die entwickelten Ideen zu den Problemen mit Matrixänderung Ausgangspunkt für neue qualitative Resultate sein. Das Buch läßt allerdings hier wie auch an anderen Stellen viele Fragen unbeantwortet. Von einer umfassenden theoretischen Untersuchung der Probleme, wie das angekündigt wurde, hätte man mehr erwartet. Welche Resultate man speziell für Probleme mit Parametern in der Zielfunktion und in den rechten Seiten erzielen kann, zeigt das etwa zur gleichen Zeit erschienene Buch von Nozicka, Guddat, Hollatz und Bank „Theorie der linearen parametrischen Optimierung“. Auch die geäußerten Vorstellungen über die Lösung der Probleme kann man nicht als effektives universelles Verfahren bezeichnen, denn sie sind bisher nur an leicht zu überschauenden zweiparametrischen Beispielen erläutert worden, während allgemeine Begründungen sowie Vorstellungen über die rechentechnischen Realisierungen fehlen.
Den Wert des Buches mindern leider zwei falsche Voraussetzungen aus den Grundlagen der linearen Optimierung, deren Auswirkungen sich durch die gesamte Arbeit ziehen. Das betrifft zum ersten die im Satz A6 des Anhangs behauptete Äquivalenz zwischen Optimalität einer Ecke und dem Erfülltsein des Simplexkriteriums für eine zugehörige Basis ohne Berücksichtigung einer möglichen Entartung. Zum zweiten hat der Autor offenbar die falsche Vorstellung, daß ein in Gleichungsform beschriebenes konvexes Polyeder nur dann unbeschränkt sei, wenn die Koeffizientenmatrix eine Nullspalte enthält.
Daneben sind aber noch andere unkorrekte bzw. unklare Aussagen und Beweisschlüsse zu bemängeln.
Bei genügend kritischer Wertung der Ergebnisse wird man aus dem Studium dieses Buches aber sicher viele Anregungen für die Theorie und die Anwendungen der parametrischen Optimierung erhalten. Vor allem können die Ideen zur Behandlung der Probleme mit Matrixänderung sehr nützlich sein und den Ausgangspunkt für weitere Untersuchungen bilden.

K. Tammer

Math. Operationsforsch. Statist., Ser. Optimization, Vol. 9 (1978) No. 1, 89–94

Eine Verallgemeinerung eines Satzes von A. A. Feldbaum

Heinz Damm[1] und Thomas Kopielski[1]

Zusammenfassung: Für gewisse lineare steuerbare Systeme mit stationären Bewegungsgleichungen und einem beliebigen kompakten konvexen Polyeder als Steuerbereich wird eine obere Schranke für die Anzahl der Umschaltpunkte der extremalen Steuerungen angegeben. Dabei werden Ergebnisse aus der linearen parametrischen Optimierung benutzt.

1. Einleitung

Für spezielle lineare zeitoptimale Steuerungsprobleme mit einem Steuerparameter u, $|u| \leqq M, M > 0$, wurde in [1] gezeigt, daß die zeitoptimale Steuerung stückweise konstant ist, nur die Werte $\pm M$ annimmt und höchstens $(n-1)$ Umschaltpunkte besitzt. Dieses Ergebnis, das für die weitere Entwicklung der Theorie der optimalen Prozesse sehr bedeutsam war, wurde in [3] auf lineare zeitoptimale Steuerungsprobleme mit stationären Bewegungsgleichungen der Form $\dot{x} = Ax + Bu$, $x = (x_1, \ldots, x_n)' \in E_n$, $u = (u_1, \ldots, u_m)' \in E_m$, und Steuerbereichen

$$G = \{u \in E_m \mid \alpha_j \leqq u_j \leqq \beta_j, \quad j = 1, \ldots, m\}, \tag{1}$$

$\alpha_j, \beta_j \in E_1$, $\alpha_j < \beta_j \; \forall j = 1, \ldots, m$, ausgedehnt. Unter den Voraussetzungen, daß alle Eigenwerte von A reell sind und die Bedingung der allgemeinen Lage erfüllt ist, wurde gezeigt, daß jede extremale Steuerung $u(t) = (u_1(t), \ldots, u_m(t))'$ die Eigenschaft besitzt, daß jede der Funktionen $u_j(t)$, $j = 1, \ldots, m$, stückweise konstant ist, nur die Werte α_j oder β_j annimmt und höchstens $(n-1)$ Umschaltpunkte besitzt. Somit hat jede extremale Steuerung nicht mehr als $m(n-1)$ Umschaltpunkte.

Bei stationären Systemen der Form $\dot{x} = Ax + Bu$ ist die Anzahl der Umschaltpunkte der extremalen Steuerungen abhängig von den Matrizen A und B, dem Steuerbereich G und den Anfangs- und Endbedingungen. Für gewisse lineare steuerbare Systeme mit stationären Bewegungsgleichungen und einem beliebigen kompakten konvexen Polyeder als Steuerbereich wird in der vorliegenden Arbeit eine obere Schranke für die Anzahl der Umschaltpunkte der extremalen Steuerungen angegeben. Dabei werden Ergebnisse der linearen parametrischen Optimierung herangezogen.

---

[1] Humboldt-Universität Berlin, Sektion Mathematik, DDR – 108 Berlin, Postfach 1297.

2. Formulierung der Aufgabe

Betrachtet werden zeitoptimale Steuerungsprobleme mit linearen stationären Bewegungsgleichungen

$$\dot{x} = Ax + Bu + v\,, \tag{2}$$

$x \in E_n$, $u \in E_m$, $v \in E_n$, fixiert. Der Steuerbereich G sei ein beliebig gewähltes konvexes kompaktes Polyeder in E_m mit $\dim G = m$. Über den Anfangs- und Endzustand werden keine Voraussetzungen gemacht. Für den Anfangszeitpunkt t_0 wird $t_0 = 0$ gewählt. Die Steuerfunktionen $u(\cdot)$ mögen der Klasse der stückweise stetigen Funktionen (mit höchstens endlich vielen Sprungstellen 1. Art) angehören.

Im weiteren sei $t_1 > 0$. Eine stückweise stetige Funktion $u(t)$, $t \in \langle 0, t_1 \rangle$ mit $u(t) \in G \;\forall\; t \in \langle 0, t_1 \rangle$ heißt zulässige Steuerung. Ist $\tau \in \langle 0, t_1)$ Sprungstelle von $u(\cdot)$, so wird $u(\tau) = u\,(\tau + 0)$ gesetzt. In t_1 möge $u(\cdot)$ stets einseitig stetig sein. Eine zulässige Steuerung $u(\cdot)$, $t \in \langle 0, t_1 \rangle$ heißt extremal [3], falls eine nichttriviale Lösung $\Psi(\cdot)$, $t \in \langle 0, t_1 \rangle$ des Systems

$$\dot{\Psi} = -A'\Psi \tag{3}$$

derart existiert, daß $\Psi(\cdot)$ und $u(\cdot)$ die Maximumbedingung des PONTRJAGINschen Maximumprinzips

$$\max_{u \in G} \{\Psi'(t)\; Bu\} = \Psi'(t)\; Bu(t) \;\forall\; t \in \langle 0, t_1 \rangle \tag{4}$$

erfüllen.

Das System (2) und das Polyeder G erfüllen die Bedingung der allgemeinen Lage (BaL) [3], wenn für jeden Vektor $w \in E_n$, der zu irgendeiner Kante von G parallel ist, die Vektoren $Bw, ABw, \ldots, A^{n-1}Bw$ in E_n linear unabhängig sind. Es wird im weiteren vorausgesetzt, daß die BaL erfüllt sei. Dann gelten folgende Aussagen [3]:

Satz 1: *Die Beziehung* (4) *definiert für jede nichttriviale Lösung des Systems* (3) *genau eine zulässige Steuerung. Jede extremale Steuerung ist stückweise konstant, und ihr Wertevorrat ist eine Teilmenge der Menge der Eckpunkte von G.*

Nach Satz 1 hat jede extremale Steuerung höchstens endlich viele Umschaltpunkte. Eine obere Schranke für ihre Anzahl wird im folgenden unter Heranziehung der linearen parametrischen Optimierung abgeleitet.

3. Einige Ergebnisse aus der linearen parametrischen Optimierung

Für $c \in E_m$ wird die Aufgabe

$$\max \{c'u \mid u \in G\} \tag{5}$$

betrachtet. Wegen der Kompaktheit von G ist die Aufgabe (5) für jedes $c \in E_m$ lösbar. Wird die Aufgabe (5) als lineare parametrische Aufgabe mit dem Parameter c aufgefaßt, so ist daher der E_m ihre Lösbarkeitsmenge, und es gelten folgende Aussagen [2].

Satz 2: *Es existiert eine eindeutige Zerlegung des* E_m *in endlich viele Mengen* P_k, $k=1, \ldots, N$, *mit den folgenden Eigenschaften:*

1. *Jede Menge* P_k, $k=1, \ldots, N$, *ist relativ offen.*

2. *Die Abschließung* $\overline{P_k}$ *von* P_k *ist ein konvexer polyedrischer Kegel, der den Koordinatenursprung in seiner Scheitelmenge enthält.*

3. *Für alle* $c \in P_k$, $P_k \neq \{0\}$, *ist die Optimalmenge*

$$M_{\text{opt}}(c) = \{u^* \in G \mid c'u^* \geqq c'u \;\; \forall \; u \in G\}$$

gleich und stellt eine abgeschlossene Seite $\overline{S_k^d}$ *von* G *dar.*

4. *Für* $c \in P_k$, $\tilde{c} \in P_{\tilde{k}}$, $k, \tilde{k} \in \{1, \ldots, N\}$, $k \neq \tilde{k}$, *ist* $M_{\text{opt}}(c) \neq M_{\text{opt}}(\tilde{c})$.

5. *Wenn* $c^0 \in E_m$ *ein Randpunkt von* P_k, $P_k \neq \{0\}$, *ist, so gilt* $M_{\text{opt}}(c) \subseteqq M_{\text{opt}}(c^0)$ *und* dim $M_{\text{opt}}(c^0) >$ dim $M_{\text{opt}}(c)$ *für jedes* $c \in P_k$.

6. *Ist* $c \in P_k$, *so gilt* dim $P_k +$ dim $M_{\text{opt}}(c) = m$.

Mit S_k^d, $0 \leqq d < n$, $k=1, \ldots, h_d$, werden die als relativ offene Mengen definierten d-dimensionalen Seiten von G bezeichnet.

Wenn $c \in P_k$ und $M_{\text{opt}}(c) = \overline{S_k^d}$, so heißt die Menge P_k Stabilitätsbereich der Seite S_k^d [2]. Der Stabilitätsbereich von S_k^d wird künftig mit $P(S_k^d)$ bezeichnet.

Aus Satz 2 ergeben sich sofort folgende Aussagen:

1⁰. Die Stabilitätsbereiche der Ecken (Kanten) von G sind n-dimensionale ($(n-1)$-dimensionale) offene polyedrische Kegel in E_n.

2⁰. Sind S_k^0 und S_q^0 benachbarte Ecken von G und ist S_r^1 die sie verbindende Kante, so ist $\overline{P(S_k^0)} \cap \overline{P(S_q^0)} = \overline{P(S_r^1)}$.

Satz 3: *Es seien* S_p^1 *und* S_q^1 *zwei parallele Kanten von* G. *Dann existiert ein* $a \in E_m$, $a \neq 0$, *mit*

$$P(S_p^1) \cup P(S_q^1) \subseteqq \{c \in E_m \mid a'c = 0\} .$$

Beweis: Die Kante S_p^1 möge die Ecken $S_{p_1}^0$ und $S_{p_2}^0$ verbinden und die Kante S_q^1 die Ecken $S_{q_1}^0$ und $S_{q_2}^0$. Nach Satz 2 gelten daher die Beziehungen

$$(S_{p_2}^0 - S_{p_1}^0)' \, c_p = 0 \quad \forall \; c_p \in P(S_p^1) , \tag{6}$$

$$(S_{q_2}^0 - S_{q_1}^0)' \, c_q = 0 \quad \forall \; c_q \in P(S_q^1) . \tag{7}$$

Da S_p^1 und S_q^1 parallel sind, existiert ein $\lambda \in E_1$, $\lambda \neq 0$, mit

$$S_{p_2}^0 - S_{p_1}^0 = \lambda \, (S_{q_2}^0 - S_{q_1}^0) . \tag{8}$$

Setzt man $a = S_{p_2}^0 - S_{p_1}^0$, so folgt aus (6), (7) und (8) sofort $P(S_p^1) \subseteqq \{c \in E_m \mid a'c = 0\}$ und $P(S_q^1) \subseteqq \{c \in E_m \mid a'c = 0\}$, womit der Satz bewiesen ist.

4. Abschätzung der Anzahl der Umschaltpunkte

Es wird jetzt vorausgesetzt, daß die BaL erfüllt ist und alle Eigenwerte von A reell sind. Dann hat jede Lösung $\Psi(\cdot)$ von (3) die Gestalt [4]

$$\Psi_i(t) = \sum_{s=1}^{h} f_{is}(t) \, e^{\lambda_s \cdot t} . \tag{9}$$

Hierbei sind λ_s, $s=1, \ldots, h$, die paarweise verschiedenen Eigenwerte von A und $f_{is}(t)$ Polynome in t, deren Grad kleiner oder gleich $(r(s)-1)$ ist. Mit $r(s)$ wird dabei die algebraische Vielfachheit des Eigenwertes λ_s, $s=1, \ldots, h$, bezeichnet, so daß $\sum_{s=1}^{h} r(s)=n$.

Nach Satz 1 definiert (4) für jede nichttriviale Lösung $\Psi(\cdot)$ von (3) genau eine extremale Steuerung, und die Menge der Zeitpunkte t, zu denen $u=u(t)$ aus der Maximumbedingung

$$\max_{u \in G} \{\Psi'(t)\, Bu\} \tag{10}$$

nicht eindeutig bestimmt ist, ist endlich. Sei $\Psi(\cdot)$ eine beliebig fixierte nichttriviale Lösung von (3). Die Menge

$$N=\{w \in E_m \mid w'=\Psi'(t)\, B, \quad t \in \langle 0, t_1 \rangle\} \tag{11}$$

ist dann eine glatte Kurve in E_m. Ist für $t^* \in \langle 0, t_1\}$ die Aufgabe (10) eindeutig lösbar, so wird das Maximum in genau einer Ecke von G angenommen, und der Vektor $(\Psi'(t^*)\, B)'$ muß nach Satz 2 und seinen Folgerungen in dem zu dieser Ecke gehörigen n-dimensionalen Stabilitätsbereich liegen. Wenn für $\hat{t} \in \langle 0, t_1 \rangle$ die Aufgabe (10) mehrdeutig lösbar ist, so enthält die Optimalmenge $M_{\text{opt}}(\hat{t})$ die Abschließung einer Seite $S_j^d \subset G$ mit $\dim S_j^d = d \geqq 1$. In $\overline{S_j^d}$ ist aber mindestens eine Kante S_k^1 von G enthalten. Daher liegt $(\Psi'(\hat{t})\, B)'$ nach Satz 2 und seinen Folgerungen in $\overline{P(S_k^1)}$. In der Menge der Kanten von G wird jetzt eine Äquivalenzrelation eingeführt. Zwei verschiedene Kanten S_k^1 und S_q^1 von G heißen äquivalent, wenn sie parallel sind. Die so erhaltenen Äquivalenzklassen werden mit K_i, $i=1, \ldots, z$, bezeichnet. Ihre Anzahl sei z. Nach Satz 3 existiert für jedes $i \in \{1, \ldots, z\}$ ein $a_i \in E_m$ derart, daß für jedes $S_k^1 \in K_i$ die Beziehung

$$P(S_k^1) \subseteqq \{c \in E_m \mid a_i' c = 0\} \tag{12}$$

gilt.

Es wird noch folgendes Lemma benötigt, das durch vollständige Induktion in [3] bewiesen wurde.

L e m m a : *Sind $\lambda_1, \ldots, \lambda_h$ reelle und paarweise verschiedene Zahlen und $f_1(t), \ldots, f_h(t)$ Polynome vom Grade $k_1, \ldots, k_h$ mit reellen Koeffizienten, so hat die Funktion*

$$f(t)=\sum_{p=1}^{h} f_p(t)\, e^{\lambda_p \cdot t}$$

nicht mehr als $k_1+\ldots+k_h+(h-1)$ Nullstellen.

Für die Anzahl der Umschaltpunkte einer jeden extremalen Steuerung kann jetzt folgende obere Schranke angegeben werden.

S a t z 4: *Ist für ein steuerbares System mit der Bewegungsgleichung* (2) *und einem kompakten konvexen Polyeder G als Steuerbereich die* BaL *erfüllt und hat A nur reelle Eigenwerte, so besitzt jede extremale Steuerung höchstens $z\,(n-1)$ Umschaltpunkte, wenn z die Anzahl der Äquivalenzklassen paralleler Kanten von G ist.*

B e w e i s : Die nach Satz 1 endlich vielen Umschaltpunkte mögen $t_1, \ldots, t_d$ sein. Nach den obigen Ausführungen liegen die Vektoren $(\Psi'(t_i)\, B)'$, $i=1, \ldots, d$, in den Abschließungen der zu gewissen Kanten gehörigen Stabilitätsbereiche. Für jedes $\hat{t} \in \{t_1, \ldots, t_d\}$ existiert daher ein $\hat{a}$ derart, daß nach (12) die Beziehung

$$(\Psi'(\hat{t})\, B)' \in \{c \in E_m \mid \hat{a}' c = 0\}$$

gilt. Nun ist wegen (9)

$$\hat{a}'(\Psi'(\hat{t})\,B)' = \sum_{j=1}^{m} \sum_{i=1}^{n} \sum_{s=1}^{d} \hat{a}_j b_{ij} f_{is}(t)\, e^{\lambda_s \cdot t} = \sum_{s=1}^{d} h_s(t)\, e^{\lambda_s \cdot t},$$

wobei $h_s(t)$, $s = 1, \ldots, d$, Polynome in t sind, deren Grad kleiner oder gleich $(r(s)-1)$ ist. Nach dem obigen Lemma hat $\hat{a}'(\Psi'(\hat{t})\,B)'$ höchstens $\sum_{s=1}^{d} (r(s)-1)+(d-1) = n-1$ Nullstellen. Es gibt also höchstens $(n-1)$ Zeitpunkte t, zu denen $(\Psi'(\hat{t})\,B)'$ in der Abschließung der Stabilitätsbereiche liegt, die zu ein und derselben Klasse paralleler Kanten von G gehören. Berücksichtigt man jetzt, daß die Anzahl der Äquivalenzklassen paralleler Kanten z ist, so folgt, daß höchstens $z(n-1)$ Zeitpunkte in $\langle 0, t_1 \rangle$ existieren können, in denen (10) nicht eindeutig lösbar ist. Daher können höchstens $z(n-1)$ Umschaltpunkte existieren.

5. Bemerkungen

1⁰. Ist der Steuerbereich G in der Form (1) gegeben, so hat jede extremale Steuerung höchstens $m(n-1)$ Umschaltpunkte. Da jede Komponente u_j, $j = 1, \ldots, m$, unabhängig von den anderen variieren kann, ergibt sich aus dem Beweis von Satz 4 sofort, daß jede Komponente einer extremalen Steuerung höchstens $(n-1)$ Umschaltpunkte besitzt. Das ist aber die Aussage des Satzes von A. A. FELDBAUM [3].

2⁰. Wenn der Steuerbereich G nicht von der Form (1) ist, läßt sich für die Anzahl der Umschaltpunkte der Komponenten einer extremalen Steuerung keine bessere obere Schranke als $z(n-1)$ mit der hier benutzten Methode angeben.

3⁰. Die hier angegebene obere Schranke für die Zahl der Umschaltpunkte hängt nicht von den Bedingungen für den Anfangs- und Endzustand des Systems ab.

4⁰. Die Aussage von Satz 4 bleibt erhalten, wenn für die Steuerfunktionen die Klasse der meßbaren beschränkten Funktionen zugrunde gelegt wird. Denn wegen der Gültigkeit der BaL gilt hier Satz 1 [3], so daß jede extremale Steuerung stückweise stetig ist.

5⁰. Es lassen sich Beispiele für steuerbare Systeme angeben, bei denen extremale Steuerungen genau $z(n-1)$ Umschaltpunkte besitzen. Daher kann die in Satz 4 angegebene obere Schranke nicht verringert werden.

References

[1] ФЕЛЬДБАУМ, А. А.: Оптимальные процессы в системах автоматического регулирования. Автоматика и телемеханика 14 (1953), No. 6.

[2] NOŽIČKA, F., J. GUDDAT, H. HOLLATZ und B. BANK: Theorie der linearen parametrischen Optimierung. Akademie-Verlag, Berlin 1974.

[3] PONTRJAGIN, L. S., V. G. BOLTJANSKI, R. V. GAMKRELIDSE und E. F. MIŠČENKO: Mathematische Theorie optimaler Prozesse. VEB Deutscher Verlag der Wissenschaften, Berlin 1964.

[4] PONTRJAGIN, L. S.: Gewöhnliche Differentialgleichungen, Berlin 1965.

Summary

An upper bound of the number of switch-over points of extremal controls is given for certain linear controllable systems with stationary equations of motion and a set of feasible controls in form of any compact convex polyhedron. For these investigations results of the linear parametric programming are used.

Резюме

Для некоторых линейных управляемых систем с стационарными уравнениями движения в которых областью управления является любой компактный выпуклый многогранник даётся верхняя грань числа переключений экстремальных управлений.

Eingereicht bei der Redaktion: 24. 12. 1976, revidierte Fassung: 26. 4. 1977

Math. Operationsforsch. Statist., Ser. Optimization, Vol. 9 (1978) No. 1, 95–108

An Extended Functional Equation as a Necessary and Sufficient Optimality Condition for a Discrete Control Problem with Incomplete Information

HANS-JÜRGEN SEBASTIAN [1] and WOLFGANG SCHÄFER [1]

Summary: For optimal control problems with parameters depending on the time, the extended BELLMANean functional equations are in general only sufficient optimality conditions. It is shown by examples that the optimal control problem may have a greater number of solutions than the functional equation of this problem. However, a sufficient condition of the equality of the solution sets of the optimal control problem and the functional equation is given on the basis of rigorous concavity, too.

1. Optimal control problem and extended BELLMAN functional equation

This section gives an outline of the model described in detail in refs. [3] and [4] and upon which the optimal control problem is based. What is considered here is a multi-stage decision process which is described by state vectors x_i at instants of time t_i-0, $i=0, 1, 2, \ldots, N$, and by control vectors v_i and parameter vectors m_i at instants of time t_i, $i=0, 1, \ldots, N-1$.

Holding here is $x_i \in X_i \subseteqq R^a$, $m_i \in M_i \subseteqq R^c$, and $v_i \in V_i(x_i, m_i) \subseteqq R^b$, where R^a, R^b, and R^c are EUCLIDian spaces. Let the equations of motion be given by single-valued representations (transformations) T_i of $X_i \times V_i \times M_i$ in X_{i+1}, with $V_i = \bigcup\limits_{X_i, M_i} V_i(x_i, m_i)$, i.e., $x_{i+1} = T_i(x_i, v_i, m_i)$ holds for $i=0, 1, 2, \ldots, N-1$, where $x_0 \in X_0$ is known.

The additive function

$$Z_i = \sum_{r=i}^{N-1} W_r(x_r, v_r) + W_N(x_N) \Rightarrow \text{Max}, \quad (i=0, 1, 2, \ldots, N),$$

where W_r and W_N are real-valued functions, is regarded as the *objective function* of a process which begins at time t_i and ends at time t_N. Let the vectors x_i, m_i, $m_{i+1}, \ldots, m_{i+n-1}$ $(n \geqq 0)$ and $m_{i+n}, \ldots, m_{N-1}$ be known and unknown, respectively, at any time t_i. (In the case of $n=0$ it must be assumed that $V_i(x_i, m_i)$ is also independent of m_i.)

Let us define

$$z_i = (x_i, m_i, \ldots, m_{N-1})$$

and

$$z_{in} = \begin{cases} (x_i, m_i, \ldots, m_{i+n-1}) & \text{for} \quad i+n \leqq N \\ z_i & \text{for} \quad i+n \geqq N. \end{cases}$$

[1] TH Leipzig, Sektion Mathematik und Rechentechnik, DDR-703 Leipzig, Karl-Liebknecht-Str. 132

If, for the sake of simplicity, $M_j = M$ is taken for all $j = 0, 1, \ldots, N-1$, then there is obtained

$$z_i \in X_i \times M^{N-i}, \; z_{in} \in \begin{cases} X_i \times M^n & \text{for} \quad i+n \leqq N \\ X_i \times M^{N-i} & \text{for} \quad i+n \geqq N \end{cases} =: \mathfrak{Z}^*_{in} .$$

The single-valued mapping h_i of $\mathfrak{Z}^*_{in}$ in $V_i(x_i, m_i)$ is called a *feasible decision function* at time t_i, and this is denoted by $h_i(z_{in})$. Accordingly, h_i is an element of the power set P_i of $\mathfrak{Z}^*_{in} \times V_i$. If h_i is a feaible decision function and $\dot{z}_{in} \in \mathfrak{Z}^*_{in}$ a predetermined fixed element, then $v_i = h_i(\dot{z}_{in})$ is called a *feasible decision* at time t_i. A tuple $h^i = (h_i, h_{i+1}, \ldots, h_{N-1})$ of feasible decision functions is called feasible *decision policy.* A tuple

$$v^i = (v_i, v_{i+1}, \ldots, v_{N-1}) = (h_i(\dot{z}_{in}), \ldots, h_{N-1}(\dot{z}_{N-1,n}))$$

of feasible decisions is called *feasible control* providing that $\dot{x}_{j+1} = T_j(\dot{x}_j, h_j(\dot{z}_{jn}), \dot{m}_j)$ holds for all $j \geqq i$.

Since at any time t_i the vectors $m_{i+n}, \ldots, m_{N-1}$ are unknown, Z_i is not obviously suitable as a quality criterion of the process beginning at time t_i $(i+n \leqq N)$ and ending at time t_N. However, if it is still desired to formulate an objective functional for the process without clearly defining the "*unknown*" of the parameter vectors, then it is necessary to formulate the control problem in the function space (with h^i being required) and define an objective functional $\tilde{Z}_i$ taking into account additional information about $m_{i+n}, \ldots, m_{N-1}$. This is done as follows (see also ref. [3]):

Feasible decision functions $h_r(z_{rn})$ are substituted for v_r $(i \leqq r \leqq N-1)$ in the objective function Z_i (i – fixed, arbitrary), replacing all x_r $(r \leqq i)$ according to

$$x_r = T_{r-1}(x_{r-1}, h_{r-1}(z_{r-1,n}), m_{r-1}) .$$

Accordingly, a form of optimization problem is represented, which is free of secondary conditions. Of course, this function is dependent not only upon the chosen policy h^i, but also upon z_i. We therefore write $Z'_{i,h^i}(z_i) = Z_i(h^i)$ for $i = 0, 1, \ldots, N-1$. Using an operator $\mathfrak{B}_n^{(N-(i+n))}$, we construct a modified objective function,

$$\tilde{Z}_{i,h^i}(z_{in}) = \mathfrak{B}_n^{(N-(i+n))} Z'_{i,h^i}(z_i) , \tag{1}$$

which serves as a quality criterion of assessing the process from t_i through t_N. Here, $\mathfrak{B}_n^{(N-(i+n))}$ is an operator uniquely assigning a function $\tilde{f}(z_{in})$ to a function $f(z_i)$ and possessing certain characteristics that have been described in ref. [3]. Examples of $\mathfrak{B}_n^{(N-(i+n))}$ are

$$\begin{aligned} \tilde{f}(z_{in}) &= \mathfrak{B}_n^{(N-(i+n))} f(z_i) \\ &= \alpha \cdot \operatorname*{Min}_{m_{i+n}, \ldots, m_{N-1} \in M'} f(z_i) + (1-\alpha) \cdot \operatorname*{Max}_{m_{i+n}, \ldots, m_{N-1} \in M'} f(z_i) \\ &\qquad \text{with} \quad 0 \leqq \alpha \leqq 1, \quad M' \subseteqq M, \end{aligned} \tag{2}$$

and

$$\tilde{f}(z_{in}) = \mathfrak{B}_n^{(N-(i+n))} f(z_i) = \int_{M^{N-(i+n)}} f(z_i) \, \mathrm{d}F(m_{i+n}) \ldots \mathrm{d}F(m_{N-1}) \tag{3}$$

i.e., the HURWITZ criterion and the expected value of f, respectively, with respect to $m_j, j = i+n, \ldots, N-1$, which in this particular case are interpreted as being random vectors.

Of special interest in this connection are multiplicative operators $\mathfrak{B}_n^{(N-(i+n))}$ with a monotonic, generating operator $\mathfrak{B}_n$. In the case of multiplicativity of $\mathfrak{B}_n^{(N-(i+n))}$ with a generating operator $\mathfrak{B}_n$ it is possible to consider $\mathfrak{B}_n^{(N-(i+n))}$ to be an $(N-(i+n))$-fold successive application of $\mathfrak{B}_n$ and, therefore, write $\mathfrak{B}_n^{(N-(i+n))} = (\mathfrak{B}_n)^{N-(i+n)}$. The multiplicativity property is satisfied or fulfilled in (2) for $\alpha=0$ and $\alpha=1$. The same applies to (3), if the m_j's are stochastically independent of each other.

Now, the following optimal control problem $(\mathrm{OP})_i$ is defined:

(a) $\hat{h}^i$ is called the optimal decision policy if the inequality

$$\tilde{Z}_{i,\hat{h}^i}(z_{in}) \geqq \tilde{Z}_{i,h^i}(z_{in}) \tag{4}$$

is valid for all feasible policies h^i and all $z_{in} \in \mathfrak{Z}_{in}^*$.

(b) $$L_{(\mathrm{OP})i} = \{\hat{h}^i \mid \hat{h}^i \text{ feasible, and } \hat{h}^i \text{ is a solution of inequality (4)}\}\,. \tag{5}$$

The set $L_{(\mathrm{OP})i}$ has to be determined. If $\mathfrak{B}_n^{(N-(i+n))}$ is multiplicative with a generating $\mathfrak{B}_n$ (and this will always be assumed in the rest of this paper), then for any feasible decision policies h^{i-1}, h^i there holds the following functional equation:

$$\begin{aligned}\tilde{Z}_{i-1,h^{i-1}}(z_{i-1,n}) = {} & W_{i-1}(x_{i-1}, h_{i-1}(z_{i-1,n})) \\ & + \mathfrak{B}_n Z_{i,h^i}(T_{i-1}(x_{i-1}, h_{i-1}, m_{i-1}), m_i, \ldots, m_{i+n-1})\,,\end{aligned} \tag{6}$$

which is the basis and start for a decomposition of (4). Let us define the following functional equations (*extended* BELLMAN functional *equations*):

$$\begin{aligned}
& f_0(x_N) = W_N(x_N) \\
& f_{N-j}(z_{jn}) = \max_{v_j \in V_j(x_j,m_j)} [W_j(x_j, v_j) + f_{N-j-1}(T_j(x_j, v_j, m_j), m_{j+1}, \ldots, m_{N-1})] \\
& \text{for } j = N-1, N-2, \ldots, N-n\,, \\
& f_{N-j,\mathfrak{B}_n}(z_{jn}) \\
& = \max_{v_j \in V_j(x_j,m_j)} [W_j(x_j, v_j) + \mathfrak{B}_n f_{N-j-1,\mathfrak{B}_n}(T_j(x_j, v_j, m_j), m_{j+1}, \ldots, m_{j+n})] \\
& \text{for } j = N-n-1, N-n-2, \ldots, i,\ f_{n,\mathfrak{B}_n}(z_{N-n,n}) = f_n(z_{N-n})\,.
\end{aligned} \tag{7}$$

If solutions of these functional equations do exist, then these may apparently be represented in the form of decision policies h^i, with policy $h^{N-1} = (h_{N-1})$ and policy $h^{N-2} = (h_{N-2}, h^{N-1})$ being respectively obtained for $j=N-1$ and $j=N-2$ according to (7), since the functional equation for $j=N-2$ yields the feasible decision function, etc. The problem of determining feasible decision policies according to (7) is referred to in this paper as the functional equation problem, $(\mathrm{FE})_i$; the set of feasible decision policies, which represent the solution of (7), is $L_{(\mathrm{FE})i}$.

$$L_{(\mathrm{FE})i} = \{\tilde{h}^i \mid \tilde{h}^i \text{ feasible, and } h^i \text{ is the solution of functional equations (7)}\}\,. \tag{8}$$

The control problem with incomplete information is regarded as being mathematically defined by the optimal control problem $(\mathrm{OP})_i$, and in the case of validity of functional equation (6) an attempt will be made to find relations between sets $L_{(\mathrm{OP})i}$ and $L_{(\mathrm{FE})i}$.

2. Substantiation of the functional equation method

Using the concepts introduced by the authors in their present paper, it is possible to establish the validity of theorem 1 which is given below. Part b) of this theorem is another formulation of the sufficient condition of optimality that has already been proved in ref. [3]. Also, the proof is different from that which is given in ref. [3]. Part a) is an estimate which is entirely independent of b) and from which it is possible for existential statements to be directly derived (even without knowing b)). Finally, part c) represents an almost trivial sufficient condition for $L_{(OP)i} = L_{(FE)i}$, which will be discussed later in connection with unity theorem 2.

Theorem 1: *If $\mathfrak{B}_n$ is a monotonic operator, then holds for every $i \in \{N-1, N-2, \ldots, 0\}$*

a) $$(\forall z_{in}) f_{N-i,\mathfrak{B}_n}(z_{in}) \geqq \operatorname*{Max}_{h^i} \tilde{Z}_{i,h^i}(z_{in}) \tag{9}$$

(the maximum being formed over all feasible policies h^i).

b) $$L_{(OP)i} \supseteqq L_{(FE)i} \text{ and}$$
$$\bar{h}^i \in L_{(FE)i} \to f_{N-i,\mathfrak{B}_n}(z_{in}) = \tilde{Z}_{i,\bar{h}^i}(z_{in}) . \tag{10}$$

c) *If $L_{(OP)i}$ has one element only and if $L_{(FE)i} \neq \emptyset$, then there holds:*

$$L_{(OP)i} = L_{(FE)i} . \tag{11}$$

The proof is given in [2].

Remark: Inductive proof of the statement $L_{(OP)i} \subseteqq L_{(FE)i}$, which together with theorem 1b would immediately involve $L_{(OP)i} = L_{(FE)i}$, is not possible. Now, simple examples are used to show that such a statement would even be incorrect. For this, we begin by having recourse to some necessary additional considerations.

A) The following optimization problems are considered:

(FE): $$\mathfrak{B} \operatorname*{Max}_{v \in V(m)} F(v, m),$$

(OP): $$\operatorname*{Max}_{h: M \to V(m)} [\mathfrak{B} F(h(m), m)]$$

where v is a b-dimensional vector; m is a c-dimensional vector, $m \in M$, $M \subseteqq R^c$; $v \in V(m)$ holds for each $m \in M$, with $V(m)$ being assumed to be compact in R^b, $V = \bigcup_{m \in M} V(m)$; $F(v, m)$ is an arbitrary single-valued representation of $V \times M$ in the R^1's; $h = h(m)$ is a c-dimensional vector of single-valued representations of M in V with: if $m = \dot{m} \in M$ is fixed, then there holds $\dot{v} = h(\dot{m}) \in V(\dot{m})$ (for this particular state of affairs, $h \in P$ is written in the following); $\mathfrak{B}$ is an operator with $\mathfrak{B} F(h(m), m) = g_h \in R^1$ for each fixed h.

For each fixed $m = \dot{m}$ there is found, in the optimization problem $\operatorname*{Max}_{v \in V(m)} F(v, m)$ (and with existence being assumed to be proven), $\hat{v}_0 \in V(\dot{m})$ which yields a maximum. For a variable m, therefore, there is determined at least one function $\hat{h}(m) =: \hat{v}$. Accordingly, there holds $(\forall h)(\forall m)\, F(\hat{h}, m) \geqq F(h, m)$ which is written in the abbreviated form of $\operatorname*{Max}_{h \in P} F(h, m)$. The two problems (FE) and (OP) may therefore be written in the following uniform way:

(FE): $\hat{f} = \mathfrak{B} \operatorname*{Max}_{h \in P} F(h, m)$,

(OP): $\hat{g} = \operatorname*{Max}_{h \in P} \mathfrak{B} F(h, m)$.

This form shows quite clearly that the two optimization problems differ essentially "only" in the sequence of operators $\mathfrak{B}$ and $\operatorname*{Max}_{h \in P}$.

B) Lemma 1: a) *If $\mathfrak{B}$ is an arbitrary monotonic operator, then there holds the following inequality*:

$$\hat{f} = \mathfrak{B} \operatorname*{Max}_{h \in P} F(h, m) \geqq \operatorname*{Max}_{h \in P} \mathfrak{B} F(h, m) = \hat{g} .$$

b) *If $\hat{h}$ is the solution of* (FE), *then $\hat{h}$ is also the solution of* (OP), *and there then holds $\hat{f} = \hat{g}$.*

Proof: a) Given that $\operatorname*{Max}_{h \in P} F(h, m) = F(\hat{h}(m), m) \geqq F(h(m), m)$ for any $h \in P$ and $m \in M$. Because of the monotonicity of $\mathfrak{B}$ there follows

$$\hat{f} = \mathfrak{B} \operatorname*{Max}_{h \in P} F(h, m) \geqq \mathfrak{B} F(h, m) \quad \text{for any} \quad h \in P.$$

Of course, this inequality remains correct provided that the maximum with respect to $h \in P$ is formed on the right side.

$$\hat{f} = \mathfrak{B} \operatorname*{Max}_{h \in P} F(h, m) \geqq \operatorname*{Max}_{h \in P} \mathfrak{B} F(h, m) .$$

b) Given that $\hat{h}$ is a solution of $\operatorname*{Max}_{h \in P} F(h, m)$, i.e.,

$$(\forall m)\ (\forall h)\ F(\hat{h}, m) \geqq F(h, m) .$$

Since $\mathfrak{B}$ is monotonic, there immediately follows $(\forall h)\ \mathfrak{B} F(\hat{h}, m) \geqq \mathfrak{B} F(h, m)$, i.e., $\operatorname*{Max}_{h \in P} \mathfrak{B} F(h, m) = \mathfrak{B} F(\hat{h}, m) = \hat{g}$. Consequently, $\hat{h}$ is a solution of (OP). Since $\hat{f}$, after construction, is equal to $\mathfrak{B} F(\hat{h}, m)$, $\hat{f} = \hat{g}$ has, thus, also been shown.

C) Conclusion and remarks:

Conclusion: *If $\hat{h}$ solves* (FE), *then there is at least a solution $\tilde{h} = \hat{h}$ of* (OP), i.e., *an existence theorem has been found for* (OP).

Remark 1: Inversion of lemma 1 is not correct if the requirements made of operator $\mathfrak{B}$ are reasonable. That is,

$$(\forall h)\ \mathfrak{B} F(\tilde{h}, m) \geqq \mathfrak{B} F(h, m) \Rightarrow (\forall h)\ (\forall m)\ F(\tilde{h}, m) \geqq F(h, m)$$

does not hold.

Remark 2: Also, this inversion will not be correct under the commutativity condition of $\mathfrak{B}$ and Max. That is,

$$[(\forall h)\ \mathfrak{B} F(\tilde{h}, m) \geqq \mathfrak{B} F(h, m) \wedge \mathfrak{B} \operatorname*{Max}_{h \in P} F(h, m) = \operatorname*{Max}_{h \in P} \mathfrak{B} F(h, m)]$$
$$\Rightarrow (\forall h)\ (\forall m)\ F(\tilde{h}, m) \geqq F(h, m)$$

does not hold.

Examples:

(1) $F(h, m) = h \cdot m$, $M = [0, 1]$, $P =$ set of single-valued mappings of $[0, 1]$ in $[0, 1]$ which, however, are continuously integrable over $[0, 1]$

$$\mathfrak{B} F(h, m) = \int_0^1 h \cdot m \,\mathrm{d}m .$$

The conditions of commutativity derived from remark 2 may be proved without difficulty.

The following $\tilde{h}$ solves (OP):

$$\tilde{h}=\begin{cases}0 & \text{for} \quad m=0,1 \\ 1 & \text{for} \quad 0<m<1\end{cases} \quad \text{for} \quad \int_0^1 \tilde{h}\cdot m\,dm=\frac{1}{2}$$

and $(\forall h)$ holds: $\int_0^1 h(m)\,m\,dm \leqq \int_0^1 m\,dm=\frac{1}{2}$. But $\tilde{h}$ is not, of course, a solution of (FE), for we have $F(\tilde{h}, m)=\tilde{h}\cdot m=\begin{cases}0 \text{ for } m=1 \\ m \text{ for } 0\leqq m<1\end{cases}$, and therefore $F(\hat{h}, m)\equiv m$ is no worse, for $\hat{h}\equiv 1$, than $F(\tilde{h}, m)$ in the sense of (FE).

(2) Example as in (1), with the exception that $\mathfrak{B}$ is the minimum operator, P the set of single-valued representations of $[0,1]$ in $[0,1]$, whose minimum exists over $[0,1]$.

Trivially enough, the condition of invertibility in remark 2 is satisfied or fulfilled, respectively.

$$\operatorname*{Min}_{[0,1]}\operatorname*{Max}_{h\in P} F(h, m)=\operatorname*{Min}_{m\in[0,1]} 1\cdot m=0, \quad \operatorname*{Max}_{h\in P}\operatorname*{Min}_{[0,1]} F(h, m)=\operatorname*{Max}_{h\in P} 0=0\,.$$

Each function $\tilde{h}(m)$, for which $\operatorname*{Min}_{[0,1]} \tilde{h}(m)\cdot m=0$ holds, e. g., $\tilde{h}(m)\equiv\frac{1}{2}$, is a solution of (OP). With the exception of $\hat{h}=\tilde{h}=1$, no other solution can be considered an optimum solution of (FE).

These simple examples give a general idea of the considerable difference in the sets of solutions of (FE) and (OP). We now show that $L_{(\mathrm{FE})i}\supseteqq L_{(\mathrm{OP})i}$ is not generally valid. For this, $N=2$ and $n=1$ are specifically chosen. We then have:

$$Z_0=W_0(x_0, v_0)+W_1(x_1, v_1)+W_2(x_2)\,,$$
$$x_0 \text{ predetermined},$$
$$x_1=T_0(x_0, v_0)\,,$$
$$x_2=T_1(x_1, v_1, m_1)\,,$$
$$Z'_{1,h^1}(x_1, m_1)=W_1(x_1, h_1)+W_2(T_1(x_1, h_1, m_1)) \quad \text{with} \quad h_1=h_1(x_1, m_1)\,,$$
$$Z'_{0,h^0}(x_0, m_0, m_1)=W_0(x_0, h_0)+Z'_{1,h^1}(T_0(x_0, h_0, m_0), m_1) \quad \text{with}$$
$$h_0=h_0(x_0, m_0),\ h^1=(h_1),\ h^0=(h_0, h^1)\,.$$

The optimal control problem $(\mathrm{OP})_0$ is expressed as follows: Required is $\hat{h}^0$ with $\tilde{Z}_{0,\hat{h}^0}(x_0, m_0)\geqq\tilde{Z}_{0,h^0}(x_0, m_0)$ for all feasible h^0 and for all $(x_0, m_0)\in X_0\times M$. Here we have

$$\tilde{Z}_{0,h^0}(x_0, m_0)=\mathfrak{B}_1 Z'_{0,h^0}(x_0, m_0, m_1) = W_0(x_0, h_0)+\mathfrak{B}_1 Z'_{1,h^1}(T_0(x_0, h_0, m_0), m_1)\,.$$

Accordingly, the optimal control problem may be transformed as follows:

$$\operatorname*{Max}_{h^0}\tilde{Z}_{0,h^0}(x_0, m_0) =\operatorname*{Max}_{h_0}[W_0(x_0,h_0)+\operatorname*{Max}_{h_1}\mathfrak{B}_1 Z'_{1,h^1}(T_0(x_0,h_0,m_0),m_1)]\,(\mathrm{OP})_0.$$

If, on the other hand, the functional equation method is considered, then there is obtained:

$$f_0(x_2)=W_2(x_2)\,,$$
$$f_1(x_1, m_1)=\operatorname*{Max}_{v_1\in V_1(x_1,m_1)}[W_1(x_1, v_1)+f_0(T_1(x_1, v_1, m_1))] =\operatorname*{Max}_{h_1} Z'_{1,h^1}(x_1, m_1)\,,$$

$$f_2(x_0, m_0) = \underset{v_0 \in V_0(x_0, m_0)}{\operatorname{Max}} [W_0(x_0, v_0) + \mathfrak{B}_1 f_1(T_0(x_0, v_0, m_0), m_1)]$$
$$= \underset{h_0}{\operatorname{Max}} [W_0(x_0, h_0) + \mathfrak{B}_1 \underset{h_1}{\operatorname{Max}} Z'_{1h_1}(T_0(x_0, h_0, m_0), m_1)]. \qquad (\mathrm{FE})_0$$

The difference between the two problems $(\mathrm{OP})_0$ and $(\mathrm{FE})_0$ has thus become quite clear. The problems $(\mathrm{OP})_0$ and $(\mathrm{FE})_0$ require $\underset{h_1}{\operatorname{Max}} \mathfrak{B}_1 Z'_{1,h_1}(T_0(x_0, h_0, m_0), m_1)$ and $\mathfrak{B}_1 \operatorname{Max} Z'_{1,h_1}(T_0(x_0, h_0, m_0), m_1)$ to be solved. If $x_1 = T_0(x_0, h_0, m_0)$ is considered chosen arbitrarily, but fixedly, then the form of $(\mathrm{OP})_0$ is $\hat{g} = \underset{h}{\operatorname{Max}} \mathfrak{B}F(h, m)$, while that of $(\mathrm{FE})_0$ is $\hat{f} = \mathfrak{B} \underset{h}{\operatorname{Max}} F(h, m)$, with $\mathfrak{B} := \mathfrak{B}_1$, $F(h, m) := Z'_{1,h}(x_1, m_1)$, $h := h_1$, $m := m_1$. Thus, the two problems have been reduced to the problems (OP), (FE) that were already discussed in the additional considerations referred to above. The examples given there show that the relation $L_{(\mathrm{OP})0} = L_{(\mathrm{FE})0}$ cannot, in general, be considered valid. Let us, therefore, consider another example.

Example (continuous stochastic case): Given that $\mathfrak{B}F = \int_M F(h, m)\, g(m)\, dm$ with a density function $g(m)$ which disappears, if at all, on a subset of M, of which the measure is 0.

Given that $\int_M F(\tilde{h}, m)\, g(m)\, dm \geqq \int_M F(h, m)\, g(m)\, dm$ for all feasible h's and that

$$\int_M F(\tilde{h}, m)\, g(m)\, dm = \underset{h}{\operatorname{Max}} \int_M F(h, m)\, g(m)\, dm$$
$$= \int_M \underset{h}{\operatorname{Max}} [F(h, m)]\, g(m)\, dm.$$

There then follows:

$$\int_M \{F(\tilde{h}, m) - \underset{h}{\operatorname{Max}} F(h, m)\}\, g(m)\, dm = 0$$

and following from this is

$$\underset{h}{\operatorname{Max}} F(h, m) = F(\tilde{h}, m) \quad \text{except for a subset } N \text{ of } M \text{, of which the measure is } 0.$$

That is, $\tilde{h}$ (solution of (OP)) is not necessarily the optimum solution of (FE), but satisfies the (FE) optimality condition except for a subset N of M, of which the measure is 0. Consequently, it is possible for a solution of (FE) to be modified on a subset of which the measure is 0, with the same remaining the solution of (OP).

3. A sufficient condition for the equality of sets of solutions

Now, a sufficient condition will be developed to show that theorem 1 c) is directly applicable. For this, it is necessary to first establish the validity of a lemma and additional statements.

Lemma 2: *Holding for all* $i \in \{N-1, N-2, \ldots, 0\}$ *is: Let* $\mathfrak{B}_n$ *be a strictly monotonic operator. If* $(\mathrm{OP})_i$ *is uniquely solvable and if*

$$\underset{h_{i-1}}{\operatorname{Max}} [W_{i-1}(x_{i-1}, h_{i-1}(z_{i-1,n})) + \mathfrak{B}_n \tilde{Z}_{i,\hat{h}^i}(T_{i-1}(x_{i-1}, h_{i-1}(z_{i-1,n}), m_{i-1}), m_i, \ldots, m_{i+n-1})] \qquad (23)$$

is also uniquely solvable, then $(\mathrm{OP})_{i-1}$ *will be uniquely solvable.*

Proof: Unique solvability of $(\mathrm{OP})_i$ means that there exists an $\hat{h}^i$ with

$$(\forall h^i)\,(\forall z_{in})\,\tilde{Z}_{i,\hat{h}^i}(z_{in}) > \tilde{Z}_{i,h^i}(z_{in}) \quad \text{(i.e., for all } h^i \neq \hat{h}^i).$$

Since T_{i-1} represents the set $X_{i-1} \times V_{i-1} \times M$ on X_i and since $\mathfrak{B}_n$ is strictly monotonic, there follows:

$$(\forall h^{i-1})\,(\forall z_{i-1,n})\,\mathfrak{B}_n \tilde{Z}_{i,\hat{h}^i}(T_{i-1}(x_{i-1}, h_{i-1}(z_{i-1,n}), m_{i-1}), m_i, \ldots, m_{i+n-1})$$
$$> \mathfrak{B}_n \tilde{Z}_{i,h^i}(T_{i-1}(x_{i-1}, h_{i-1}(z_{i-1,n}), m_{i-1}), m_i, \ldots, m_{i+n-1}).$$

$W_{i-1}(x_{i-1}, h_{i-1}(z_{i-1,n}))$ is added on both sides of this inequality, and on the left side is formed the maximum with respect to h_{i-1}. There then follows:

$$\operatorname*{Max}_{h_{i-1}} [W_{i-1}(x_{i-1}, h_{i-1}(z_{i-1,n})) + \mathfrak{B}_n \tilde{Z}_{i,\hat{h}^i}(T_{i-1}(x_{i-1}, h_{i-1}(z_{i-1,n}), m_{i-1}),$$
$$m_i, \ldots, m_{i+n-1})] > [W_{i-1}(x_{i-1}, h_{i-1}(z_{i-1,n}))$$
$$+ \mathfrak{B}_n \tilde{Z}_{i,h^i}(T_{i-1}(x_{i-1}, h_{i-1}(z_{i-1,n}), m_{i-1}), m_i, \ldots, m_{i+n-1})]. \tag{24}$$

Since, according to (23), there is exactly one $\hat{h}_{i-1}$ yielding the maximum of the left member of (24), there holds, with

$$\hat{h}^{i-1} = (\hat{h}_{i-1}, \hat{h}^i)\ (\forall h^{i-1}), \quad h^{i-1} \neq \hat{h}^{i-1} \quad \text{and} \quad (\forall z_{i-1,n})$$
$$W_{i-1}(x_{i-1}, \hat{h}_{i-1}, (z_{i-1,n})) + \mathfrak{B}_n \tilde{Z}_{i,\hat{h}^i}(T_{i-1}(x_{i-1}, \hat{h}_{i-1}(z_{i-1,n}), m_{i-1}),$$
$$m_i, \ldots, m_{i+n-1}) > W_{i-1}(x_{i-1}, h_{i-1}(z_{i-1,n})) + \mathfrak{B}_n \tilde{Z}_{i,h^i}(\ldots).$$

Using (6), it is easy to see that this is identical to the proposition

$$(\forall h^{i-1})\,(\forall z_{i-1,n})\,\tilde{Z}_{i-1,\hat{h}^{i-1}}(z_{i-1,n}) > \tilde{Z}_{i-1,h^{i-1}}(z_{i-1,n}), \quad \hat{h}^{i-1} \neq h^{i-1}.$$

It should be added that it is trivial for any desired policy of decision to be capable of being represented in the form of $h^{i-1} = (h_{i-1}, h^i)$.

Conclusion: If $\mathfrak{B}_n$ is a strictly monotonic operator and if the optimization problem

$$\operatorname*{Max}_{h_{N-1} \in P_{N-1}} [W_{N-1}(x_{N-1}, h_{N-1}(x_{N-1}, m_{N-1}))$$
$$+ W_N(T_{N-1}(x_{N-1}, h_{N-1}(x_{N-1}, h_{N-1}), m_{N-1}))] \tag{25}$$

is uniquely solvable and if, in addition, the problems

$$\operatorname*{Max}_{h_j \in P_j} [W_j(x_j, h_j(z_{jn})) + \mathfrak{B}_n \tilde{Z}_{j+1,\hat{h}^{j+1}}(T_j(x_j, h_j(z_{jn}), m_j), m_{j+1}, \ldots, m_{j+n})] \tag{26}$$

for $j = N-2, \ldots, i$ are uniquely solvable, then $(\mathrm{OP})_i$ is also uniquely solvable.

It is appropriate to give an additional explanation of lemma 2 as well as of the concept of uniqueness based on the corresponding conclusion. For this, it is necessary to consider:

$$\operatorname*{Max}_{v_{i-1} \in V_{i-1}(x_{i-1}, m_{i-1})} [W_{i-1}(x_{i-1}, v_{i-1})$$
$$+ \mathfrak{B}_n \tilde{Z}_{i,\hat{h}^i}(T_{i-1}(x_{i-1}, v_{i-1}, m_{i-1}), m_i, \ldots, m_{i+n-1})]. \tag{27}$$

If the maximum does exist, then for each $\dot{z}_{i-1,n}$ the maximum set $\tilde{\tilde{V}}_{i-1}(\dot{z}_{i-1,n})$ $(\subseteq V_{i-1}(\dot{x}_{i-1}, \dot{m}_{i-1}))$ will not be empty. Problems (23) and (26) will be uniquely solvable exactly when the corresponding set $\tilde{\tilde{V}}_{i-1}(\dot{z}_{i-1,n})$ and $\tilde{\tilde{V}}_j(\dot{z}_{jn})$, respectively, for each $\dot{z}_{i-1,n}$ and $\dot{z}_{jn}$, respectively, comprises one element only.

Thus, we would posses a very useful unity theorem if it would be possible to find a sufficient condition for (26), which would eliminate the recursive form of the conclusion from lemma 2.

For example, what should be shown is that if

$$\underset{v_j \in V_j(x_j, m_j)}{\text{Max}} [W_j(x_j, v_j) + \mathfrak{B}_n \tilde{Z}_{j+1, \hat{h}^{j+1}}(T_j(x_j, v_j, m_j), m_{j+1}, \ldots, m_{j+n})] \qquad (*)$$

exists and is strictly concave in v_j, then there also exists

$$\underset{v_{j-1} \in V_{j-1}(x_{j-1}, m_{j-1})}{\text{Max}} [W_{j-1}(x_{j-1}, v_{j-1}) + \mathfrak{B}_n \tilde{Z}_{j, \hat{h}^j}(T_{j-1}(x_{j-1}, v_{j-1}, m_{j-1}), m_j, \ldots, m_{j+n-1})] \qquad (**)$$

and is strictly concave in v_{j-1}.
Undoubtedly, the form used for writing both (*) and (**) is not suitable for establishing the validity of this statement because there is no visible connection between the two expressions. Rather, lemma 2 should be extended in an attempt to show that $(\forall i): i \in \{N-2, N-3, \ldots, 0\}$ holds. If $(\text{OP})_{i+1}$ is uniquely solvable and if the problem

$$\underset{h_i}{\text{Max}} [W_i(x_i, h_i(z_{in})) + \mathfrak{B}_n \tilde{Z}_{i+1, \hat{h}^{i+1}}(T_i(x_i, h_i(z_{in}), m_i), m_{i+1}, \ldots, m_{i+n})] \qquad (28)$$

is uniquely solvable, then $(\text{OP})_i$ is uniquely solvable, and

$$\tilde{Z}_{i, \hat{h}^i}(z_{in}) = \underset{h_i}{\text{Max}} [W_i(x_i, h_i(z_{in})) + \mathfrak{B}_n \tilde{Z}_{i+1, \hat{h}^{i+1}}(T_i(x_i, h_i(z_{in}), m_i), m_{i+1}, \ldots, m_{i+n})] \qquad (29)$$

holds, and the problem

$$\underset{h_{i-1}}{\text{Max}} [W_{i-1}(x_{i-1}, h_{i-1}(z_{i-1,n})) + \mathfrak{B}_n \tilde{Z}_{i, \hat{h}^i}(T_{i-1}(x_{i-1}, h_{i-1}(z_{i-1,n}), m_{i-1}), m_i, \ldots, m_{i+n-1})] \qquad (30)$$

will be uniquely solvable.

Let us consider the proof of lemma 2 with the shift of index $i := i+1$. It is then possible to show that

$$(\forall h^i)\ (\forall z_{in})\ \tilde{Z}_{i, \hat{h}^i}(z_{in}) > \tilde{Z}_{i, h^i}(z_{in}),\ h^i \neq \hat{h}^i$$

holds, i.e., $(\text{OP})_i$ is uniquely solvable.
This also shows – (6) – that

$$\tilde{Z}_{i, \hat{h}^i}(z_{in}) = \underset{h_i}{\text{Max}} [W_i(x_i, h_i(z_{in})) + \mathfrak{B}_n \tilde{Z}_{i+1, \hat{h}^{i+1}}(T_i(x_i, h_i(z_{in}), m_i), m_{i+1}, \ldots, m_{i+n})] \qquad (29)$$

holds, for $\hat{h}^i$ is the only solution of $(\text{OP})_i$, and this was constructed using the second or right member of (29). However, nothing can still be said about (30)

$$\underset{h_{i-1}}{\text{Max}} [W_{i-1}(x_{i-1}, h_{i-1}(z_{i-1,n})) + \mathfrak{B}_n \tilde{Z}_{i, \hat{h}^i}(T_{i-1}(x_{i-1}, h_{i-1}(z_{i-1,n}), m_{i-1}), m_i, \ldots, m_{i+n-1})] \qquad (30)$$

because the characteristics of $\tilde{Z}_{i, \hat{h}^i}$ are not known. Consequently, further assumptions will have to be made. This will lead us to the following fundamental theorem 2 which is based upon the above plausibility considerations and represents a sufficient condition for unity.

Theorem 2: *If $\mathfrak{B}_n$ is a strictly monotonic operator and if the following conditions are satisfied for $j=i, i-1$:*

(S_1) *The sets X_j, $V_j(x_j, m_j)$, $V_j = \bigcup_{x_j \in X_j, m_j \in M_j} V_j(x_j, m_j)$ and M are compact in R^a, R^b, R^c, $(M_j = M)$.*

(S_2) *$W_j(x_j, v_j)$ are continuous in $x_j \in X_j$ for each $v_j \in V_j$ and continuous in $v_j \in V_j$ for each $x_j \in X_j$.*

(S_3) *$V_j(x_j, m_j)$ are continuous set functions of $x_j \in X_j$, $m_j \in M$* (for example, see [2] for a definition).

(S_4) *The transformations T_j are continuous in $X_j \times V_j \times M$.*

(S_5) *If we have $f(y, m_{j_0}, \ldots, m_{j_0+n}) \in D(\mathfrak{B}_n)$ and if f, with respect to each fixedly chosen variable, is continuous for all other values of the remaining variables, then $\tilde{f}(y, m_{j_0}, \ldots, m_{j_0+n-1}) = \mathfrak{B}_n f(y, m_{j_0}, \ldots, m_{j_0+n})$ should also possess this property. Let the range of definition of $\mathfrak{B}_n$ include all functions $f(y, m_{j_0}, \ldots, m_{j_0+n})$ (where j_0 is any natural number) that are continuous with respect to $m_{j_0+n} \in M$. Then for all i, $i \in \{N-n-1, N-n-2, \ldots, 0\}$ holds:*

(A_1): *If $(OP)_{i+1}$ is uniquely solvable and if (28) is uniquely solvable and continuous in x_i for all $(m_i, \ldots, m_{i+n-1}) \in M^n$ and continuous in m_j, $j \in \{i, \ldots, i+n-1\}$ for x_i and all m_k, $k \in \{i, \ldots, i+n-1\}$, $k \neq j$, then $(OP)_i$ will be uniquely solvable, (29) will be valid, and the expression (30) will exist and be continuous in $x_{i-1} \in X_{i-1}$ for $(m_{i-1}, \ldots, m_{i+n-2}) \in M^n$ and continuous in m_i, $j \in \{i-1, \ldots, i+n-2\}$, for x_{i-1} and all m_k, $k \in \{i-1, \ldots, i+n-2\}$, $j \neq k$. If, in addition, there holds:*

(SK_1): *$V_j(x_j, m_j)$ are convex $\forall x_j \in X_j$ and $\forall m_j \in M$, $\exists V_j'$, V_j' compact and convex with $V_j' \supseteq V_j$,*

$$V_j(\lambda \overset{1}{x}_j + (1-\lambda)\overset{2}{x}_j, m) \supseteq \{\lambda \overset{1}{v}_j + (1-\lambda)\overset{2}{v}_j \mid \overset{1}{v}_j \in V_j(\overset{1}{x}_j, m_j), \overset{2}{v}_j \in V_j(\overset{2}{x}_j, m_j)\}$$

$$(\forall \overset{1}{x}_j)\,(\forall \overset{2}{x}_j) \in X_j,\ (\forall m_j)\ m_j \in M \quad \text{and} \quad (\forall \lambda)\ 0 \leqq \lambda \leqq 1 .$$

(SK_2): *$W_j(x_j, v_j)$ are concave in $X_j \times V_j'$.*

(SK_3): *The transformations T_j are linear in x_j and v_j*, i.e.,

$$T_j(x_j, v_j, m_j) = \mathfrak{A}_j(m_j)\, x_j + \mathfrak{B}_j(m_j)\, v_j + \mathfrak{C}_j(m_j)\,,$$

$\mathfrak{A}_j$, $\mathfrak{B}_j$, $\mathfrak{C}_j$ – *matrices.*

(SK_4): *$D(\mathfrak{B}_n)$ is a linear space, and there holds: If $f'(x_{j_0}, v_{j_0}, m_{j_0}, \ldots, m_{j_0+n}) \in D(\mathfrak{B}_n)$, $0 \leqq \lambda \leqq 1$, and $(\overset{l}{x}_{j_0}, \overset{l}{v}_{j_0}, m_{j_0}, \ldots, m_{j_0+n-1}) \in X_{j_0} \times V_{j_0}' \times M^n$, $l = 1, 2$, there holds*

$$\mathfrak{B}_n(\lambda f'(\overset{1}{x}_{j_0}, \overset{1}{v}_{j_0}, m_{j_0}, \ldots, m_{j_0+n-1}) + (1-\lambda) f'(\overset{2}{x}_{j_0}, \overset{2}{v}_{j_0}, m_{j_0}, \ldots, m_{j_0+n-1}))$$
$$\geqq \lambda \mathfrak{B}_n f'(\overset{1}{x}_{j_0}, \overset{1}{v}_{j_0}, m_{j_0}, \ldots, m_{j_0+n-1}) + (1-\lambda)\, \mathfrak{B}_n f'(\overset{2}{x}_{j_0}, \overset{2}{v}_{j_0}, m_{j_0}, \ldots, m_{j_0+n-1})$$

then there holds (A_1) and also (A_2):

If $W_i(x_i, v_i) + \mathfrak{B}_n \hat{Z}_{i+1, \hat{h}^{i-1}}(T_i(x_i, v_i, m_i), m_{i+1}, \ldots, m_{i+n})$ is strictly concave on $X_i \times V_i'$ and if (28) is strictly concave in $x_i \in X_i$ for all $(m_i, \ldots, m_{i+n-1}) \in M^n$, then there follows the strict concavity of

$$W_{i-1}(x_{i-1}, v_{i-1}) + \mathfrak{B}_n \hat{Z}_{i, \hat{h}^i}(T_{i-1}(x_{i-1}, v_{i-1}, m_{i-1}), m_i, \ldots, m_{i+n-1})$$

on $X_{i-1} \times V_{i-1}'$ and the strict concavity of (30) in $x_{i-1} \in X_{i-1}$.

It can easily be seen that (A_2) is a sufficient condition for the unique solvability of problems (28), (30).

Proof: Let us first show (A_1). We know that $\tilde{Z}_{i,\hat{h}^i}(z_{in})$ is continuous in x_i for all $(m_i, \ldots, m_{i+n-1}) \in M^n$, and continuous in m_j, $j \in \{n, \ldots, i+n-1\}$, for any $x_i \in X_i$ and $m_k \in M$, $k \in \{i, \ldots, i+n-1\}, j \neq k$.
We show that

$$G(x_{i-1}, m_{i-1}, \ldots, m_{i+n-2}) := \max_{v_{i-1} \in V_{i-1}(x_{i-1}, m_{i-1})} [W_{i-1}(x_{i-1}, v_{i-1}) \quad (31)$$
$$+ \mathfrak{B}_n \tilde{Z}_{i,\hat{h}^i}(T_{i-1}(x_{i-1}, v_{i-1}, m_{i-1}), m_i, \ldots, m_{i+n-1})]$$

does exist and possess corresponding continuity properties. The right member of (31) is identical to the maximum over $h_{i-1} \in P_{i-1}$ in the sense of our definition. According to the assumption made here $\tilde{Z}_{i,\hat{h}^i}(z_{in})$ is continuous in $m_{i+n-1} \in M$ especially for all $x_i, m_i, \ldots, m_{i+n-2}$. In accordance with a standard theorem of analysis, therefore, $\tilde{Z}_{i,\hat{h}^i}(T_{i-1}(x_{i-1}, v_{i-1}, m_{i-1}), m_i, \ldots, m_{i+n-1})$ is continuous for all $m_{i-1}, m_i, \ldots, m_{i+n-2}, x_{i-1}, v_{i-1}$ with respect to m_{i+n-1} since T_{i-1} uniquely represents the set $X_{i-1} \times V_{i-1} \times M$ on X_i and is continuous (S_4). Holding therefore, because of (S_5), is (with $y := (x_{i-1}, v_{i-1})$):

$$\tilde{Z}_{i,\hat{h}^i}(T_{i-1}(x_{i-1}, v_{i-1}, m_{i-1}), m_i, \ldots, m_{i+n-1}) \in D(\mathfrak{B}_n).$$

Thus, the expression

$$W_{i-1}(x_{i-1}, v_{i-1}) + \mathfrak{B}_n \tilde{Z}_{i,\hat{h}^i}(T_{i-1}(x_{i-1}, v_{i-1}, m_{i-1}), m_i, \ldots, m_{i+n-1}) \quad (32)$$

is defined. Because of the continuity of $\tilde{Z}_{i,\hat{h}^i}(x_i, m_i, \ldots, m_{i+n-1})$ in $x_i \in X_i$ for all $m_i, \ldots, m_{i+n-1} \in M$, the mapping property $T_{i-1}: X_{i-1} \times V_{i-1} \times M \to X_i$, and (S_2), (S_4), (S_5) there also holds according to the theorem of continuity of indirect functions:

$$W_{i-1}(x_{i-1}, v_{i-1}) + \mathfrak{B}_n \tilde{Z}_{i,\hat{h}^i}(T_{i-1}(x_{i-1}, v_{i-1}, m_{i-1}), m_i, \ldots, m_{i+n-1})$$

is continuous in $x_{i-1} \in X_{i-1}$ for all $v_{i-1} \in V_{i-1}; m_{i-1}, \ldots, m_{i+n-2} \in M$ and continuous in $v_{i-1} \in V_{i-1}$ for all $x_{i-1} \in X_{i-1}; m_{i-1}, \ldots, m_{i+n-2} \in M$. Accordingly, function (32) is continuous, on set $V_{i-1}(x_{i-1}, m_{i-1})$ which is compact according to (S_1), for each $x_{i-1} \in X_{i-1}, m_{i-1}, \ldots, m_{i+n-2} \in M$. Since a continuous function assumes its absolute maximum on a compact set, $G(x_{i-1}, m_{i-1}, \ldots, m_{i+n-2})$ does exist (31) and represents a limited function defined over $X_{i-1} \times M^n$.

The proof of the continuity of G with respect to $m_{i-1} \in M$ for all $m_i, \ldots, m_{i+n-2} \in M$ and $x_{i-1} \in X_{i-1}$ is given in [2].

Proof of (A_2): Statement (A_1) holds because of the proof produced above and the retention of assumptions (S_1) through (S_5), and we need not, therefore, be concerned about questions of existence. It is known from the particular assumption made above that

$$W_i(x_i, v_i) + \mathfrak{B}_n \tilde{Z}_{i+1,\hat{h}^{i+1}}(T_i(x_i, v_i, m_i), m_{i+1}, \ldots, m_{i+n})$$

is strictly concave on $X_i \times V_i'$ and that $\tilde{Z}_{i,\hat{h}^i}(z_{in})$ is strictly concave in $x_i \in X_i$ for all $(m_i, \ldots, m_{i+n-1}) \in M^n$, and, therefore, we now examine G, i.e., (31). Because of (SK_1) and (SK_3) the function

$$\tilde{Z}_{i,\hat{h}^i}(T_{i-1}(x_{i-1}, v_{i-1}, m_{i-1}), m_i, \ldots, m_{i+n-1})$$

is strictly concave on $X_{i-1}\times V'_{i-1}$ for all $(m_{i-1}, m_i, \ldots, m_{i+n-1})\in M^{n+1}$. Because of the continuity assumptions made above, the strict monotonicity of $\mathfrak{B}_n$, and (SK_1) as well as (SK_4)

$$\mathfrak{B}_n\tilde{Z}_{i,\hat{h}^i}(T_{i-1}(x_{i-1}, v_{i-1}, m_{i-1}), m_i, \ldots, m_{i+n-1})$$

is strictly concave on $X_{i-1}\times V'_{i-1}$ for all $(m_{i-1}, m_i, \ldots, m_{i+n-2})\in M^n$. Addition to this expression of function $W_{i-1}(x_{i-1}, v_{i-1})$, which is concave toward (SK_2), does not, of course, alter the statement. Thus, the strict concavity of

$$W_{i-1}(x_{i-1}, v_{i-1})+\mathfrak{B}_n\tilde{Z}_{i,\hat{h}^i}(T_{i-1}(x_{i-1}, v_{i-1}, m_{i-1}), m_i, \ldots, m_{i+n-1})$$

on $X_{i-1}\times V'_{i-1}$ has already been proved. Because of assumption (SK_1) there follows the strict concavity of $G_{i-1}(x_{i-1}, m_{i-1}, \ldots, m_{i+n-2})$ in $x_{i-1}\in X_{i-1}$ for all $(m_{i-1}, m_i, \ldots, m_{i+n-2})\in M^n$, and the validity of statement (A_2) is, thus, established. The proof of (A_2), which is presented here in a very concise form, is based upon three lemmata which have, in principle, been proved in [2] and modified in [5] for the case of strict concavity. Now, theorem 2 permits of two essential conclusions that make it possible for unity to be verified in a relatively simple manner.

Conclusion 1: *Let $\mathfrak{B}_n$ be a strictly monotonic operator. Given that assumptions (S_1) through (S_5) and (SK_1) through (SK_4) hold for $j=N-n, N-n-1, \ldots, i$. Moreover, let $(OP)_{N-n}$ be uniquely solvable and*

$$W_{N-n-1}(x_{N-n-1}, v_{N-n-1}) \qquad (33)$$
$$+\mathfrak{B}_n\tilde{Z}_{N-n,\hat{h}^{N-n}}(T_{N-n-1}(x_{N-n-1}, v_{N-n-1}, m_{N-n-1}), m_{N-n}, \ldots, m_{N-1})$$

strictly concave on $X_{N-n-1}\times V'_{N-n-1}$.

Given that the maximum of (33) over $v_{N-n-1}\in V_{N-n-1}(x_{N-n-1}, m_{N-n-1})$ is continuous in $x_{N-n-1}\in X_{N-n-1}$ for all m_k, $k\in\{N-n-1, \ldots, N-2\}$, and continuous in m_k, $k=\{N-n-1, \ldots, N-2\}$, for all $x_{N-n-1}\in X_{N-n-1}$ and m_e, $l\neq k$. Consequently, $(OP)_i$ is uniquely solvable for each $i=N-n-1, N-n-2, \ldots, 1, 0$. In addition, holding for each i is:

$$\tilde{Z}_{i,\hat{h}^i}(z_{in})=\max_{h_i\in P_i}[W_i(x_i, h_i(z_{in})) \qquad (34)$$
$$+\mathfrak{B}_n\tilde{Z}_{i+1,\hat{h}^{i+1}}(T_i(x_i, h_i(z_{in}), m_i), m_{i+1}, \ldots, m_{i+n})]$$
$$=\max_{v_i\in V_i(x_i,m_i)}[W_i(x_i, v_i)$$
$$+\mathfrak{B}_n\tilde{Z}_{i+1,\hat{h}^{i+1}}(T_i'(x_i, v_i, m_i), m_{i+1}, \ldots, m_{i+n})].$$

Here, $\tilde{Z}_{i,\hat{h}^i}(z_{in})$ is strictly concave and continuous in $x_i\in X_i$ for all $(m_i, \ldots, m_{i+n-1})\in M^n$. $W_i(x_i, v_i)+\mathfrak{B}_n\tilde{Z}_{i+1,\hat{h}^{i+1}}(T_i(x_i, v_i, m_i), m_{i+1}, \ldots, m_{i+n})$ is strictly concave in $X_i\times V_i'$ for all $(m_i, \ldots, m_{i+n-1})\in M^n$, and $\tilde{Z}_{i,\hat{h}^i}(z_{in})$ is continuous in m_k, $k\in\{i, \ldots, i+n-1\}$, for all m_l, $l\neq k$, and $x_i\in X_i$.

Remarks: 1) Thus, our proof has brought us the unity of problem $(OP)_i$. Consequently, this only solution of $(OP)_i$ is at the same time the solution of the functional equation if the latter actually has a solution. However, the structure of (34) immediately shows that the only solution of $(OP)_i$, which has been constructed by means of this proof, also is just the only solution of the functional equation.

2) It should still be mentioned (without presenting the proof) that theorem 2 is correct also for $i \in \{N-1, N-2, N-3, \ldots, N-n\}$ if the assumptions (S_1) through (S_4) and (SK_1) through (SK_3) are made. Accordingly, validity can also be claimed for

Conclusion 2: *The proposition of conclusion* 1 *also applies to* $i = N-1, N-2, \ldots, 1, 0$ *under the following conditions*:
- $\mathfrak{B}_n$ *is strictly monotonic.*
- (S_1) *through* (S_4) *and* (SK_1) *through* (SK_3) *hold for* $j = N-1, N-2, \ldots, N-n, \ldots, i$.
- (S_5) *and* (SK_4) *are valid.*
- *Let* $W_{N-1}(x_{N-1}, v_{N-1} + W_N(T_{N-1}(x_{N-1}, v_{N-1}, m_{N-1})))$ *be strictly concave on* $X_{N-1} \times V'_{N-1}$ *and let* $W_N(x_N)$ *be continuous for* $x_N \in X_N$.

This conclusion is possible in as much as $(OP)_N$ is the "empty" optimization problem, i.e., $\hat{Z}_{N,\hat{h}^N}(z_N) = \hat{Z}_{N,h^N}(z_N) = W_N(x_N)$. Accordingly, conclusion 2 is a convenient and readily verifiable condition that may be used for a number of practical models ([2] and [3]).

Literatur

[1] Bellman, R.: Dynamic Programming. Princeton Univ. Press., Princeton 1957.

[2] Sebastian, H.-J.: Erweiterungen der dynamischen Optimierung. Dissertation B, Hochschule für Bauwesen Leipzig 1975.

[3] Sebastian, H.-J.: Dynamische Optimierung unter Einbeziehung zeitabhängiger Einflußparameter. Math. Operationsforsch. Statist. 7 (1976) 3, 427–452.

[4] Себастиан, Х.-Ю.: Динамическое программирование для задач с параметрами. Ж. Дифферентиальные уравнения. (im Druck).

[5] Себастиан, Х.-Ю.: Расширенное функциональное уравнение Беллмана динамической оптимизации. Math. Operationsforsch. Statist. 8 (1977) 4, 509–527.

Zusammenfassung

Für optimale Steuerungsprobleme mit zeitabhängigen Einflußparametern bei unvollständiger Information stellen erweiterte Bellmansche Funktionalgleichungen im allgemeinen nur hinreichende Optimalitätsbedingungen dar.

An Beispielen wird gezeigt, daß das Optimalsteuerungsproblem mehr Lösungen besitzen kann, als die zugehörige Funktionalgleichung. Es wird aber auch eine hinreichende Bedingung – auf der Basis der strengen Konkavität – dafür angegeben, daß die Lösungsmengen des Optimalsteuerungsproblems und der Funktionalgleichung übereinstimmen.

Резюме

Для оптимального управления процессами с зависящими от времени параметрами при неполной информации функциональные уравнения Беллмана представляют собой лишь достаточные условия оптимальности. На примерах доказывается, что проблема оптимального управления может включать больше решений, чем соответствующее функциональное уравнение. Кроме того, на базе строгой вогнутости формулируется и доказывается теорема в виде достаточного условия того, что множества решений проблемы оптимального управления совпадают со множествами функционального уравнения.

Eingereicht bei der Redaktion: 10. 12. 1976; gekürzte Fassung: 12. 7. 1977

Buchbesprechung

P. KALL: **Mathematische Methoden des Operations Research.** Leitfäden der angewandten Mathematik und Mechanik, Band 27, B. G. Teubner, Stuttgart 1976, 176 S., 20 Fig., 24 Tab., DM 22,80

Für die erfolgreiche Behandlung von Optimierungsproblemen, die bei zahlreichen praktischen Fragestellungen (z. B. bei Planungs- und Entscheidungsproblemen) auftauchen, sind solide Grundkenntnisse der linearen und nichtlinearen Optimierung erforderlich. Auf der Grundlage einer zweisemestrigen Vorlesung an der Universität Zürich für Studenten der Mathematik und Wirtschaftswissenschaften legt der Verfasser einen knapp gefaßten Abriß der linearen Optimierung (Kapitel 1) und der nichtlinearen Optimierung (Kapitel 2) vor und macht abschließend einige Bemerkungen zur dynamischen Optimierung (Kapitel 3).

Die Darstellung ist übersichtlich und zur Einführung in die beiden erstgenannten Disziplinen gut geeignet.

Eine Reihe von formalen Beispielen unterstützt die theoretischen Aussagen, während eigentliche Anwendungen nicht dargelegt werden (wohl in erster Linie wegen des begrenzten Umfangs).

Zum Inhalt: In der linearen Optimierung wird von bekannten Beispielen ausgegangen (Produktionsprobleme, Diät- und Mischungsprobleme, Transportprobleme, Zuordnungsprobleme, Netzwerkflußprobleme). Anschließend werden Eigenschaften linearer Optimierungsprobleme (einschließlich Dualität) dargelegt.

Dann geht der Verfasser auf Lösungsverfahren für solche Probleme ein, wobei neben verschiedenen Varianten der Simplexmethode auch parametrische Probleme und Fragen der Dekomposition Berücksichtigung finden.

Abschließend werden spezielle lineare Optimierungsprobleme (u. a. Transportprobleme und Netzwerkflußprobleme) behandelt. In der nichtlinearen Optimierung steht naturgemäß der Konvexitätsbegriff im Vordergrund (konvexe Mengen, konvexe Funktionen und konvexe Optimierungsprobleme).

Neben einigen Ausführungen über Optimalitätskriterien (KUHN-TUCKER-Theorem) geht der Verfasser insbesondere auf Lösungsverfahren ein, wobei eine Komplementaritätsmethode für quadratische Probleme, Verfahren der zulässigen Richtungen, Schnittebenenverfahren und Verfahren mit Straffunktionen Berücksichtigung finden.

Aussagen über duale nichtlineare Probleme erfolgen leider nicht.

Die Darlegungen zur dynamischen Optimierung beschränken sich auf Bemerkungen zum a) Optimalitätsprinzip, b) unendlichen Planungszeitraum und c) auf Anwendungen.

K.-H. ELSTER

Math. Operationsforsch. Statist., Ser. Optimization, Vol. 9 (1978) No. 1, 109–117

An Approximation Procedure for Stochastic Dynamic Programming in Countable State Space

A. HAHNEWALD-BUSCH[1] and V. NOLLAU[1]

Summary: In this note we investigate a stochastic dynamic programming problem with countable state space and finite action space. An approximation procedure is given for the numerical solution by a decomposition algorithm of the state space. The optimal policies and minimal value functions of the so-constructed MARKOVian Decision Process are calculated by dynamic programming. Convergence theorems are proved and bounds for the minimal value function are obtained.

I. It is known by HINDERER [6], that a (non-discounted) *stochastic dynamic program* with a finite horizon N is defined by a 5-tuple (S, A, p, r, T) in the following way:

1. S is a countable set, the so-called *state space*;
2. A is a finite set, the so-called *action space*;
3. $p: (x, y, u) \to p^u(x, y)$ is a function from
$$S \times S \times A \quad \text{into} \quad [0, 1];$$
we suppose, that every decision $u \in A$ induces a MARKOVian transition probability $p^u(x, .)$ in the state space S, that is
$$p^u(x, y) \geqq 0 \; (x, y \in S) \quad \text{and} \quad \sum_{y \in S} p^u(x, y) = 1 \; (x \in S);$$
4. $r: (x, u) \to r^u(x)$ is a non-negative *loss function* defined on $S \times A$ by
$$r^u(x) = \sum_{y \in S} k^u(x, y)\, p^u(x, y) \quad (x \in S,\, u \in A),$$
whereby the function $k: (x, y, u) \to k^u(x, y)$ with $(x, y) \in S \times S$ for every $u \in A$ is bounded by a constant C;
5. $T: x \to T(x)$ is a bounded (by C) non-negative function defined on S, the socalled *terminal loss function*. (1)

We imagine, that this 5-tuple describes a dynamic system with the states $x \in S$. The translation of the system from a state x into any $y \in S$ under the influence of an action $u \in A$ happens in every one of the N stages with the probability $p^u(x, y)$. Such a transition from a state x into a state y is connected with a loss $k^u(x, y)$, and the expected loss for one stage is given by $r^u(x)$. Furthermore, we assume to receive the terminal loss $T(z)$, if the system reaches the state z in the N-th stage.

Definition 1: A sequence $\mathfrak{d} = (d_0, d_1, \ldots, d_{N-1})$ of functions $d_k: x \to d_k(x) \in A$ $(x \in S, k = 0, 1, \ldots, N-1)$ is called a (memoryless) MARKOVian *N-stages-policy*. The set of this policies is denoted by $\mathfrak{D}_N$.

[1] Technische Universität Dresden, Sektion Mathematik, DDR-8027 Dresden, Mommsenstr. 13.

The interpretation of a MARKOVian policy may be described in the following way: Assume the dynamic system at the k-th stage ($k=0, 1, \ldots, N-1$) to be in the state $x \in S$. If we choose the policy $\mathfrak{d}$ the system changes (without memory from the stages $0, 1, \ldots, k-1$) under the influence of the action $d_k(x)$ with the probability $p^{d_k(x)}(x, y)$ to a next state $y \in S$.

It is known (cp. HINDERER [5], GIRLICH [4]), that a stochastic dynamic program, an initial distribution and a MARKOVian policy determine in a natural way a probability space $(\Omega, \mathfrak{F}, P_\mathfrak{d})$ and so a MARKOVian chain $(X_0, X_1, \ldots, X_N)$ on $(\Omega, \mathfrak{F}, P_\mathfrak{d})$ describing the decision process, whose decisions are given by $\mathfrak{d}$. Then the total loss is a random variable

$$R_N^\mathfrak{d} = \sum_{k=0}^{N-1} r^{d_k(X_k)}(X_k) + T(X_N) .$$

If we start from state x, we get the expected total loss after N stages in the form of the conditional expectation

$$V_{[0,N]}^\mathfrak{d}(x) = \mathsf{E}(R_N^\mathfrak{d} \mid X_0 = x) .$$

Definition 2: An N-stages MARKOVian policy $\mathfrak{d}^*$ is called *optimal*, iff

$$V_{[0,N]}^{\mathfrak{d}^*}(x) = \min_{\mathfrak{d} \in \mathfrak{D}_N} V_{[0,N]}^\mathfrak{d}(x)$$

for all $x \in S$. We denote

$$V_0^*(x) = V_{[0,N]}^{\mathfrak{d}^*}(x) ,$$

and the function $V_0^* : x \to V_0^*(x)$ is called the *minimal value function.*

In this sense V_0^* is the minimal expected total loss for N stages, if the system is starting from the state x. Under condition that k^u is bounded (see proposition 4) the minimal value function V_0^* is the unique solution of the following equations: for $k=N$

$$V_N^*(x) = T(x) ,$$

for $k=N-1, N-2, \ldots, 0$

$$V_k^u(x) = r^u(x) + \sum_{y \in S} p^u(x, y) \, V_{k+1}^*(y)$$

and (2)

$$V_k^*(x) = \min_{u \in A} V_k^u(x) .$$

The algorithm solving equations (2) is usually called the *value iteration* of BELLMAN. This algorithm is intuitively rather simple, but the proof is in general nontrivial (cp. HINDERER [6]). The importance of the value iteration consists in reduction the optimization problem

$$V_{[0,N]}^\mathfrak{d}(x) \to \min! ,$$

defined on the set $\mathfrak{D}_N$ of MARKOVian policies, to a sequence of N optimization problems on the set A of actions. In practice it is however rather difficult to calculate $V_0^*(x)$ for "large" sets of states. For this reason we present in this note an approximative procedure for calculation of $V_0^*(x)$ using a suitable method of decomposition.

This procedure differs essentially from the methods proposed by BERTSEKAS [1], FOX [3], and KEMENY/SNELL [7] for generating of MARKOV chains on a cluster space.

Definition 3: Let π^u $(u \in A)$ be a probability measure on $(S, \mathfrak{P}(S))$ [2] with the property $\pi^u(\{x\}) > 0$ for all $x \in S$. Further let $(q_n)_{n \in \boldsymbol{N}}$ be a sequence of integers and $\mathfrak{S}^{(n)}$ a complete system of q_n disjoint subsets of S. Such a sequence $(\mathfrak{S}^{(n)})_{n \in \boldsymbol{N}}$ we call *admissible* with respect to a strictly decreasing sequence $(\varepsilon_n)_{n \in \boldsymbol{N}}$ of non-negative numbers which tends to zero, iff

$$\pi^u(\boldsymbol{x}) - \pi^u(\{x\}) \leqq \varepsilon_n$$

for every $x \in \boldsymbol{x}$ with $\boldsymbol{x} \in \mathfrak{S}^{(n)}$ and all $u \in A$.

With the so-constructed sequence $(\mathfrak{S}^{(n)})_{n \in \boldsymbol{N}}$ of decompositions of the state space S we define a *sequence of dynamic programs* (each of them accordingly to 1.–5.) by the following 5-tuple $(\mathfrak{S}^{(n)}, A, \boldsymbol{p}_n, \boldsymbol{r}_n, \boldsymbol{t}_n)$:

1. $\mathfrak{S}^{(n)}$ is a finite set with q_n elements, the so-called cluster-state-space;
2. A is the same finite set as before, the so-called action space;
3. $\boldsymbol{p}_n$: $(\boldsymbol{x}, \boldsymbol{y}, u) \to \boldsymbol{p}_n^u(\boldsymbol{x}, \boldsymbol{y})$ is a function from

$$\mathfrak{S}^{(n)} \times \mathfrak{S}^{(n)} \times A \quad \text{into } [0, 1] \text{ given by}$$

$$\boldsymbol{p}_n^u(\boldsymbol{x}, \boldsymbol{y}) = \frac{1}{\pi^u(\boldsymbol{x})} \sum_{x \in \boldsymbol{x}} \pi^u(\{x\}) \sum_{y \in \boldsymbol{y}} p^u(x, y) . \tag{3}$$

It is easily seen, that (resulting from (1)) $\boldsymbol{p}_n^u(\boldsymbol{x}, \boldsymbol{y})$ is for every $u \in A$ a MARKOVian transition probability with the properties

$$\boldsymbol{p}_n^u(\boldsymbol{x}, \boldsymbol{y}) \geqq 0 \quad \text{and} \quad \sum_{\boldsymbol{y} \in \mathfrak{S}^{(n)}} \boldsymbol{p}_n^u(\boldsymbol{x}, \boldsymbol{y}) = 1 \quad (\boldsymbol{x}, \boldsymbol{y} \in \mathfrak{S}^{(n)});$$

4. $\boldsymbol{r}_n$: $(\boldsymbol{x}, u) \to \boldsymbol{r}_n^u(\boldsymbol{x})$ is a non-negative loss function from $\mathfrak{S}^{(n)} \times A$ into $[0, \infty)$, given by

$$\boldsymbol{r}_n^u(\boldsymbol{x}) = \sum_{\boldsymbol{y} \in \mathfrak{S}^{(n)}} \boldsymbol{p}_n^u(\boldsymbol{x}, \boldsymbol{y})\, \boldsymbol{k}_n^u(\boldsymbol{x}, \boldsymbol{y})$$

with

$$\boldsymbol{k}_n^u(\boldsymbol{x}, \boldsymbol{y}) = \frac{1}{\pi^u(\boldsymbol{x}^u)} \sum_{x \in \boldsymbol{x}^u} \pi^u(\{x\}) \frac{\sum_{y \in \boldsymbol{y}} p^u(x, y)\, k^u(x, y)}{\boldsymbol{p}_n^u(\{x\}, \boldsymbol{y})}$$

and

$$\boldsymbol{x}^u = \left\{x \in \boldsymbol{x} : \boldsymbol{p}_n^u(\{x\}, \boldsymbol{y}) > 0\right\} . \tag{4}$$

Of course $\boldsymbol{k}_n^u(\boldsymbol{x}, \boldsymbol{y})$ is also bounded for every $u \in A$, $\boldsymbol{x}, \boldsymbol{y} \in \mathfrak{S}^{(n)}$ by C (cp. (1));

5. $\boldsymbol{t}_n$: $\boldsymbol{x} \to \boldsymbol{t}_n(\boldsymbol{x})$, defined on $\mathfrak{S}^{(n)}$, is the non-negative terminal loss function from $\mathfrak{S}^{(n)}$ into $[0, \infty)$, given by

$$\boldsymbol{t}_n(x) = \min_{u \in A} \frac{1}{\pi^u(\boldsymbol{x})} \sum_{x \in \boldsymbol{x}} \pi^u(\{x\})\, T(x)$$

and also bounded by C.

In the same way (analogously to (2)) we define a system of functions $\boldsymbol{V}_k^*$ by the following relations:

---

[2] $\mathfrak{P}(S)$ is the set of all subsets of S.

for $k=N$:

$$\boldsymbol{V}_N^*(\boldsymbol{x}, n)=\boldsymbol{t}_n(\boldsymbol{x}) \quad (\boldsymbol{x}\in\mathfrak{S}^{(n)}),$$

for $k=N-1, N-2, \ldots, 0$ recursively

$$\boldsymbol{V}_k^u(\boldsymbol{x}, n)=\sum_{\boldsymbol{y}\in\mathfrak{S}^{(n)}} \boldsymbol{p}_n^u(\boldsymbol{x}, \boldsymbol{y})\,[\boldsymbol{k}_n^u(\boldsymbol{x}, \boldsymbol{y})+\boldsymbol{V}_{k+1}^*(\boldsymbol{y}, n)]$$

and

$$\boldsymbol{V}_k^*(\boldsymbol{x}, n)=\min_{u\in A} \boldsymbol{V}_k^u(\boldsymbol{x}, n)\,. \tag{5}$$

Thus the function $\boldsymbol{V}_k^*(., n)=\boldsymbol{V}_k^{u^*}(., n)$ is the unique solution of (5). Simultanously we receive the optimal decision $u^*=d_k^*(\boldsymbol{x}, n)$ for every $\boldsymbol{x}\in\mathfrak{S}^{(n)}$ and $k=N-1, N-2, \ldots, 0$.

II. Now we can solve every of these new stochastic dynamic programs, because the cluster-state-spaces $\mathfrak{S}^{(n)}$, $n\in\boldsymbol{N}$, are finite. The computational algorithm is rather simple; but it is interesting to examine the convergence properties when n tends to infinity.

We shall always assume, that the sequence $(\mathfrak{S}^{(n)})_{n\in\boldsymbol{N}}$ is admissible with respect to the given sequence $(\varepsilon_n)_{n\in\boldsymbol{N}}$ (cp. definition 3).

Lemma 1: *For every state $x_0\in S$ there exists an integer $n_0(x_0)$ with the property, that $\{x_0\}\in\mathfrak{S}^{(n)}$ for $n\geqq n_0(x_0)$.*

Proof: For any $u\in A$ and $x_0\in S$ let $\pi^u(\{x_0\})=\alpha$, whereby α is a positive number. Then we get for $x_0\in\boldsymbol{x}_n$ $(\boldsymbol{x}_n\in\mathfrak{S}^{(n)})$

$$\pi^u(\boldsymbol{x}_n)=\sum_{x\in\boldsymbol{x}_n} \pi^u(\{x\})\geqq\alpha\,.$$

In view of admissibility of $(\mathfrak{S}^{(n)})_{n\in\boldsymbol{N}}$ there exists an integer $n_0=n_0(x_0)$ with the property

$$\pi^u(\boldsymbol{x}_n)-\pi^u(\{x\})\leqq\varepsilon_{n_0}<\frac{\alpha}{2} \tag{*}$$

for every $x\in\boldsymbol{x}_n$ and $\boldsymbol{x}_n\in\mathfrak{S}^{(n)}$ $(n\geqq n_0)$.

Now let us assume the existence of any $n\in\boldsymbol{N}$ with $n\geqq n_0$ such that $x_0\in\boldsymbol{x}_n$ but $\{x_0\}\neq\boldsymbol{x}_n$. Then it follows

$$\sum_{\substack{x\in\boldsymbol{x}_n\\ x\neq x_0}} \pi^u(\{x\})<\frac{\alpha}{2}$$

and in particular $\pi^u(\{x\})<\frac{\alpha}{2}$ for every $x\in\boldsymbol{x}_n\setminus\{x_0\}$.

Hence, for $x\in\boldsymbol{x}_n\setminus\{x_0\}$ the inequality

$$\pi^u(\boldsymbol{x}_n)-\pi^u(\{x\})>\frac{\alpha}{2}$$

holds. But that is impossible by (*) and therefore $\{x_0\}=\boldsymbol{x}_n$.

Definition 4: (cp. CARATHEODORY [2]). Let $(f_n)_{n\in\boldsymbol{N}}$ be a sequence of real-valued functions defined on $\mathfrak{P}(S)$. Then we shall say, that $(f_n)_{n\in\boldsymbol{N}}$ converges *continuously* to a real-valued function f defined on S, iff for every sequence

$(\boldsymbol{x}_n)_{n\in\boldsymbol{N}}$ with $\boldsymbol{x}_n\in\mathfrak{S}^{(n)}$ tending to $x\in S$[3] the sequence $(f_n(\boldsymbol{x}_n))_{n\in\boldsymbol{N}}$ converges to $f(x)$ for $n\to\infty$.

Now it is possible to state the following

Theorem 1: *The sequence* $(\boldsymbol{V}_k^*(.,n))_{n\in\boldsymbol{N}}$ *converges continuously to* $V_k^*(\cdot)$ $(k=0,1,\ldots,N)$.

Proof: 1. Let $x\in S$ and let $(\boldsymbol{x}_n)_{n\in\boldsymbol{N}}$ be any sequence tending to x. Then by Lemma 1 there exists an integer $n_0=n_0(x)$ with the property $\{x\}=\boldsymbol{x}_n$ for $n\geqq n_0$. And so in the $(N-1)$-th stage of the decision process for $n\geqq n_0$ we have

$$\boldsymbol{V}_{N-1}^u(\boldsymbol{x}_n,n)=\sum_{\boldsymbol{y}\in\mathfrak{S}^{(n)}}\boldsymbol{p}_n^u(\{x\},\boldsymbol{y})\,(\boldsymbol{k}_n^u(\{x\},\boldsymbol{y})+\boldsymbol{V}_N^*(\boldsymbol{y},n))$$

with

$$\boldsymbol{V}_N^*(\boldsymbol{y},n)=\boldsymbol{t}_n(\boldsymbol{y})\,. \tag{6}$$

Further we define a sequence $(\mathfrak{B}^{(n)})_{n\in\boldsymbol{N}}$ with

$$\mathfrak{B}^{(n)}=\big\{\{x\}:\ x\in S\quad\text{and}\quad\{x\}\in\mathfrak{S}^{(n)}\big\}\,,$$

which by admissibility converges to the set $\big\{\{x\}:x\in S\big\}$ for $n\to\infty$.
Then the equation (6) will be transformed into

$$\boldsymbol{V}_{N-1}^u(\boldsymbol{x}_n,n)=\sum_{\{z\}\in\mathfrak{B}^{(n)}}\boldsymbol{p}_n^u(\{x\},\{z\})\,(\boldsymbol{k}_n^u(\{x\},\{z\})+\boldsymbol{t}_n(\{z\}))$$
$$+\sum_{\boldsymbol{y}\in\mathfrak{S}^{(n)}\setminus\mathfrak{B}^{(n)}}\boldsymbol{p}_n^u(\{x\},\boldsymbol{y})\,(\boldsymbol{k}_n^u(\{x\},\boldsymbol{y})+\boldsymbol{t}_n(\boldsymbol{y}))\quad(\{x\}\in\mathfrak{S}^{(n)})\,.$$

Using the identities

$$\boldsymbol{t}_n(\{z\})=T(z),\quad \boldsymbol{p}_n^u(\{x\},\{z\})=p^u(x,z)\,,$$
$$\boldsymbol{k}_n^u(\{x\},\{z\})=k^u(x,z)$$

and the uniform boundedness of

$$\boldsymbol{k}_n^u(\{x\},\boldsymbol{y})+\boldsymbol{t}_n(\boldsymbol{y})$$

by $2C$ we only have to prove

$$\lim_{n\to\infty}\sum_{\boldsymbol{y}\in\mathfrak{S}^{(n)}\setminus\mathfrak{B}^{(n)}}\boldsymbol{p}_n^u(\{x\},\boldsymbol{y})=0\,.$$

Now for every $(x,u)\in S\times A$ and for any $\alpha\in(0,1]$ there exists a finite set $\tilde{B}=\tilde{B}(\alpha;x,u)$ with the property

$$\sum_{y\in\tilde{B}}p^u(x,y)\geqq 1-\alpha\,.$$

By this from Lemma 1 it follows, that

$$\tilde{n}_\alpha(u)=\min\big\{\nu:\ y\in\tilde{B}\Rightarrow\{y\}\in\mathfrak{B}^{(\nu)}\big\}$$

is finite and

$$\tilde{\mathfrak{B}}=\big\{\{y\}:\ y\in\tilde{B}\big\}\subseteqq\mathfrak{B}^{(n)}\quad\text{for}\quad n\geqq\tilde{n}_\alpha(u)\,.$$

So we get the relations

$$\sum_{\boldsymbol{y}\in\mathfrak{S}^{(n)}\setminus\mathfrak{B}^{(n)}}\boldsymbol{p}_n^u(\{x\},\boldsymbol{y})\leqq\sum_{\boldsymbol{y}\in\mathfrak{S}^{(n)}\setminus\tilde{\mathfrak{B}}}\boldsymbol{p}_n^u(\{x\},\boldsymbol{y})$$
$$=\sum_{\boldsymbol{y}\in\mathfrak{S}^{(n)}}\boldsymbol{p}_n^u(\{x\},\boldsymbol{y})-\sum_{y\in\tilde{B}}p^u(x,y)\leqq\alpha\,.$$

---

[3] That is $\overline{\lim_{n\to\infty}}\,\boldsymbol{x}_n=\underline{\lim_{n\to\infty}}\,\boldsymbol{x}_n=\{x\}$.

In this way we have proved, that for every α, $0<\alpha\leqq 1$, $u\in A$ and $n=\max_{u\in A}\{\tilde{n}_\alpha(u), n_0\}$ the inequality

$$|\boldsymbol{V}^u_{N-1}(\boldsymbol{x}_n, n)-V^u_{N-1}(x)|\leqq 2C\alpha \tag{7}$$

holds.

2. Now we consider the set $A^*(x)=\{u^*\in A: V^{u^*}_{N-1}(x)=V^*_{N-1}(x)\}$. At first we assume $A^*(x)=A$. Then it is easily seen that $\boldsymbol{V}^*_{N-1}(., n)$ converges continuously to $V^*_{N-1}(\cdot)$ for $n\to\infty$. By considering the other stages $N-2, N-3, \ldots, 0$ we get in an analogous manner the continuous convergence of $\boldsymbol{V}^*_k(\cdot, n)$ for $k=N-2, \ldots, 0$. Secondly we assume, that $A^*(x)\neq A$ holds. Then there exists a positive number β with the property

$$V^u_{N-1}(x)-V^*_{N-1}(x)>\beta \tag{8}$$

for all $u\in A\backslash A^*(x)$.

If we choose any positive number α with $\alpha<\frac{\beta}{4C}$, then by the inequalities (7) and (8) it follows that

$$\boldsymbol{V}^u_{N-1}(\boldsymbol{x}_n, n)-\boldsymbol{V}^{u^*}_{N-1}(\boldsymbol{x}_n, n)>\beta-4C\alpha>0$$

for all $n\geqq\max_{u\in A}\{\tilde{n}_\alpha(u), n_0\}$, and in consequence we get

$$\mathfrak{A}^*_n(x)=\{u^*\in A: \boldsymbol{V}^{u^*}_{N-1}(\boldsymbol{x}_n, n)=\boldsymbol{V}^*_{N-1}(\boldsymbol{x}_n, n)\}\subseteqq A^*(x)\,. \tag{9}$$

Summarizing these results, we have

$$|\boldsymbol{V}^{u^*}_{N-1}(\boldsymbol{x}_n, n)-V^{u^*}_{N-1}(x)|<2C\alpha \quad \text{for} \quad u^*\in\mathfrak{A}^*_n(x)$$

and in view of the identity

$$V^{u^*}_{N-1}(x)=V^*_{N-1}(x)$$

we get

$|\boldsymbol{V}^{u^*}_{N-1}(\boldsymbol{x}_n, n)-V^*_{N-1}(x)|<2C\alpha$ for any positive number α and $n\geqq\max_{u\in A}\{\tilde{n}_\alpha(u), n_0\}$.

Using this result we can prove in the same way the continuous convergence of the sequence $\boldsymbol{V}^*_{N-2}(\cdot, n)$ to $V^*_{N-2}(\cdot)$ and in general the convergence of the sequences $\boldsymbol{V}^*_k(\cdot, n)$, $k=N-3, N-4, \ldots, 0$.

Remarks: 1. In particular from this theorem we see that the sequence $\boldsymbol{V}^*_0(\cdot, n)$ approximates the minimal expected total loss V^*_0 in the sense of continuous convergence.

2. The relation (9) can be interpreted in the following way: For the approximation procedure there exists a finite integer n^*, such that for all $n\geqq n^*$ an optimal decision of the approximative problem on the cluster-state-space $\mathfrak{S}^{(n)}$ is also an optimal decision of the original problem.

III. An estimation for the deviation Δ^n_k of the value functions given by

$$\Delta^n_k(x)=|V^*_k(x)-\boldsymbol{V}^*_k(\boldsymbol{x}, n)| \quad (x\in\boldsymbol{x})$$

can be obtained by common lower and upper bounds for V^*_k and $\boldsymbol{V}^*_k$. For this purpose let us define

$$\begin{aligned}\underline{\boldsymbol{p}}^u_n(\boldsymbol{x}, \boldsymbol{y})&=\inf_{x\in\boldsymbol{x}}\inf_{y\in\boldsymbol{y}} p^u(x, y)\\ \overline{\boldsymbol{p}}^u_n(\boldsymbol{x}, \boldsymbol{y})&=\sup_{x\in\boldsymbol{x}}\sum_{y\in\boldsymbol{y}} p^u(x, y)\end{aligned} \quad (\boldsymbol{x}, \boldsymbol{y}\in\mathfrak{S}^{(n)})\,[4] \tag{10}$$

[4] It should be noticed, that $\underline{\boldsymbol{p}}^u_n$ and $\overline{\boldsymbol{p}}^u_n$ in general do not satisfy the conditions

$$\sum_{\boldsymbol{y}\in\mathfrak{S}^{(n)}}\underline{\boldsymbol{p}}^u_n(\boldsymbol{x}, \boldsymbol{y})=1 \quad \text{and} \quad \sum_{\boldsymbol{y}\in\mathfrak{S}^{(n)}}\overline{\boldsymbol{p}}^u_n(\boldsymbol{x}, \boldsymbol{y})=1\,.$$

and analogously

$$\begin{aligned}\underline{\boldsymbol{k}}_n^u(\boldsymbol{x}, \boldsymbol{y}) &= \inf_{x\in\boldsymbol{x}} \inf_{y\in\boldsymbol{y}} k^u(x, y) \\ \bar{\boldsymbol{k}}_n^u(\boldsymbol{x}, \boldsymbol{y}) &= \sup_{x\in\boldsymbol{x}} \sup_{y\in\boldsymbol{y}} k^u(x, y)\end{aligned} \quad (\boldsymbol{x}, \boldsymbol{y} \in \mathfrak{S}^{(n)}) . \tag{11}$$

Now we construct lower and upper bounds in the following way:

$$\underline{L}_N(\boldsymbol{x}, n) = \inf_{x\in\boldsymbol{x}} T(x) , \quad \bar{L}_N(\boldsymbol{x}, n) = \sup_{x\in\boldsymbol{x}} T(x)$$

and for $k = N-1, N-2, \ldots, 0$

$$\underline{L}_k(\boldsymbol{x}, n) = \min_{u\in A} \sum_{\boldsymbol{y}\in\mathfrak{S}^{(n)}} \underline{\boldsymbol{p}}_n^u(\boldsymbol{x}, \boldsymbol{y}) \, (\underline{\boldsymbol{k}}_n^u(\boldsymbol{x}, \boldsymbol{y}) + \underline{L}_{k+1}(\boldsymbol{y}, n))$$

respectively

$$\bar{L}_k(\boldsymbol{x}, n) = \min_{u\in A} \sum_{\boldsymbol{y}\in\mathfrak{S}^{(n)}} \bar{\boldsymbol{p}}_n^u(\boldsymbol{x}, \boldsymbol{y}) \, (\bar{\boldsymbol{k}}_n^u(\boldsymbol{x}, \boldsymbol{y}) + \bar{L}_{k+1}(\boldsymbol{y}, n)) . \tag{12}$$

The properties of these bounds are given by the following

Theorem 2: *We have simultanously for $k = N, N-1, \ldots, 0$*

$$\underline{L}_k(\boldsymbol{x}, n) \leqq \boldsymbol{V}_k^*(\boldsymbol{x}, n) \leqq \bar{L}_k(\boldsymbol{x}, n) \tag{13}$$

and

$$\underline{L}_k(\boldsymbol{x}, n) \leqq V_k^*(x) \leqq \underline{L}_k(\boldsymbol{x}, n) \quad (x\in\boldsymbol{x}), \tag{14}$$

whereby the functions $\underline{L}_k(\cdot, n)$ and $\bar{L}_k(\cdot, n)$ converge continuously to V_k^*, if n tends to infinity.

Proof: The validity of the inequalities (13) and (14) is evident by considering the relations (10), (11) and (12). Now let be $x\in S$ and $(\boldsymbol{x}_n)_{n\in\boldsymbol{N}}$ be any sequence tending to x. Therefore by Lemma 1 there exists an integer $n_0 = n_0(x)$ with the property

$$\{x\} = \boldsymbol{x}_n \quad (n \geqq n_0) .$$

In the $(N-1)$-th stage of the decision process we have for $n \geqq n_0$

$$\begin{aligned}\underline{L}_{N-1}^u(\boldsymbol{x}_n, n) &= \sum_{\boldsymbol{y}\in\mathfrak{S}^{(n)}} \underline{\boldsymbol{p}}_n^u(\boldsymbol{x}_n, \boldsymbol{y}) \, (\underline{\boldsymbol{k}}_n^u(\boldsymbol{x}_n, \boldsymbol{y}) + \underline{L}_N(\boldsymbol{y}, n)) \\ &= \sum_{\boldsymbol{y}\in\mathfrak{S}^{(n)}} \underline{\boldsymbol{p}}_n^u(\{x\}, \boldsymbol{y}) \, (\underline{\boldsymbol{k}}_n^u(\{x\}, \boldsymbol{y}) + \underline{L}_N(\boldsymbol{y}, n))\end{aligned}$$

with

$$\underline{L}_N(\boldsymbol{y}, n) = \inf_{y\in\boldsymbol{y}} T(y) .$$

We transform this equation into

$$\begin{aligned}\underline{L}_{N-1}^u(\boldsymbol{x}_n, n) = &\sum_{\{z\}\in\mathfrak{B}^{(n)}} \underline{\boldsymbol{p}}_n^u(\{x\}, \{z\}) \, (\underline{\boldsymbol{k}}_n^u(\{x\}, \{z\}) + \underline{L}_N(\{z\}, n)) \\ &+ \sum_{\boldsymbol{y}\in\mathfrak{S}^{(n)}\setminus\mathfrak{B}^{(n)}} \underline{\boldsymbol{p}}_n^u(\{x\}, \boldsymbol{y}) \, (\underline{\boldsymbol{k}}_n^u(\{x\}, \boldsymbol{y}) + \underline{L}_N(\boldsymbol{y}, n)) \quad (\{x\}\in\mathfrak{S}^{(n)}) ,\end{aligned}$$

whereby the sequence $\mathfrak{B}^{(n)}$ is defined by

$$\mathfrak{B}^{(n)} = \{\{x\} : x\in S \quad \text{and} \quad \{x\}\in\mathfrak{S}^{(n)}\} .$$

By using the identities

$$\begin{aligned}&\underline{\boldsymbol{p}}_n^u(\{x\}, \{z\}) = p^u(x, z) , \\ &\underline{\boldsymbol{k}}_n^u(\{x\}, \{z\}) = k^u(x, z)\end{aligned}$$

and

$$\underline{L}_N(\{z\}, n) = T(z)$$

we obtain

$$\underline{L}^u_{N-1}(\boldsymbol{x}_n, n) = \sum_{\{z\} \in \mathfrak{B}^{(n)}} p^u(x, z)\,(k^u(x, z) + T(z)) + \sum_{\boldsymbol{y} \in \mathfrak{S}^{(n)} \setminus \mathfrak{B}^{(n)}} \underline{\boldsymbol{p}}^u_n(\{x\}, \boldsymbol{y})\,(\underline{\boldsymbol{k}}^u_n(\{x\}, \boldsymbol{y}) + \underline{L}_N(\boldsymbol{y}, n)) .$$

In the same way as we have proved theorem 1 we get by using the inequality

$$\underline{\boldsymbol{p}}^u_n(\{x\}, \boldsymbol{y}) \leqq \boldsymbol{p}^u_n(\{x\}, \boldsymbol{y}) \quad (x \in S, \boldsymbol{y} \in \mathfrak{S}^{(n)})$$

for all $u \in A$ the relation

$$\lim_{n\to\infty} \sum_{\boldsymbol{y} \in \mathfrak{S}^{(n)} \setminus \mathfrak{B}^{(n)}} \underline{\boldsymbol{p}}^u_n(\{x\}, \boldsymbol{y})\,(\underline{\boldsymbol{k}}^u_n(\{x\}, \boldsymbol{y}) + \underline{L}_N(\boldsymbol{y}, n)) = 0 ,$$

that is

$$\lim_{n\to\infty} \underline{L}_{N-1}(\boldsymbol{x}_n, n) = V^*_{N-1}(x) .$$

In view of the identity

$$\bar{\boldsymbol{p}}^u_n(\{x\}, \boldsymbol{y}) = \boldsymbol{p}^u_n(\{x\}, \boldsymbol{y}) \quad (u \in A,\ x \in S,\ \boldsymbol{y} \in \mathfrak{S}^{(n)})$$

we obtain in the same manner the relation

$$\lim_{n\to\infty} \bar{L}_{N-1}(\boldsymbol{y}_n, n) = V^*_{N-1}(x)$$

Repeating these considerations we prove also the continuous convergence of the sequences $\underline{L}_k(\cdot, n)$ and $\bar{L}_k(\cdot, n)$ to V^*_k for all $k = N-2, N-3, \ldots, 0$.

References

[1] Bertsekas, D.: Convergence of Discretization Procedures in Dynamic Programming. IEEE Transaction Automatic Control (1975). 415–419.
[2] Caratheodory, C.: Funktionentheorie. Basel 1950.
[3] Fox, B. L.: Finite State Approximations to Denumerable State Dynamic Programs. Jour. Math. Analysis a. Application **34** (1971). 665–670.
[4] Girlich, H.-J.: Diskrete stochastische Entscheidungsprozesse. Leipzig 1973.
[5] Hinderer, K.: Foundations of non-stationary dynamic programming. Lecture Notes in Oper. Res. and Math. Systems No. 33 (1970). Springer-Verlag, Berlin-Heidelberg-New York.
[6] Hinderer, K.: Neuere Resultate der Stochastischen Dynamischen Optimierung. Zeitschr. f. angew. Math. und Mech. **55** (1975). T 16–T 26.
[7] Kemeny, J. G., and J. L. Snell: Finite Markov chains. Moskau 1970 (russ. Übersetzung).

Zusammenfassung

In dieser Arbeit wird ein stochastisches dynamisches Optimierungsproblem mit abzählbarem Zustandsraum und endlichem Aktionenraum untersucht. Als Näherungsmethode wird ein Dekompositionsalgorithmus für den Zustandsraum zur numerischen Lösung angegeben. Die optimalen Politiken und minimalen Funktionswerte des so konstruierten

Markowschen Entscheidungsprozesses werden mittels der Methode der dynamischen Optimierung berechnet. Es werden Konvergenzsätze bewiesen und Schranken für den minimalen Funktionswert angegeben.

Резюме

Исследуется проблема стохастического динамического программирования со счетным пространством состояний и конечным пространством действия. Дается приближенная процедура для вычислительного решения задачи в виде алгоритма разложения. Оптимальные политики и минимальное значение функций так сконструированного решающего процесса типа Маркова вычисляются с помощью динамического программирования. Доказываются теоремы о сходимости и даются нижние грани значений функции.

Eingereicht bei der Redaktion: 26. 10. 1976; revidierte Fassung: 13. 6. 1977

Buchbesprechung

G. Uebe: **Produktionstheorie.** Lecture Notes in Economics and Mathematical Systems 114, Springer-Verlag, Berlin-Heidelberg-New York 1976, XVII, 301 S., DM 28,–

Der Produktionstheorie und insbesondere der Theorie der Produktionsfunktionen werden in neuerer Zeit zunehmende Beachtung geschenkt. Es ist daher sehr zu begrüßen, daß in dem Buch eine strenge mathematische Grundlegung der Produktionstheorie angestrebt wird, die sich modernen Entwicklungslinien anpaßt. Insbesondere ist hervorzuheben, daß die Produktionstheorie als Problem der konvexen Optimierung dargestellt wird.

Abgesehen von einem einleitenden Kapitel, in dem für einige Beispiele die Bedeutung von Produktionsfunktionen demonstriert wird, kann das Buch sachlich in drei Teile gegliedert werden. Der erste Teil behandelt die Grundlagen für eine vollständige Beschreibung der CES-Produktionsfunktionen. Dazu werden u. a. die zentrale Optimierungsaufgabe der Produktionstheorie formuliert, grundlegende Definitionen über Produktionsfunktionen und Elastizitäten sowie bei der Berücksichtigung der ersten und zweiten Ableitung gegeben. Schließlich folgt die Herleitung geometrischer Eigenschaften der Produktionsfunktionen und die Darstellung des zentralen Begriffs der Homogenität. Der zweite Teil enthält eine originelle Beschreibung der CES-Produktionsfunktionen sowie die Darstellung des Produktionsproblems bei vorgegebenen Preisen und als Problem der nichtlinearen Optimierung. Der letzte Teil bringt gewisse Verallgemeinerungen zur Theorie der Produktionsfunktionen: Die Mittelwertbildung als ein Produktionsproblem, die Konstruktion von Produktionsfunktionen auf der Basis elementarer Eigenschaften, die Parallelität zwischen Produktionstheorie und Konsumtheorie.

Das Buch ist übersichtlich gegliedert und vermeidet jegliche Weitschweifigkeit. Seine etwa 600 Literaturstellen bedeuten eine wesentliche Informationsquelle. Leider enthält das Literaturverzeichnis aber fast keine Hinweise auf Publikationen in sozialistischen Ländern. Die Nutzung der Darlegungen in der sozialistischen Wirtschaft setzt teilweise die Klärung einiger politökonomischer Grundlagen voraus. Das schließt jedoch nicht aus, daß das Buch eine Fülle wertvoller Anregungen zur Beschreibung von Problemen der sozialistischen Wirtschaft enthält.

W. Dück

Math. Operationsforsch. Statist., Ser. Optimization, Vol. 9 (1978) No. 1, 119–124

Einfluß der Verteilungsfunktionen der Vorgangsdauern auf die Ergebnisse von Netzplanberechnungen

G. MERKEL[1]

Zusammenfassung: In dieser Arbeit wird gezeigt, daß bei Terminrechnungen in Netzplänen bei gegebenen Erwartungswerten und Streuungen der spezielle Verteilungstyp der Vorgangsdauern nur einen geringen Einfluß besitzt. Daraus ist eine erhöhte Bedeutung des CLARKschen Verfahrens sowie der Monte-Carlo-Methode für die praktische Lösung des stochastischen Terminproblems abzuleiten.

1. Vorbemerkungen

In der Praxis der Ablaufplanung zeigt es sich, daß deterministische Behandlung von Zeitplanungsproblemen wie Ressourceneinsatzproblemen zu zum Teil erheblichen Ungenauigkeiten führt. Die Erweiterung der Zeitrechnung in Netzwerken derart, daß die Vorgangsdauern als zufällig betrachtet werden, bringt Schwierigkeiten mit sich, die im hohen Informationsbedarf (Monte-Carlo-Methode), bei bestimmten unzutreffenden Annahmen (CLARKsches Verfahren) oder in zu ungenauen Verfahren (PERT) liegen.

Es wird nun gezeigt, daß bei vorgegebenen Erwartungswerten und Streuungen für die Vorgangsdauern der Einfluß des speziellen Verteilungstyps auf die Ergebnisse von Netzplanberechnungen sehr gering ist. Dadurch werden erhebliche Erleichterungen für die Lösung stochastischer Terminprobleme erreicht.

2. Verallgemeinerung deterministischer Netzplanberechnungen

Es sei $\mathfrak{n} = \mathfrak{n}(\mathfrak{m}^n, \mathfrak{a})$ ein Netzplan mit der Vorgangsmenge $\mathfrak{m}^n = \{V_1, V_2, \ldots, V_n\}$ und einer Menge von Abhängigkeitsbeziehungen $\mathfrak{a}$. Der Hauptschritt zur Berechnung der frühesten Beginntermine T_j lautet:

$$T_j = \max_{(V_i, V_j) \in \mathfrak{a}} (T_i + A_{ij}) \qquad (1)$$

mit

T_i – Anfangstermin von Vorgang V_i

A_{ij} – Abstandsmaß von V_i zu V_j (A_{ij} hängt von der Dauer D_i ab).

Beim stochastischen Terminproblem (A_{ij} und damit auch T_i sind Zufallsgrößen) treten also nur die beiden Operationen

[1] Technische Hochschule Leipzig, Sektion Mathematik, DDR – 703 Leipzig, Karl-Liebknecht-Str. 132.

Addition: X_1+X_2
Maximumbildung: $\max(Y_1, Y_2, \ldots, Y_k)$
auf. Bekanntlich gilt für unabhängige (absolutstetige) Zufallsgrößen: Hat X_1 die Dichtefunktion $f_1(x)$ und X_2 die Dichtefunktion $f_2(x)$, so gilt: $Z=X_1+X_2$ hat die Dichtefunktion

$$f(x)=\int_{-\infty}^{\infty} f_1(t)\, f_2(x-t)\, dt\,. \tag{2}$$

Haben $Y_i (i=1, 2, \ldots, k)$ die Verteilungsfunktionen $F_i(x)$, so gilt $Z=\max(Y_1, Y_2, \ldots, Y_k)$ hat die Verteilungsfunktion

$$F(x)=\prod_{i=1}^{k} F_i(x) \quad \text{(für unabhängige } Y_i)\,. \tag{3}$$

Eine einfache Übertragung des FORDschen Algorithmus auf Zufallsgrößen ist zwar mit (2) und (3) prinzipiell realisierbar, jedoch würden darauf beruhende Verfahren (vgl. [4]) infolge des sehr hohen Aufwandes auf große Schwierigkeiten stoßen und praktisch unbrauchbar sein.

Es seien die wichtigsten Verfahren zur Lösung des stochastischen Terminproblems genannt und kurz charakterisiert:

a) PERT-Verfahren oder Modifizierungen dessen:
Neben den exakten Beziehungen

$$\mathsf{E}(X_1+X_2)=\mathsf{E}X_1+\mathsf{E}X_2 \tag{4}$$

und

$$\mathsf{D}^2(X_1+X_2)=\mathsf{D}^2X_1+\mathsf{D}^2X_2 \tag{5}$$

(die Größen T_i und A_{ij} sind in der Regel unabhängig)
wird die Beziehung

$$\mathsf{E}^{\text{PERT}} \operatorname{Max}(X_1, X_2, \ldots, X_k)=\operatorname{Max}(\mathsf{E}X_1, \mathsf{E}X_2, \ldots, \mathsf{E}X_k)$$

verwendet.
Da aber stets gilt (vgl. [3])

$$\mathsf{E} \operatorname{Max}(X_1, X_2, \ldots, X_k) \geqq \operatorname{Max}(\mathsf{E}X_1, \mathsf{E}X_2, \ldots, \mathsf{E}X_k)\,, \tag{6}$$

entsteht ein unter Umständen erheblicher Fehler (systematisch zu kleine Erwartungswerte für die Termine).

b) CLARKsches Verfahren:
Unter der Annahme, daß alle betrachteten Zufallsgrößen normalverteilt sind, kann man exakte Formeln für $\mathsf{E} \operatorname{Max}(X_1, X_2)$ und $\mathsf{D}^2(\operatorname{Max}(X_1, X_2))$ herleiten (vgl. [1]). Bei der Bildung des Maximums von k Zufallsgrößen wird gesetzt:

$$\mathsf{E}^{\text{Cl}} \operatorname{Max}(X_1, X_2, \ldots, X_k)=\mathsf{E}(\operatorname{Max}(X_k, \operatorname{Max}(X_1, X_2, \ldots, X_{k-1})))\,,$$

wobei angenommen wird, daß $\operatorname{Max}(X_1, X_2, \ldots, X_{k-1})$ normalverteilt ist. Problematisch für die Praxis ist die Annahme, daß alle Zufallsgrößen normalverteilt sind.

c) Monte-Carlo-Methode:
Unter Vorgabe der genauen Verteilung jeder Vorgangsdauer läßt sich die Monte-Carlo-Methode anwenden, und es lassen sich für alle Vorgänge genügend genaue

Verteilungen der Termine bestimmen. Problematisch für die Praxis ist die Notwendigkeit, die genauen Verteilungen der Dauern zu ermitteln. Es zeigt sich (vgl. [6]), daß die Rechenzeiten der Monte-Carlo-Methode durchaus noch im Rahmen des Sinnvollen liegen.

Im folgenden wird nun gezeigt, daß die o. g. Bedenken bez. des Clarkschen Verfahrens und der Monte-Carlo-Methode zerstreut werden können. Bei der Planung von Vorhaben rechnet man mit zulässigen Planungsfehlern zwischen 1% und 4% (vgl. [2]), d. h., man benötigt Verfahren, die einerseits die genannte Genauigkeit erreichen, ohne zu aufwendig zu sein, und andererseits nicht zu umfangreicher Eingabedaten bedürfen.

3. Untersuchungen zum Einfluß der Verteilungsfunktion bei Netzplanberechnungen

Da (4) und (5) gelten, kann man sich bei der Untersuchung des Einflusses der Verteilungsfunktionen auf die Ergebnisse von Netzplanberechnungen auf die Maximumbildung von Zufallsgrößen beschränken. Hierzu sind exakte Berechnungen durchgeführt worden, die in den Tabellen 1, 2, 3 wiedergegeben werden (vgl. auch [5]).

Aus den Tabellen läßt sich zunächst die Aussage treffen, daß der Verteilungstyp der Zufallsgrößen (für die betrachteten Verteilungen) keinen großen Einfluß hat (– bei gegebenen Erwartungswerten und Streuungen –). Diese Aussage kann jedoch nur für „bei Netzplanberechnungen typische“ Verteilungen ausgesprochen werden. (Bei GOLENKO [2] werden als Vorgangsdauern gut approximierende Ver-

Tabelle 1
Erwartungswerte des Maximums zweier normierter Zufallsgrößen bei verschiedenen Verteilungen

	Gleich-verteil.	β-Verteil. mit Exp. 1 und 2	Normal-verteil.	logar. Normalv.	Weibull-verteil. $m=2$
E $\operatorname{Max}(X_1, X_2)$	0,577	0,571	0,564	0,571	0,560
	β-Verteil. m. Exp. 2 und 2	β-Verteil. m. Exp. 2 und 3	β-Verteil. m. Exp. 4 und 4	Dreiecksvert. mit Modalwert m	
E $\operatorname{Max}(X_1, X_2)$	0,565	0,572	0,568	$0{,}5656\,(1+\varepsilon(m))$ mit $0 \leqq \varepsilon(m) < 1/96$	
	Gleich- u. Simpson-verteil.	Dreiecks-verteil. $m=0$, $m=1$	Gleich- u. Dreiecks-vert./$m=0$	β-Verteil. (Exp. 1 u. 2), Gleichvert.	Simpsonv. u. β-Vert. (Exp. 1 u. 2)
E $\operatorname{Max}(X_1, X_2)$	0,576	0,577	0,575	0,575	0,572

Tabelle 2
Maximum von 2 Zufallsgrößen mit $\mathsf{E}X_1 = 0$, $\mathsf{D}^2X_1 = 1$ und $\mathsf{E}X_2 = \alpha$, $\mathsf{D}^2X_2 = 1$ in Abhängigkeit vom Verteilungstyp (vgl. auch [5]/Erwartungswerte)

α	Gleich-verteil.	β-Verteil. (Exp. 1 u. 2)	Normal-verteil.	Simpson-verteil.	Dreiecks-vert. ($m = 0$)	Dreiecks-vert. ($m = 1$)
0	0,577	0,571	0,564	0,572	0,566	0,566
0,5	0,862	0,855	0,849	0,865	0,853	0,852
1,0	1,208	1,203	1,200	1,215	1,204	1,204
1,5	1,605	1,605	1,605	1,602	1,608	1,608

Tabelle 3
Maximum von 2 Zufallsgrößen mit $\mathsf{E}X_1 = \mathsf{E}X_2 = 0$ und $\mathsf{D}^2X_1 = 1$, $\mathsf{D}^2X_2 = \gamma^2$ in Abhängigkeit vom Verteilungstyp (vgl. [5]/Erwartungswerte)

γ	Gleich-verteil.	β-Verteil. (Exp. 1 u. 2)	Normal-verteil.	Simpson-verteil.	Dreiecks-vert. ($m = 0$)	Dreiecks-vert. ($m = 1$)
1,2	0,640	0,632	0,623	0,640	0,626	0,626
1,6	0,783	0,767	0,753	0,784	0,765	0,765
2,0	0,938	0,913	0,892	0,940	0,914	0,913
3,0	1,347	1,301	1,261	1,347	1,308	1,308

teilungen β-Verteilungen, Normalverteilung, Gleichverteilung, Dreiecksverteilung, logarithmische Normalverteilung usw. angesehen.)

Es gilt jedoch: Sei X_1 eine diskrete Zufallsgröße, welche den Wert $x_1 = -1/\sqrt{n}$ mit $\mathsf{P}(X_1 = x_1) = n/(n+1)$ und den Wert $x_2 = \sqrt{n}$ mit $\mathsf{P}(X_1 = x_2) = 1/(n+1)$ annehmen kann. X_2 besitze die gleiche Verteilung. Dann gilt $\mathsf{E}X_i = 0$, $\mathsf{D}^2X_i = 1$ und $\mathsf{E}Y = \mathsf{E}\,\mathrm{Max}(X_1, X_2) = \sqrt{n}/(n+1)$ und damit $\lim_{n\to 0} \mathsf{E}Y = \lim_{n\to\infty} \mathsf{E}Y = 0$ (im Gegensatz zu den Ergebnissen von Tabelle 1). (Für die Streuungen des Maximums zweier Zufallsgrößen kann man ähnliche Aussagen machen – vgl. [5].)

Um noch gewisse quantitative Aussagen zu erhalten, wurden für eine Reihe von Netzen (Größenordnung 30 bis 100 Vorgänge) Netzplanberechnungen durchgeführt. Hierbei wurden bei gegebenen Erwartungswerten und Streuungen für die Vorgangsdauern Gleichverteilung (a), Simpsonverteilung (b), β-Verteilung mit den Exponenten 1 und 2 (c/vgl. [2]), eine spezielle zweigipflige Verteilung (d) mit der Dichtefunktion

$$f(x) = \begin{cases} \dfrac{250y\,(1-y)\,(y^2 - y - 0{,}375)}{7\,(b-a)} & \text{mit } y = \dfrac{x-a}{b-a},\ x \in (a, b) \\ 0 & \text{für } x \notin (a, b) \end{cases}$$

und eine spezielle dreigipflige Verteilung (e) mit der Dichtefunktion

$$f(x) = \begin{cases} \dfrac{\left(1 - \cos 6\pi \dfrac{x-a}{b-a}\right)}{(b-a)} & \text{für } x \in (a, b) \\ 0 & \text{für } x \notin (a, b) \end{cases}$$

unterstellt (vgl. Tabelle 4).

Tabelle 4
Einfluß des Verteilungstyps der Vorgangsdauern auf die Ergebnisse von Netzplanberechnungen

Netz	Verteilungstyp *a*	*b*	*c*	*d*	*e*	PERT	Δ	Max $\varepsilon(V)$
1	94,4	94,5	94,8	94,4	94,5	85,1	9,3	0,4
2	89,5	89,5	89,7	89,5	89,6	85,1	4,4	0,2
3	76,4	76,5	76,8	76,5	76,4	71,2	5,2	0,4
4	73,3	73,2	73,3	73,3	73,3	71,2	2,1	0,1
5	69,5	69,5	69,8	69,5	69,5	63,6	5,9	0,3
6	66,4	66,4	66,5	66,4	66,4	63,6	2,8	0,1
7	65,3	65,4	65,6	65,3	65,3	63,2	2,1	0,3
8	63,7	63,7	63,8	63,8	63,7	63,2	0,5	0,1
1	7,6	7,2	7,9	7,2	8,0	10,6		
2	4,0	3,8	4,3	4,0	4,2	5,3		
3	4,1	4,6	5,1	4,1	4,6	7,8		
4	2,8	2,9	3,2	2,8	3,2	3,9		
5	5,1	5,4	6,2	5,4	5,8	8,0		
6	3,0	3,2	3,2	3,0	3,2	4,0		
7	5,8	5,8	6,2	5,9	6,3	7,8		
8	3,4	3,3	3,5	3,4	3,4	3,9		

a) Erwartungswerte des Endtermins
b) Standardabweichungen des Endtermins

An Tabelle 4 zeigt es sich, daß die Differenz der Ergebnisse durch die Annahme verschiedener Verteilungen Max $\varepsilon(V)$ gegenüber den Ungenauigkeiten deterministischer Berechnungen (bzw. des PERT) $\Delta = \mathsf{E}T_e(a) - T_e^{\text{det}}$ verschwindend klein ist und $\varepsilon(V)$ in der Regel weit unter 1% liegt. Auch die Annahme von Normalverteilung für die Vorgangsdauern bringt ähnliche Ergebnisse (vgl. [7], [5]).

4. Folgerungen

Es lassen sich folgende Aussagen machen:

a) Unter Annahme typischer Verteilungen für Vorgangsdauern und bei einer benötigten Genauigkeit mit einer Toleranz größer als 1% wird für praktische Berechnungen die Verteilung der Vorgangsdauern nicht benötigt; um die benötigte Genauigkeit zu erreichen, sind nur Erwartungswerte und Streuungen zu ermitteln.

b) Die Annahme der Normalverteilung beim Clarkschen Verfahren bringt keine großen Ungenauigkeiten bei Netzplanberechnungen.

c) Bei Anwendung von Simulationsmodellen kann für die Vorgangsdauern der einfachste Verteilungstyp (Gleichverteilung) unterstellt werden – der dadurch entstehende Fehler ist sehr gering.

References

[1] Clark, Ch. E.: The greatest of a finite set of random variables. Operations Research, 1961.

[2] Golenko, D. I.: Statistische Methoden der Netzplantechnik, Leipzig 1972.

[3] Herrmann, H. O.: Mathematische Grundlagen des PERT-Modelles. Diss. 1972. Hochsch. f. Architektur und Bauwesen Weimar.
[4] Martin, J. J.: Distribution of the time through a directed acyclic network. Operations Research 13 (1965).
[5] Merkel, G.: Probleme der Anwendbarkeit und Möglichkeiten der Erweiterung deterministischer Ressourcenbilanzierungsalgorithmen unter Beachtung stochastischer Parameter. Forschungsbericht an der HfB Leipzig, 1975.
[6] Merkel, G., und K. Iske: Ein Baustein zur Lösung des stochastischen Terminproblems. Wiss. Zeitschr. der HfB Leipzig (1976), Heft 2.
[7] Todt, H. J.: The effect of the distribution-type on the statistical calculation of networks. Internet 1969.

Summary

In this paper it is shown that in networks with given means and dispersions of activities the effect of the distribution-type is small. It follows the great importance of Clarks method and of Monte-Carlo-method for practical solving stochastic time-problems.

Резюме

В этой работе показано, что специальный тип распределения продолжительностей операций имеет только незначительное влияние на определение продолжительностей операций в сетях при данных математических ожиданиях и дисперсиях. Из этого вытекает особое значение метода Кларка и метода Монте-Карло для практического решения проблемы стохастического календарного планирования.

Eingereicht bei der Redaktion: 12. 5. 1976; revidierte Fassung: 16. 2. 1977

Math. Operationsforsch. Statist., Ser. Optimization, Vol. 9 (1978) No. 1, 125–141

Stochastic Processes with Imbedded Marked Point Processes (PMP) and their Application in Queueing

D. König [1], T. Rolski [2], V. Schmidt [1], D. Stoyan [1]

Summary: In generalization of special cases of the literature a class of stochastic processes (PMP) is defined with an imbedded stochastic marked point process of "basic points", which must not be renewal points. A theorem ("intensity conservation principle") has been proved concerning a relation between stationary distribution of PMP at arbitrary points in time and distributions and intensities connected with the basic points. This relationship simultaneously yields a general method for determination of stationary quantities at arbitrary points in time by means of the corresponding "imbedded" quantities. Some applications to concrete queueing systems have been demonstrated, where arrival or departure epochs of customers are used as basic points. Under weaker independence assumptions as till now done in the literature, new relations are given.

1. Introduction

In some theories of applied probability as for instance queueing or reliability, we may state that the equilibrium (stationary) distribution of a stochastic process $\{\xi(t), t \in T\}$ can be determined by the equilibrium (stationary) distribution of the process $\{\xi(t_n), n=0, \pm 1, \ldots\}$, where $\{t_n\}$ is a sequence of instants, $t_n \in T$. The process $\{\xi(t_n), n=0, \pm 1, \ldots\}$ is said to be the imbedded process, and, analogously, $\{[t_n, \xi(t_n)]\}$ the imbedded marked point process of $\{\xi(t)\}$.

Classical examples are the queue size processes in GI/M/1 and M/GI/1 queues, where the t_n are the instants of arrival and departure respectively, and the waiting time process in GI/GI/s queues, where $\{t_n\}$ is the sequence of arrival instants.

The problem of relations between distributions of a process and an imbedded process (in terms of queueing: time and customer process) has been solved by application of Kendall's [11] *theory of imbedded* Markov *chains*. The method described and used in Takacs's book [32] (which is a prototype of our method) gives satisfactory results. Some authors have considered generalizations and formalizations of this method, for example Kopocinska/Kopocinski [9] [15] [16] and Litvinov [20].

A further technique, which is based on the *theory of regenerative processes* and the "*stochastic mean value theorem*", has been used by Brown/Ross [2], Cohen [4], Lemoine [19], and Stidham [30] [31]. Another method has been suggested by Kuczura [18] in the case of processes with a denumerable state space. He intro-

---

[1] Bergakademie Freiberg, Sektion Mathematik, DDR-92 Freiberg, Bernh.-von-Cotta-Str. 2.
[2] University of Wrocław, Mathematical Institute, 50–384 Wrocław, pl. Grunwaldzki 2/4, Poland.

duced the concept of a piecewise Markov process and proved a fundamental identity for imbedded and non-imbedded state probabilities. In the papers of Rolski [10] [26] the concept of piecewise Markov processes has been extended to a general state space and the fundamental identity has been given by means of an "infinitesimal operator".

The common aspect of all the above-mentioned methods is that some independence assumptions are needed because renewal theory arguments are used in the proofs. Without these assumptions some formulae of the above discussed type have been proved for means, for example formulae of the type $L = \lambda W$ or simple formulae for state probabilities. They have been proved using elementary results of the theory of point processes, see [5] [6] [21].

For the proof of more complicated formulae some authors used the inversion formula of the theory of stationary marked point processes, see Franken [7], Miyazawa [22], and [14], see also [1], where some modification of the inversion formula has been used. Finally, we note that Nawrotzki [24] has established a further method to obtain stationary state probabilities proceeding from imbedded process probabilities. It is also based on the inversion formula and is applicable if the system considered can be described by a so-called Markov marked random point sequence. (This is a stochastic marked point process which consists of pieces of marked point processes, which form a Markov chain.)

In our opinion, for the proof of more complicated formulae of the discussed type a general and not too complicated technique is needed. One of such techniques is the use of the intensity conservation principle in the form (4.2), resp. (4.3). Whereas in the papers [10] [18] [26] the sequences $\{t_n\}$ are determined by semi-Markov processes, here we assume only that the t_n are points in time so that the sequence $\{[t_n, \xi(t_n)]\}$ forms a stationary marked point process. In this way we may omit the independence assumptions and can give easier proofs based on the theory of marked point processes. In the case of a concrete process we need in order to obtain explicit formulae to compute only some intensities and a limit, which has the character of an infinitesimal operator. Hence we obtain, in a simple way, formulae for queueing systems with non-recurrent input generalizing other authors' formulae.

We remark that processes with similar properties as our PMP are the Markov renewal processes with auxiliary paths, which are considered by Pyke and Schaufele [25] and Schäl [27] [28]. Here the sequence $\{t_n\}$ is defined by a semi-Markov process.

2. Processes with Imbedded Marked Point Processes (PMP)

2.1. Preliminary Results concerning Stationary Marked Point Processes

Let $[\Omega, \mathfrak{F}, \mathsf{P}]$ be a probability space and let Φ be a *stochastic marked point process* (see [12] [13]) on the real line R with some measurable mark space $[K, \mathfrak{K}]$. Φ is a random element on $[\Omega, \mathfrak{F}, \mathsf{P}]$ having values in the measurable space $[M, \mathfrak{M}]$, where M is the set of all non-negative integer-valued measures φ on $\mathfrak{B} \otimes \mathfrak{K}$ ($\mathfrak{B}$

denotes the σ-algebra of Borel subsets of R) having the properties

$$\varphi(\{t\}\times K)\leqq 1 \quad \text{for every} \quad t\in R,$$
$$\varphi(B\times K)<\infty \quad \text{for every bounded} \quad B\in\mathfrak{B},$$

and $\mathfrak{M}$ is the smallest σ-algebra of subsets of M such that the mappings $\varphi\rightarrow\varphi(B\times L)$ are $\mathfrak{M}-\mathfrak{B}$-measurable for every (fixed) bounded $B\in\mathfrak{B}$ and $L\in\mathfrak{K}$. The probability measure $P=\mathsf{P}\circ\Phi^{-1}$ on $[M, \mathfrak{M}]$ is said to be the distribution of Φ.

For $[t, k]\in R\times K$ we denote by $\delta_{[t,k]}(X)$ the degenerate distribution assigning unit mass to $[t, k]$,

$$\delta_{[t,k]}(X)=1_X([t, k]),$$

where 1_X denotes the indicator function of X, $X\in\mathfrak{B}\otimes\mathfrak{K}$. It is well-known that for every $\varphi\in M$ the set S_φ,

$$S_\varphi=\{t\in R:\varphi(\{t\}\times K)>0\},$$

is at most denumerable and

$$\varphi(X)=\sum_{t_i\in S_\varphi}\delta_{[t_i,k_i]}(X),\quad X\in\mathfrak{B}\otimes\mathfrak{K}, \tag{2.1}$$

where k_i denotes the mark of t_i. Therefore, S_φ is the support of the counting measure φ.

Every realization $\varphi\in M$ of Φ can be interpreted as a sequence of marked points,

$$\varphi=\{[t_i(\varphi), k_i(\varphi)]\}_i,$$

where

$$t_i(\varphi)<t_{i+1}(\varphi)$$

and

$$t_0(\varphi)=\min\{t>0:\varphi(\{t\}\times K)=1\}.$$

Consequently, we write

$$\Phi=\{[\zeta_i, \varkappa_i]\}_i,$$

where the ζ_i are r.v. (with values in R) and the $\varkappa_i$ are random elements with values in K. The ζ_i are numbered in that manner that $\zeta_0>0$, $\zeta_{-1}\leqq 0$.

For each $t\in R$ the *shift operator* T_t is defined by

$$T_t\varphi=\sum_{t_i\in S_\varphi}\delta_{[t_i-t,k_i]},$$

where $\varphi\in M$ is given by (2.1). The mapping T_t: $M\rightarrow M$ is one-to-one and measurable for every $t\in R$.

The point process $\Phi\sim[M, \mathfrak{M}, P]$ is said to be *stationary* if for every $t\in R$ and every $Y\in\mathfrak{M}$

$$P(Y)=P(T_tY),$$

i.e., P is T_t-invariant.

The *intensity* of a stationary Φ with respect to the mark set $L\in\mathfrak{K}$ is defined by

$$\lambda(L)=\mathsf{E}(\Phi((0, 1)\times L))=\int_M\varphi((0, 1)\times L)\,P(d\varphi). \tag{2.2}$$

If $L=K$ we write $\lambda=\lambda(K)$ and call it the intensity of Φ. We note that $\lambda(\cdot)$ is a measure on $\mathfrak{K}$. In the case $\lambda(L)<\infty$ the formula

$$\mathsf{E}(\Phi((0, t)\times L))=\lambda(L)\cdot t;\quad t>0 \tag{2.3}$$

is true.

Let us denote for non-empty $L \in \mathfrak{K}$

$$M_L^\infty = \{\varphi \in M : \varphi((-\infty, 0) \times L) = \varphi((0, \infty) \times L) = \infty\}.$$

M_L^∞ is the set of all φ having infinitely many points in $(-\infty, 0)$ and in $(0, \infty)$ with mark in L.

We remark that for a stationary point process Φ the formula

$$P(\varphi \in M : \varphi \in M_L^\infty \quad \text{or} \quad \varphi(R \times L) = 0) = 1$$

holds for every $L \in \mathfrak{K}$, i.e., P is concentrated on M_L^∞ and the "empty" point process.

Let Φ be a stationary marked point process, and let $L \in \mathfrak{K}$ with

$$0 < \lambda(L) < \infty \quad \text{and} \quad P(M_L^\infty) = 1. \tag{2.4}$$

Then, we have the following formulae (see [13], sect. 4.2):

$$\lim_{t \downarrow 0} \frac{1}{t} P(\varphi \in M_L^\infty : \varphi((0, t) \times L) > 0) = \lambda(L), \tag{2.5}$$

$$\sum_{n=1}^{\infty} P(\varphi \in M_L^\infty : \varphi((0, t) \times L) > n) = o(t), \tag{2.6}$$

$$P_L(\varphi \in M_L^\infty : \varphi(\{0\} \times L') > 0) = \frac{\lambda(L \cap L')}{\lambda(L)} \tag{2.7}$$

for every $L' \in \mathfrak{K}$, where P_L denotes the Palm distribution of Φ with respect to the mark set $L \in \mathfrak{K}$. P_L is concentrated on the set

$$M_L^0 = \{\varphi \in M : \varphi(\{0\} \times L) > 0\}$$

of realizations of Φ having a point at zero with mark in L.
We remark that from (53) and theorem 4.2.7 in [13] (see also [12], theorem 4.6.1)

$$P_L(\varphi \in M_L^0 : \varphi(\{0\} \times L') > 0) = \lim_{t \downarrow 0} \mathsf{P}(\varkappa_0 \in L' \mid \zeta_0 < t, \varkappa_0 \in L) \tag{2.8}$$

follows, and, consequently, from (2.7)

$$\lim_{t \downarrow 0} \mathsf{P}(\varkappa_0 \in L' \mid \zeta_0 < t, \varkappa_0 \in L) = \frac{\lambda(L \cap L')}{\lambda(L)}, \quad L' \in \mathfrak{K}.$$

Note that the condition $P(M_L^\infty) = 1$ in (2.4) follows from $\lambda(L) > 0$ if Φ is ergodic. In the sequel we will restrict our attention to such mark sets $L \in \mathfrak{K}$, which satisfy (2.4).

2.2 Definition of PMP

Let $\{\xi(t), -\infty < t < \infty\}$ be a strictly stationary continuous-time process with some measurable state space $[E, \mathfrak{E}]$, and let $\Phi = \{[\zeta_i, \varkappa_i]\}_i$ be a stationary marked point process with finite intensity λ. Let the mark $\varkappa_i$ of ζ_i be equal to the vector $\varkappa_i = (\eta_i, \varkappa_i^*)$, where η_i (resp. $\varkappa_i^*$) is a E-valued (resp. K^*-valued) random element. Thus the mark space K of Φ has the form

$$K = E \times K^*,$$

and $\mathfrak{K} = \mathfrak{E} \otimes \mathfrak{K}^*$ with $\mathfrak{K}^*$ some σ-algebra of subsets of K^*.

We assume that ζ_i is a stopping time of $\{\xi(t)\}$ for every i, i.e., the mappings $\xi(\zeta_i): \Omega \to E$ are $\mathfrak{F}-\mathfrak{E}$-measurable. The trajectories of $\{\xi(t)\}$ are assumed to be left continuous and have right-hand limits.
Let the processes $\{\xi(t)\}$ and Φ be stationarily connected, where

$$\eta_i = \xi(\zeta_i) ,$$

and $\varkappa_i^*$ is some additional mark-component.
We recall that the stationary connection of $\{\xi(t)\}$ and Φ means that every finitely dimensional distribution

$$\mathsf{P}(\xi(t_1) \in A_1, \ldots, \xi(t_n) \in A_n, \Phi\,(B_1 \times L_1) \in C_1, \ldots, \Phi\,(B_m \times L_m) \in C_m)$$

is time-invariant, $t_k \in R$, $A_k \in \mathfrak{E}$; B_k, $C_k \in \mathfrak{B}$, $L_k \in \mathfrak{K}$, where Φ is treated as a random counting measure.

A process $\{\xi(t)\}$ with these properties is said to be a *stochastic process with an imbedded marked point process* (PMP).

For the r.v.'s ζ_i we use the notation *"basic (imbedded) points"*, and for Φ the notation *basic (imbedded) point process* of $\{\xi(t)\}$. Thus, the mark-component η_i gives the value of the process $\{\xi(t)\}$ at the basic point ζ_i, and $\varkappa_i^*$ can describe, for example, the "type" of the basic point ζ_i.

Let us now consider the stationary marked point process

$$\Phi' = \{[\zeta_i, \varkappa_i']\} \quad \text{with} \quad \varkappa_i' = (\varkappa_i, \xi\,(\zeta_i + 0)) = (\xi(\zeta_i), \varkappa_i^*, \xi\,(\zeta_i + 0)) .$$

By $(P')_{K \times E}$ we denote the Palm distribution of Φ' with respect to the whole mark space $K \times E$. Let

$$\mathfrak{S}'(A_1 \times L \times A_2) = (P')_{K \times E}(\varphi' \in M^0_{K \times E} \colon \varphi'(\{0\} \times A_1 \times L \times A_2) > 0) ,$$
$$A_1, A_2 \in \mathfrak{E}, L \in \mathfrak{K}^* .$$

Having (2.7), (2.8) and the invariance of the Palm distribution $(P')_{K \times E}$ with respect to pointwise shifting (see [13], theorem 4.2.1) we say that $\mathfrak{S}'(A_1 \times K^* \times A_2)$, $A_1, A_2 \in \mathfrak{E}$, is the common distribution of $\{\xi(t)\}$ at and immediately after a basic point.

For fixed $A \in \mathfrak{E}$, we define the following transition probabilities $q^l(x, A)$ and $p_t(x, A)$ as Radon-Nikodym densities provided that they exist:

$$q^l(x, A) = \mathfrak{S}'(E \times K^* \times A \mid \{(x, l)\} \times E \text{[illegible]}, l \in K^* ,$$
$$p_t(x, A) = \mathsf{P}(\xi\,(u+t) \in A \mid \xi(u) = x, \text{[illegible]}_{i(u)-1} \text{[illegible]}\, u < u+t < \zeta_{i(u)}) ,$$

where $i(u) = \min\,\{n : u \leqq \zeta_n\}$, $u \in R$; $t > 0$.
Because of (2.7) the definition of $q^l(x, A)$ can be reformulated as follows: For every bounded measurable function $f\colon K \to R$ we have

$$\int_K f(x, l)\, q^l(x, A)\, \lambda'(\mathrm{d}k \times E) = \int_K f(x, l)\, \lambda'(\mathrm{d}k \times A) , \tag{2.9}$$

$k = (x, l)$, where the intensities $\lambda'(\cdot)$ correspond to Φ'.

Observe that $q^l(x, A)$ and $p_t(x, A)$ exist if, for example, E and K^* are Polish spaces with $\mathfrak{E}$ and $\mathfrak{K}^*$ the σ-algebras of Borel sets of E and K^*, respectively.

From the assumption that $\{\xi(t)\}$ and Φ are stationarily connected, it follows that the transition probabilities $p_t(x, A)$ are time-homogeneous, i.e., they do not depend on u. The $p_t(x, A)$ determine the behaviour of the process $\{\xi(t)\}$ between basic points. $q^l(x, A)$ is the conditional probability that $\{\xi(t)\}$ immediately after a basic point takes value in A under the condition that the value of the process $\{\xi(t)\}$ at this basic point is equal to x and that this basic point is of "type" l.

The stationary (one-dimensional) distribution of $\{\xi(t), -\infty<t<\infty\}$ at an arbitrary point in time we denote by $\mathcal{P}$,

$$\mathcal{P}(A)=\mathsf{P}\,(\xi(t)\in A) \quad \text{for each real } t; \quad A\in\mathfrak{E}\,.$$

3. Examples of PMP

3.1. Piecewise Markov chains of Kuczura

The piecewise Markov chains defined by Kuczura [18], which are given by the characteristics

$$F_k(t),\, p_{ij},\, p_{ij}^{(k)}(t), \quad i, j, k\in E=\{0, 1, \ldots\}, \quad t\geqq 0\,,$$

correspond to a special case of our PMP.

The basic point process is here a marked semi-Markov point process (see [8]) with the characteristics π_{ij} (transition probabilities of the imbedded Markov chain) and F_{ij} (d.f. of time in i, if j follows)

$$\pi_{ij}=\int_0^\infty \sum_{k\in E} p_{ik}P_{kj}^{(k)}(t)\,\mathrm{d}F_k(t)\,,$$

$$F_{ij}(t)=F_i(t)\,; \quad i, j\in E, \quad t\geqq 0\,.$$

The jump points of the semi-Markov process (SMP) are the ζ_i, the marks $\varkappa_i$ are of the form

$$\varkappa_i=(\text{state of the SMP in } (\zeta_{i-1}, \zeta_i], 0)\,,$$

$K^*=\{0\}$.

The transition probabilities $q^l(x, A)$ and $p_t(x, A)$ of the PMP in our sense correspond to p_{ij} and $P_{ij}^k(t)$, respectively.

3.2. Marked Point Processes as PMP

Let $\Psi=\{[\zeta_i, \varkappa_i^*]\}$ be a stationary point process with the mark space K^*. We denote by $\vartheta(t)$,

$$\vartheta(t)=t-\zeta_{i(t)-1}\,,$$

the "backward recurrence time" at the instant t and by $\nu(t)$,

$$\nu(t)=\varkappa_{i(t)-1}^*\,,$$

the mark of the last point before t. The stochastic process $\{\xi(t), -\infty<t<\infty\}= =\{\langle\nu(t), \vartheta(t)\rangle, -\infty<t<\infty\}$ with state space $E=K^*\times R^+$ and the point process Ψ determine uniquely each other. $\{\xi(t), -\infty<t<\infty\}$ is a PMP with the following basic point process Φ,

$$\Phi=\{[\zeta_i, (\langle\varkappa_{i-1}^*, \zeta_i-\zeta_{i-1}\rangle, \varkappa_i^*)]\}\,.$$

The first component (in "$\langle\cdot\rangle$") of the mark space K of Φ is equal to $E=K^*\times R^+$, and the second one is equal to K^*. Obviously, Ψ and Φ do not differ essentially each other. The characteristics of the PMP are the following:

$$q^l(x, A) = q^l(\langle m, u\rangle, A) = \begin{cases} 1 & \text{if} \quad (l, 0) \in A \\ 0 & \text{in other cases} \end{cases}$$

$$p_t(x, A) = p_t(\langle m, u\rangle, A) = \begin{cases} 1 & \text{if} \quad (m, u+t) \in A \\ 0 & \text{in other cases} \end{cases}$$

where $x = \langle m, u\rangle$ and $A \in \mathfrak{K}^* \otimes \mathfrak{B}^+$.

3.3. Queueing System $\vec{\mathrm{G}}/\vec{\mathrm{GI}}/1$

We consider a stationary single-server queue with the following properties:

a) The arrival process forms a stationary marked point process $\{[\zeta_i, \varkappa_i^*]\}$, where every arrival epoch ζ_i is connected with the type $\varkappa_i^* \in K^*$, $K^* = \{0, 1, \ldots\}$, of the customer arriving at ζ_i.

b) The service times are independent r.v.'s., where the distribution of service times β_i depends on the customer type, i.e.

$$\mathsf{P}(\beta_i < t \mid \varkappa_i^* = l) = B_l(t), \quad l \in K^*, \quad 0 \leqq t < \infty .$$

By w_i we denote the waiting time of the i-th customer.

Let Φ be the following marked point process

$$\Phi = \{[\zeta_i, (w_i, \varkappa_i^*)]\} ,$$

and let $w(t)$ be the virtual waiting time at time t.

Then $\{w(t), -\infty < t < \infty\}$ is a PMP with the state space $E = R^+$ and with basic point process Φ having the mark space $K = R^+ \times K^*$. The characteristics of $\{w(t), -\infty < t < \infty\}$ are

$$q^l(x, A) = \mathsf{P}\,(x + \beta^{(l)} \in A) ,$$

where $\beta^{(l)} \sim B_l$, and

$$p_t(x, A) = \begin{cases} 1 & \text{if} \quad \max\{0, x-t\} \in A \\ 0 & \text{in other cases} \end{cases}$$

$x \in R^+$, $A \in \mathfrak{B}^+$.

Analogously, the virtual waiting time vectors $\boldsymbol{w}(t)$ in $\vec{\mathrm{G}}/\vec{\mathrm{GI}}/s$ queues form a PMP.

3.4. Queueing System $\mathrm{G} + \mathrm{M}/\vec{\mathrm{GI}}/1$

We assume that the input of the stationary single-server queue considered is the superposition of an arbitrary stationary point process $\Phi_1 = \{\zeta_i\}$ with intensity λ_1 and a stationary Poisson point process Φ_2 with intensity λ_2. The service times are independent r.v.'s with d.f. B_i for customers of Φ_i, $i = 1, 2$. The virtual waiting time process $\{w(t), -\infty < t < \infty\}$ can be described as a PMP in the following way: The basic point process Φ is given by

$$\Phi = \{[\zeta_i, (w_i, 0)]\} ,$$

where w_i is the waiting time of the i-th customer of Φ_1, $E = R^+$, and $K = E \times \{0\}$, i.e., K^* is degenerate.

We have

$$q^0(x, [0, y)) = q(x, [0, y)) = B_1(y-x)$$

and

$p_t(x, A)$ is the transition function of the virtual waiting time process in a M/GI/1 queue with arrival rate λ_2 and service time d.f. B_2, see [3], § II. 4.5.

3.5. Residual Service Time

We consider a stationary service system of arbitrary structure having the following properties:

(i) the instants of service-beginning by a fixed server form a stationary point process with finite intensity,

(ii) the service times of given server are independent identically distributed r.v.'s (different servers may have different service time d.f.'s),

(iii) there are no interruptions of service times,

(iv) each service time is independent of the instants of service-beginning of all earlier servers and of its own instant of service-beginning.

These properties are fulfilled by a wide class of service systems, for example for G/GI/s/n systems with $1 \leqq s \leqq \infty$, $0 \leqq n \leqq \infty$ as well for such systems as the Palm machine repair model.

Let us consider an arbitrary server, and let B be its service time distribution function and λ the intensity of the point process in (i). We denote by ζ_i, $i=0$, $\pm 1, \ldots$, the instants of service-beginning and by $\beta(t)$ the residual service time at time t ($\beta(t)=0$, if the server is idle). The stochastic process $\{\beta(t), -\infty<t<\infty\}$ is a PMP with basic point process Φ,

$$\Phi = \{[\zeta_i, (0, 0)]\},$$

where the first "0" denotes the residual service time at corresponding basic point (which is, obviously, equal to zero) and the second "0" is only formal, because of $K^* = \{0\}$.

The transition functions $q^l(x, A)$ and p_t^l are of very simple form,

$$q^0(x, A) = \mathsf{P}(\beta \in A), \quad x \geqq 0, \quad A \in \mathfrak{B}^+, \quad \beta \sim B,$$

(because of $\beta(\zeta_i) = 0$ for all i)

and

$$p_t(x, A) = \begin{cases} 1 & \text{if } \max\{0, x-t\} \in A \\ 0 & \text{in other cases}. \end{cases}$$

4. Relationships between Imbedded and Non-imbedded Characteristics

In order to establish relations between imbedded and non-imbedded characteristics of $\{\xi(t), -\infty<t<\infty\}$ we consider the random number of entrances (exits) of the process $\{\xi(t), -\infty<t<\infty\}$ into (from) a set $A \in \mathfrak{E}$ in the intervals between the basic points ζ_i.

Let $f\colon R \to E$ be left continuous and have right-hand limits. The point $u \in R$ is said to be an entrance (exit) point of A and f, iff there exist $b_1, b_2 > 0$ such that

$$f(u-\delta_1) \notin A, \quad f(u+\delta_2) \in A$$

$$(f(u-\delta_1) \in A, \quad f(u+\delta_2) \notin A)$$

for all $0 < \delta_k < b_k$, $k = 1, 2$.

We restrict our attention to some subfamily $\mathfrak{E}_0$ of $\mathfrak{E}$. A set A is an element of $\mathfrak{E}_0$, if

(i) almost every trajectory $\{\xi(t, \omega)\}$ of $\{\xi(t)\}$ takes values piecewise alternating in A and $A^c = E \setminus A$, i.e.

$$\xi(t, \omega) \in A \quad \text{for} \quad t \in (a_{2n-1}, a_{2n})$$

and

$$\xi(t, \omega) \in A^c \quad \text{for} \quad t \in (a_{2n}, a_{2n+1}) ,$$

where $\{a_i\}, \ldots < a_{i-1} < a_i < a_{i+1} < \ldots, a_i = a_i(\omega)$, denotes the sequence of entrance and exit points of A and the trajectory $\{\xi(t, \omega)\}$. Furthermore, we assume for simplicity that for a basic point $a = a(\omega)$

$$\xi(a, \omega) \in A \quad \text{and} \quad \lim_{t \downarrow a} \xi(t, \omega) \in A^c$$

$$(\text{resp. } \xi(a, \omega) \in A^c \quad \text{and} \quad \lim_{t \downarrow a} \xi(t, \omega) \in A) ,$$

iff a is an exit (resp. entrance) point. That means, especially, that the exits from A (resp. the entrances into A) at basic points have the character of "jumps",

(ii) the mean value of the number $N_{I,A}(u)$ (resp. $N_{0,A}(u)$) of entrances (resp. exits) of $\{\xi(t)\}$ into (resp. from) the set A in the interval $(0, u)$ excluding the basic points is finite, i.e., the stationary point processes, which are generated by $N_{I,A}(u)$ and $N_{0,A}(u)$, respectively, have finite intensities,

(iii) for every $\varepsilon > 0$ there is a set $D \in \mathfrak{E}$ satisfying (i) and (ii) such that

$$p_t(x, A) \underset{t \downarrow 0}{\rightarrow} 1_A(x) \tag{4.1}$$

uniformly with respect to $x \in D$, $\lambda\,(D \times K^*) > \lambda - \varepsilon$.

Remark: (i) For E discrete, the condition (4.1) is fulfilled for $A = \{j\} \subset E$, if the intensities q_{ij},

$$q_{ij} = \lim_{t \downarrow 0} \frac{p_t(i, \{j\}) - 1_{\{j\}}(i)}{t}, \quad i, j \in E ,$$

have a common bound with respect to i, i.e. if $\sup_{i \in E} |q_{ij}| = \alpha_j < \infty$. We note that in this case (4.1) does not depend on the intensities $\lambda(\cdot)$ of Φ. (ii) For $E = R^+$ and

$$p_t(x, A) = \begin{cases} 1 & \text{if} \quad \max\{0, x - t\} \in A \\ 0 & \text{in other cases} \end{cases}$$

the condition (4.1) is fulfilled for $A = [0, u)$, if $\lambda\,(\{u\} \times K^*) = 0$, because $\lambda\,((u, u + s) \times K^*)$ tends to zero for $s \downarrow 0$.

Under the assumptions of section 2.2 we now prove the main result.

Theorem 1: *For every $A \in \mathfrak{E}_0$ we have*

$$\mathfrak{a}_{\mathscr{P}}(A) = \int_A \int_{K^*} q^l(x, A^c)\, \lambda\,(\mathrm{d}x \times \mathrm{d}l) - \int_{A^c} \int_{K^*} q^l(x, A)\, \lambda\,(\mathrm{d}x \times \mathrm{d}l) , \tag{4.2}$$

where

$$\mathfrak{a}_{\mathscr{P}}(A) = \lim_{t \downarrow 0} \frac{1}{t} \left[\int_E p_t(x, A)\, \mathscr{P}(\mathrm{d}x) - \mathscr{P}(A) \right] .$$

Proof: Since the process $\{\xi(t)\}$ is stationary we have $\mathsf{P}(\xi(t)\in A)=\mathsf{P}(\xi(0)\in A)$ for every $t>0$ and, consequently,

$$\begin{aligned}0&=\frac{1}{t}[\mathsf{P}(\xi(t)\in A)-\mathsf{P}(\xi(0)\in A)]\\&=\frac{1}{t}[\mathsf{P}(\xi(t)\in A,\zeta_0\geqq t)-\mathsf{P}(\xi(0)\in A,\zeta_0\geqq t)]\\&\quad+\frac{1}{t}[\mathsf{P}(\xi(t)\in A,\zeta_0<t)-\mathsf{P}(\xi(0)\in A,\zeta_0<t)]\\&=\frac{1}{t}\left[\int_E p_t(x,A)\,\mathcal{S}^t(\mathrm{d}x)-\mathcal{S}^t(A)\right]\\&\quad+\frac{1}{t}[\mathsf{P}(\xi(0)\in A^c,\xi(t)\in A,\zeta_0<t)-\mathsf{P}(\xi(0)\in A,\xi(t)\in A^c,\zeta_0<t)],\end{aligned}$$

where $\mathcal{S}^t(X)=\mathsf{P}(\xi(0)\in X,\zeta_0\geqq t)$.
From conditions (i) and (ii) of the definition of $\mathfrak{E}_0$ we obtain

$$\begin{aligned}&\lim_{t\downarrow 0}\frac{1}{t}\mathsf{P}(\xi(0)\in A^c,\xi(t)\in A,\zeta_0<t)\\&=\lim_{t\downarrow 0}\frac{1}{t}[\mathsf{P}(\xi(\zeta_0)\in A^c,\xi(\zeta_0+0)\in A,\zeta_0<t)+o(t)]\\&=\lambda'(A^c\times K^*\times A)\end{aligned}$$

and, analogously,

$$\begin{aligned}&\lim_{t\downarrow 0}\frac{1}{t}\mathsf{P}(\xi(0)\in A,\xi(t)\in A^c,\zeta_0<t)\\&=\lim_{t\downarrow 0}\frac{1}{t}[\mathsf{P}(\xi(\zeta_0)\in A,\xi(\zeta_0+0)\in A^c,\zeta_0<t)+o(t)]\\&=\lambda'(A\times K^*\times A^c)\end{aligned}$$

applying (2.5) to Φ' (with intensities $\lambda'(\cdot)$) as defined in section 2.2 and applying (2.6) to the point processes, which are generated by the superposition of $N_{O,A}$ and Φ, and of $N_{I,A}$ and Φ, respectively.
From (2.9) we have

$$\begin{aligned}&\lambda'(A\times K^*\times A^c)-\lambda'(A^c\times K^*\times A)\\&=\int_A\int_{K^*}q^l(x,A^c)\,\lambda(\mathrm{d}x\times\mathrm{d}l)-\int_{A^c}\int_{K^*}q^l(x,A)\,\lambda(\mathrm{d}x\times\mathrm{d}l),\end{aligned}$$

noting that $\lambda(\cdot)=\lambda'((\cdot)\times E)$, where $\lambda(\cdot)$ corresponds to Φ. Thus, the theorem is proved, if we show that

$$a_{\mathcal{S}}(A)=\lim_{t\downarrow 0}\frac{1}{t}\left[\int_E p_t(x,A)\,\mathcal{S}^t(\mathrm{d}x)-\mathcal{S}^t(A)\right].$$

In order to proof this formula we use condition (iii) of the definition of $\mathfrak{E}_0$. Let us consider the difference

$$\begin{aligned}&\left|\lim_{t\downarrow 0}\frac{1}{t}\left(\int_E p_t(x,A)\,\mathcal{S}(\mathrm{d}x)-\mathcal{S}(A)\right)-\lim_{t\downarrow 0}\frac{1}{t}\left(\int_E p_t(x,A)\,\mathcal{S}^t(\mathrm{d}x)-\mathcal{S}^t(A)\right)\right|\\&=\lim_{t\downarrow 0}\frac{1}{t}\left|\int_E(p_t(x,A)-1_A(x))\,[\mathcal{S}-\mathcal{S}^t]\,(\mathrm{d}x)\right|\\&\leqq\lim_{t\downarrow 0}\frac{1}{t}\int_E|p_t(x,A)-1_A(x)|\,[\mathcal{S}-\mathcal{S}^t]\,(\mathrm{d}x).\end{aligned}$$

Condition (4.1) ensures that for every $\varepsilon > 0$ there is a set $D \in \mathfrak{E}$ with $\lambda(D^c \times K^*) < \varepsilon$ such that

$$|p_t(x, A) - 1_A(x)| \leqq \varepsilon$$

for every $0 < t < t_\varepsilon$ and for every $x \in D$. This gives

$$\lim_{t \downarrow 0} \frac{1}{t} \int_E |p_t(x, A) - 1_A(x)| \, [\mathscr{P} - \mathscr{P}^t] \, (dx)$$

$$\leqq \varepsilon \lim_{t \downarrow 0} \frac{1}{t} [\mathscr{P} - \mathscr{P}^t] \, (D) + \lim_{t \downarrow 0} \frac{1}{t} [\mathscr{P} - \mathscr{P}^t] \, (D^c)$$

$$= \varepsilon \lim_{t \downarrow 0} \frac{1}{t} \mathsf{P}(\xi(0) \in D, \zeta_0 < t) + \lim_{t \downarrow 0} \frac{1}{t} \mathsf{P}(\xi(0) \in D^c, \zeta_0 < t)$$

$$\leqq \varepsilon \lim_{t \downarrow 0} \frac{1}{t} \mathsf{P}(\zeta_0 < t) + \lim_{t \downarrow 0} \frac{1}{t} \mathsf{P}(\xi(0) \in D^c, \zeta_0 < t) .$$

From (2.5) we get

$$\lim_{t \downarrow 0} \frac{1}{t} \mathsf{P}(\zeta_0 < t) = \lambda ,$$

and the first term of the last sum tends to zero if $\varepsilon \downarrow 0$. By similar arguments we get that also the second term tends to zero if $\varepsilon \downarrow 0$. Namely, it suffices to note that the formula

$$\lim_{t \downarrow 0} \frac{1}{t} \mathsf{P}(\xi(0) \in D^c, \zeta_0 < t) = \lambda (D^c \times K^*)$$

can be obtained from (2.5) and (2.6), and that $\lambda (D^c \times K^*) < \varepsilon$.
This completes the proof.

Remark: The formula (4.2) is a version of the so-called intensity conservation principle, i.e., the fact that the difference of total entrance and total exit intensities is equal to zero. Denote by $N^{I,A}(u)$ (resp. $N^{O,A}(u)$) the random number of entrances (resp. exits) of $\{\xi(t)\}$ into (resp. from) the set $A \in \mathfrak{E}_0$ at basic points in the interval $(0, u)$. Then, we have from (2.3)

$$\lambda'(A^c \times K^* \times A) = \frac{1}{t} \mathsf{E} N^{I,A}(t) ,$$

$$\lambda'(A \times K^* \times A^c) = \frac{1}{t} \mathsf{E} N^{O,A}(t) ,$$

and, analogously, for the intensities $\lambda_{I,A} = \mathsf{E} N_{I,A}(1)$, $\lambda_{O,A} = \mathsf{E} N_{O,A}(1)$,

$$\lambda_{I,A} = \frac{1}{t} \mathsf{E} N_{I,A}(t), \quad \lambda_{O,A} = \frac{1}{t} \mathsf{E} N_{O,A}(t)$$

for every $t > 0$. Since

$$|(N_{I,A}(t) + N^{I,A}(t)) - (N_{O,A}(t) + N^{O,A}(t))| \leqq 1$$

this gives for $t \to \infty$

$$\lambda_{I,A} + \lambda'(A^c \times K \times A) = \lambda_{O,A} + \lambda'(A \times K \times A^c) .$$

Thus, the left side of (4.2) is the difference of entrance and exit intensities excluding the basic points:

$$\mathfrak{a}_{\mathscr{P}}(A) = \lambda_{O,A} - \lambda_{I,A} . \tag{4.3}$$

If the value of the process $\{\xi(t)\}$ at an arbitrary point in time and the forward residual time to the next basic point are independent r.v.'s we get that imbedded and non-imbedded characteristics of $\{\xi(t)\}$ coincide. In view of our stationarity assumptions we can consider the case $t=0$ only.

Theorem 2: *If $\xi(0)$ and ζ_0 are independent we have*

$$\mathcal{S}(A)=\frac{\lambda(A\times K^*)}{\lambda} \tag{4.4}$$

for every $A\in\mathfrak{E}_0$.

Proof: From the independence of $\xi(0)$ and ζ_0 we have

$$\mathcal{S}(A)=\mathsf{P}(\xi(0)\in A \mid \zeta_0<t)$$

for every $t>0$. Applying (2.8) to Φ with $L'=A\times K^*$ and $L=E\times K^*$ it suffices to show that

$$\lim_{t\downarrow 0}\,[\mathsf{P}(\xi(0)\in A \mid \zeta_0<t)-\mathsf{P}(\xi(\zeta_0)\in A \mid \zeta_0<t)]=0\,.$$

But, this follows from conditions (i) and (ii) of the definition of $\mathfrak{E}_0$. We consider the difference

$$\begin{aligned}&|\mathsf{P}(\xi(0)\in A \mid \zeta_0<t)-\mathsf{P}(\xi(\zeta_0)\in A \mid \zeta_0<t)\,|\\ &\leqq \mathsf{P}(\xi(0)\in A,\, \xi(\zeta_0)\in A^c \mid \zeta_0<t)+\mathsf{P}(\xi(0)\in A^c,\, \xi(\zeta_0)\in A \mid \zeta_0<t)\\ &\leqq \mathsf{P}(N_{O,A}(t)>0 \mid \zeta_0<t)+\mathsf{P}(N_{I,A}(t)>0 \mid \zeta_0<t)\,.\end{aligned}$$

Applying now (2.5) and (2.6) to the point processes, which are generated by the superposition of $N_{O,A}$ and Φ, and of $N_{I,A}$ and Φ, respectively, we get that

$$\lim_{t\downarrow 0}\,\mathsf{P}(N_{O,A}(t)>0 \mid \zeta_0<t)=0$$

and

$$\lim_{t\downarrow 0}\,\mathsf{P}(N_{I,A}(t)>0 \mid \zeta_0<t)=0\,.$$

Remark: 1⁰. In view of (2.8) the quotient

$$\mathcal{S}^-(\cdot)=\frac{\lambda'((\cdot)\times K^*\times E)}{\lambda'} \quad \left(\text{resp. } \mathcal{S}^+(\cdot)=\frac{\lambda'(E\times K^*\times(\cdot))}{\lambda'}\right)$$

is said to be the distribution of $\{\xi(t)\}$ at (resp. immediately after) a basic point. Using $\lambda'=\lambda'(K\times E)=\lambda(K)=\lambda$ we can write (4.2) as

$$\mathfrak{a}_{\mathcal{S}}(A)=\lambda\,(\mathcal{S}^-(A)-\mathcal{S}^+(A))\,.$$

This result has been derived in [26] for piecewise Markov processes $\{\xi(t)\}$ with special basic point processes.

2⁰. In this notation, the formula (4.4) takes the form $\mathcal{S}=\mathcal{S}^-$. It can be used in order to verify the identity of stationary distributions of queueing processes at arbitrary points in time and at certain "Poisson" basic points as, for example, the arrival epochs of customers described by a homogeneous Poisson process, see section 5.2.

5. Applications in Queueing Theory: Relations between time and customer characteristics

In order to apply the formula (4.2) we have to describe the underlying queueing process by a PMP (see examples in section 3) and to choose a suitable set A. The validity of $A \in \mathfrak{E}_0$ is in many cases a consequence of the continuity and monotonicity of the segments of the PMP between consecutive basic points.

In the following we will give some examples for the application of our method. We discuss the queueing systems $\vec{\mathrm{G}}/\vec{\mathrm{GI}}/1$, $\vec{\mathrm{G}}/\vec{\mathrm{GI}}/s$, and $\mathrm{G}+\mathrm{M}/\vec{\mathrm{GI}}/1$, and consider the residual service times in general service systems, see section 3.

5.1. Virtual and Actual Waiting Time in $\vec{\mathrm{G}}/\vec{\mathrm{GI}}/1$

Let W be the stationary virtual waiting time d.f., and let W_l be the stationary waiting time d.f. of customers of type l. We denote by λ_l the arrival intensity of these customers and by B_l their service time d.f., $\bar{B}_l(t) = 1 - B_l(t)$.
Let $A = \{x \geqq 0 : x < u\}$. Then we obtain from section 3.3

$$\int_A \int_{K^*} q^l(x, A^c)\, \lambda\, (\mathrm{d}x \times \mathrm{d}l) = \int_{0-}^{u} \sum_{l \in K^*} \mathsf{P}\,(x + \beta^{(l)} \geqq u)\ \lambda_l \mathrm{d}W_l(x)$$

$$= \sum_{l \in K^*} \lambda_l \int_{0-}^{u} \bar{B}_l(u-x)\ \mathrm{d}W_l(x)$$

and

$$\int_{A^c} \int_{K^*} q^l(x, A)\ \lambda\ (\mathrm{d}x \times \mathrm{d}l) = 0\ ,$$

because in arrival points there is no jump from A^c into A. The distribution $\mathcal{P}$ is given by W, and we obtain

$$\begin{aligned} a_{\mathcal{P}}(A) &= a_W([0,\, u)) \\ &= \lim_{t \downarrow 0} \frac{\int p_t(x, [0,u))\ \mathrm{d}W(x) - W(u)}{t} \\ &= \lim_{t \downarrow 0} \frac{\int_{x-t<u} \mathrm{d}W(x) - W(u)}{t} = \lim_{t \downarrow 0} \frac{W\,(u+t) - W(u)}{t} \\ &= \frac{\mathrm{d}}{\mathrm{d}u}\ W(u)\ . \end{aligned}$$

The theorem yields the differential equation

$$\frac{\mathrm{d}}{\mathrm{d}u}\ W(u) = \sum_{l \in K^*} \lambda_l \int_{0-}^{u} \bar{B}_l(u-x)\ \mathrm{d}W_l(x)\ . \tag{5.1}$$

By integration we get, using $W(0) = 1 - \varrho = 1 - \sum_{l \in K^*} \lambda_l m_{B,l}$, see [6],

$$W(t) = 1 - \varrho + \sum_{l \in K^*} \varrho_l W_l * B_{R,l}(t)\ , \tag{5.2}$$

where $*$ denotes convolution, and

$$m_{B,l} = \int_0^\infty \bar{B}_l(t)\ \mathrm{d}t, \quad B_{R,l}(t) = \frac{1}{m_{B,l}} \int_0^t \bar{B}_l(x)\ \mathrm{d}x, \quad \varrho_l = \lambda_l m_{B,l}\,.$$

The formula (5.2) is a generalization of a well-known result of queueing theory, which has been proved by TAKACS [33] in the case of recurrent input and one type of customers. Other proofs, all for the case GI/GI/1, are given by COHEN [4], LEMOINE [19], and MIYAZAWA [23]. For queues with non-recurrent input, a result corresponding to (5.2), but for mean values only, has been obtained in [29].

5.2. Virtual and Actual Waiting Time in G + M/$\vec{\text{GI}}$/1

Let now $K^*=\{1, 2\}$, and let the arrival epochs of customers of type 2 form a homogeneous POISSON process, which is assumed to be independent of the arrival epochs of customers of type 1. In this case, $\xi(0)$ and the time difference between zero and the next arrival epoch of a customer of type 2 are independent r.v.'s. From theorem 2 we get

$$W=W_2\,,$$

if we take as basic points the arrival epochs of customers of type 2 only. Then, (5.2) has the form

$$W*(1-\varrho_2 B_{R,2})=1-\varrho+\varrho_1 W_1 * B_{R,1}\,.$$

Convoluting left and right side of this equation with $\sum\limits_{n=0}^{\infty} \varrho_2^n B_{R,2}^{*(n)}$ we obtain

$$W=(1-\varrho+\varrho_1 W_1 * B_{R,1}) * \left(\sum_{n=0}^{\infty} \varrho_2^n B_{R,2}^{*(n)}\right),$$

i.e.

$$W=\left(1-\frac{\varrho_1}{1-\varrho_2}+\frac{\varrho_1}{1-\varrho_2} W_1 * B_{R,1}\right) * \tilde{W}\,, \tag{5.3}$$

where $\tilde{W}=(1-\varrho_2)\sum\limits_{n=0}^{\infty} \varrho_2^n B_{R,2}^{*(n)}$ is the stationary waiting time d.f. in the M/GI/1 queue with arrival intensity λ_2 and service time d.f. B_2.

For GI + M/$\vec{\text{GI}}$/1 queues, the formula (5.3) has been proved in [10], [26].

5.3. Virtual and Actual Waiting Time in $\vec{\text{G}}$/$\vec{\text{GI}}$/s

Let $\boldsymbol{W}$ be the stationary distribution of the waiting time vector $\boldsymbol{w}_t$ in $\vec{\text{G}}$/$\vec{\text{GI}}$/s. Then $\boldsymbol{W}$ is the stationary distribution $\mathcal{P}$ of the PMP $\{\boldsymbol{w}_t, -\infty<t<\infty\}$. Let $A=[0, \boldsymbol{x})=[0, x_1)\times\ldots\times[0, x_s)$, $\boldsymbol{x}=(x_1, \ldots, x_s)$. In [26], ROLSKI proved that

$$\mathfrak{a}_{\boldsymbol{W}}([0, \boldsymbol{x}))=\sum_{i=1}^{s} \frac{\partial}{\partial x_i} \boldsymbol{W}(\boldsymbol{x})\,.$$

If $\boldsymbol{W}_l$ denotes the stationary distribution of the actual waiting time vector of customers of type l, we obtain the partial differential equation

$$\sum_{i=1}^{s} \frac{\partial}{\partial x_i} \boldsymbol{W}(\boldsymbol{x})=\sum_{l\in K^*} \lambda_l \int_{[0,\boldsymbol{x}]} [1-\mathsf{P}(\boldsymbol{R}(\boldsymbol{z}+\boldsymbol{\beta}_l)<\boldsymbol{x})]\,\mathrm{d}\boldsymbol{W}_l(\boldsymbol{z})\,.$$

Here λ_l denotes the arrival intensity of customers of type l, $\boldsymbol{\beta}_l=(\beta_l, 0, \ldots, 0)$ with $\beta_l \sim B_l$, and $\boldsymbol{R}(\boldsymbol{x})$ rearranges the components of $\boldsymbol{x}$ in ascending order.

Following KOPOCINSKI and ROLSKI [17] we get the differential equation

$$\frac{\partial}{\partial x_1} W(x_1, \infty, \ldots, \infty) = \sum_{l \in K^*} \varrho_l \int_{[0,x_1)} \frac{1}{m_{B_l}} (1 - B_l(x_1 - u)) \mathsf{P}(w_{1,l} \in du, w_{2,l} > x_1),$$

whose solution is

$$W(x, \infty, \ldots, \infty) = 1 - \sum_{l \in K^*} \varrho_l \int_x^\infty P_l'(u, u)\, du ,$$

where

$$P_l'(u, u) = \frac{\partial}{\partial x} P_l(x, y)_{\substack{|x=u \\ |y=u}} ,$$

$$P_l(x, y) = \mathsf{P}(w_{1,l} + \bar{\beta}_l \leqq x,\ w_{2,l} > y) ,$$

$\bar{\beta}_l$ is independent on $\boldsymbol{w}_l$ and $\bar{\beta}_l \sim \frac{1}{m_{B_l}} \int_0^x (1 - B_l(t))\, dt$, $\varrho_l = \lambda_l m_{B_l}$.

Note that $W(x, \infty, \ldots, \infty)$ can be interpreted as the d.f. of the virtual waiting time in the $\vec{\mathrm{G}}/\vec{\mathrm{GI}}/s$ queue. A further relation between time and customer characteristics of the waiting time process in multi-server queues has been derived in MIYAZAWA [23].

5.4. Stationary Residual Service Time

Let B_r the stationary distribution of the PMP $\{\beta_t, -\infty < t < \infty\}$, see section 3.5. Similarly as in section 5.1, we obtain

$$\alpha_{B_r}([0, u)) = \frac{d}{du} B_r(u) ,$$

where we use $A = [0, u)$.
Because in the basic points (=points of service-beginning) there is no jump from A^c in A, we have

$$\int_{A^c} \int_{K^*} q^l(x, A)\, \lambda(dx \times dl) = 0 .$$

The formulae in 3.5 show

$$\int_A \int_{K^*} q^l(x, A^c)\, \lambda(dx \times dl) = \lambda \bar{B}(u) ,$$

and (4.2) yields the differential equation

$$\frac{d}{du} B_r(u) = \lambda \bar{B}(u) .$$

Its solution is

$$B_r(u) = c_0 + \lambda \int_0^u \bar{B}(x)\, dx$$
$$= c_0 + \varrho B_R(u) .$$

For $u = \infty$ we obtain $1 = c_0 + \lambda m_B$, i.e. $c_0 = B_r(0) = 1 - \varrho$.

Finally, the probability that $\beta_t < u$ under the condition $\beta_t > 0$ is equal

$$\mathsf{P}(\beta_t < u \mid \beta_t > 0) = B_R(u) = \frac{1}{m_B} \int_0^u \bar{B}(x)\, dx .$$

In the case of GI/GI/1, Cohen [4] obtained the same result.

The authors wish to thank Prof. K. Nawrotzki and Dr. M. Miyazawa for their careful reading of an earlier version of the manuscript and helpful remarks.

References

[1] Arndt, K., and P. Franken: Construction of a class of stationary processes with applications in reliability. To appear in Zast. Mat.
[2] Brown, M., and S. M. Ross: Asymptotic properties of cumulative processes. SIAM J. Appl. Math. **22** (1972), 93–105.
[3] Cohen, J. W.: The single server queue, North Holland Publ. Co., Amsterdam **1969.**
[4] Cohen, J. W.: On regenerative processes in queueing theory. Lect. Notes in Econ. Math. Syst., **121**, Springer-Verlag Berlin/Heidelberg/New York, 1976.
[5] Franken, P.: On stationary state probabilities of queueing systems at several points in time. (Russian) Izv. AN SSSR Techn. Kib. **1975** (1975), 1, 101–107.
[6] Franken, P.: Einige Anwendungen der Theorie zufälliger Punktprozesse in der Bedienungstheorie I. Math. Nachr. **70** (1976), 309–319.
[7] Franken, P.: A new approach to investigation of stationary queueing systems. Submitted to Math. Operation Res.
[8] Herrmann, U.: Ein Approximationssatz für Verteilungen stationärer zufälliger Punktfolgen. Math. Nachr. **30** (1965), 377–381.
[9] Jankiewicz, M., and B. Kopocinski: Steady-state distributions of piecewise Markov processes. Zast. Mat. **15** (1976), 25–32.
[10] Jankiewicz, M., and T. Rolski: Piecewise Markov processes on a general state space. Zast. Mat. **15** (1977), 421–436.
[11] Kendall, D. G.: Stochastic processes occuring in the theory of queues and their analysis by the method of the imbedded Markov chains. Ann. Math. Statist. **24** (1953), 338–354.
[12] Kerstan, J., K. Matthes und J. Mecke: Unbegrenzt teilbare Punktprozesse. Akademie-Verlag, Berlin 1974.
[13] König, D., K. Matthes und K. Nawrotzki: Verallgemeinerungen der Erlangschen und Engsetschen Formeln (Eine Methode in der Bedienungstheorie), Akademie-Verlag, Berlin 1967.
[14] König, D., V. Schmidt and D. Stoyan: On some relations between stationary distributions of queue lengths and imbedded queue lengths in G/G/s queueing systems. Math. Operationsforsch. Statist. **7** (1976), 577–586.
[15] Kopocinska, I., and B. Kopocinski: Queueing systems with feedback. Bull. Acad. Polon. Sci. Ser. Sci. Math. Astronom. Phys. **19** (1971), 397–401.
[16] Kopocinska, I., and B. Kopocinski: Queueing systems with feedback. Zast. Mat. **12** (1972), 373–384.
[17] Kopocinski, B., and T. Rolski: A note on the virtual waiting time in the GI/G/s queue. Bull. Acad. Polon. Sci. Ser. Sci. Math. Astronom. Phys. **25** (1977), 1279–1280.
[18] Kuczura, A.: Piecewise Markov processes. SIAM J. Appl. Math. **24** (1973), 169–181.
[19] Lemoine, A. J.: On two stationary distributions for the stable GI/G/1 queue, J. Appl. Prob. **11** (1974), 849–852.
[20] Litvinov, M. L.: Kendall's method and the determination of characteristics of service models (Russian). Izv. AN SSSR, Techn. Kib. **1975** (1975) 6, 74–79.
[21] Miyazawa, M.: Stochastic order relations among GI/G/1 queues with a common traffic intensity. J. Operations Res. Soc. Japan **19** (1976), 193–208.

[22] MIYAZAWA, M.: Time and customer processes in queues with stationary inputs. J. Appl. Prob. 14 (1977), 349–357.

[23] MIYAZAWA, M.: Conservation laws in queueing theory and their applications to the finiteness of moments. Research Report on Information Sciences B-28, Tokyo Institute of Technology, 1976.

[24] NAWROTZKI, K.: MARKOV random marked streams and their application to problems of queueing theory (Russian). Math. Operationsforsch. u. Statist. 6 (1975), 445–477.

[25] PYKE, R., and R. SCHAUFELE: The existence and uniqueness of stationary measures for MARKOV renewal processes. Ann. Math. Statist. 37 (1966), 1439–1462.

[26] ROLSKI, T.: A relation between imbedded MARKOV chains in piecewise MARKOV processes. Bull. Acad. Polon. Sci. Ser. Sci. Math. Astronom. Phys. 25 (1977), 181–189.

[27] SCHÄL, M.: MARKOV renewal processes with auxiliary paths, Ann. Math. Statist. 41 (1970), 1604–1623.

[28] SCHÄL, M.: The analysis of queues with state-dependent parameters by MARKOV renewal processes. Adv. Appl. Prob. 3 (1971), 155–175.

[29] SCHRAGE, L.: An alternative proof of a conservation law for the queue G/G/1. Operations Res. 18 (1970), 185–187.

[30] STIDHAM, S.: Regenerative processes in the theory of queues with applications to the alternating priority queue, Adv. Appl. Prob. 4 (1972), 542–577.

[31] STIDHAM, S.: A last word on $L = \lambda W$. Operations Res. 22 (1974), 417–421.

[32] TAKACS, L.: Introduction to the theory of queues. Oxford University Press, New York 1962.

[33] TAKACS, L.: The limiting distribution of the virtual waiting time and the queue size for a single-server queue with recurrent input and general service times. Sankhya A 25 (1963), 91–100.

Zusammenfassung

Es wird in Verallgemeinerung von Spezialfällen aus der Literatur eine Klasse stochastischer Prozesse (PMP) definiert, denen ein zufälliger markierter Punktprozeß von „Basispunkten“ eingebettet ist. Diese müssen jedoch keine Erneuerungspunkte darstellen. Es wird ein Satz bewiesen („Erhaltungsprinzip für Intensitäten“) über den Zusammenhang zwischen der stationären Verteilung von PMP in beliebigen Zeitpunkten und den Verteilungen und Intensitäten in Basispunkten. Dieser formelmäßige Zusammenhang liefert gleichzeitig eine allgemeine Methode zur Bestimmung der gesuchten stationären Größen in beliebigen Zeitpunkten aus den entsprechenden „eingebetteten“ Größen. Es werden Anwendungen auf konkrete Bedienungsmodelle demonstriert, wobei als Basispunkte Zeitpunkte von Ankünften bzw. Abgängen von Forderungen dienen. Unter schwächeren Unabhängigkeitsvoraussetzungen als bisher in der Literatur werden neue Beziehungen angegeben.

Резюме

В обобщении специальных случаев из литературы определяется класс стохастических процессов (ПМП) с вложенным случайным маркированным точечным процессом «основных точек». Однако основные точки не должны быть точками восстановления. Доказано предложение («закон сохранения интенсивностей») о связи между стационарным распределением ПМП в произвольных моментах времени и распределениями и интенсивностями связанными с основными точками. Эта свясь одновременно даёт общий метод для определения станционарных величин в произвольных моментах времени из соответствующих «вложенных» величин. Демонстрированы применения для конкретных систем обслуживания, где моменты поступления или покидания требований используются как основные точки. При более слабых предположениях типа независимости как до тех пор в литературе новые соотношения заданы.

Eingereicht bei der Redaktion: 9. 2. 1977

Buchbesprechung

L. Kleinrock: **Queuieng Theory.** Volume 2: Computer Applications. J. Wiley & Sons, New York-London-Sydney-Toronto 1976, £ 18,–

Im 2. Band des Werkes von Kleinrock stehen die Anwendungen der Bedienungstheorie im Vordergrund. Dabei geht der Autor davon aus (worin der Rezensent ihm voll zustimmt), daß es die Aufgabe der Bedienungstheorie ist, für einigermaßen reale Systeme bequem handhabbare Formeln, und seien es nur Näherungen, zu liefern.

Nachdem in Kap. 1 die wichtigsten Resultate des 1. Bandes zusammengefaßt werden, gibt der Autor in Kap. 2 einige wichtige Näherungsformeln für Wartesysteme an. Besonderes Interesse dürfte dabei der recht ausführliche Abschnitt über Diffusionsapproximationen finden. Kapitel 3 enthält eine gute Beschreibung von Ergebnissen für Bedienungssystemen mit Prioritäten.

Bedienungsmodelle für Rechenautomaten (sowohl für ihr Innenleben als auch zur Wiedergabe der Beziehungen zu ihrer Umwelt) werden in Kapitel 4 behandelt, insbesondere Processor sharing- und Multiprogramming-Systeme. Obwohl Processor sharing-Systeme eine gute Näherung für Time sharing-Systeme darstellen, wäre es doch besser gewesen, auch letztere zu behandeln; der Leser sei diesbezüglich auf das Buch von Schassberger verwiesen.

In den Kapiteln 5 und 6 werden in sehr interessanter und ausführlicher Art und Weise moderne Informationsübertragungssysteme untersucht. Als ein Beispiel dient das System ARPANET der USA.

Das Buch enthält viele Resultate, die noch nie in Buchform publiziert wurden. Es ist sehr gut aufgebaut und gestaltet und kann insbesondere solchen Lesern, die sich für Anwendungen der Bedienungstheorie und verwandter Gebiete beim Studium von Rechner- und Informationssystemen interessieren, unbedingt empfohlen werden.

D. Stoyan

S. M. Ermakow: **Die Monte-Carlo-Methode und verwandte Fragen.** R. Oldenbourg Verlag, München-Wien 1975, 291 S., 14 Abb., 5 Tab., DM 84,–

Die Monte-Carlo-Methode ist eines der wichtigsten und universellsten Verfahren der modernen angewandten Mathematik. Sie hat einerseits ihr allein zugängliche Anwendungsbereiche (z. B. Simulation stochastischer Modelle), andererseits konkurriert sie auf bestimmten Gebieten (Integralberechnung, Lösung von Differentialgleichungen) erfolgreich mit den klassischen numerischen Methoden.

In dem vorliegenden Buch – das als Ergänzung für eine Spezialvorlesung zur Monte-Carlo-Methode konzipiert ist – geht der Autor davon aus, daß „die Monte-Carlo-Methode in erster Linie eine Methode zur näherungsweisen Integration" ist. Dieser Standpunkt entspricht der Forschungsrichtung des Autors. Das hierzu Gebotene ist sehr ausführlich und gründlich dargestellt, wobei insbesondere verschiedene Methoden der Varianzreduktion untersucht werden. Lesern, die an derartigen Problemen interessiert sind, kann daher das Buch empfohlen werden.

Andere wichtige Anwendungsgebiete der Monte-Carlo-Methode werden dagegen nur sehr flüchtig behandelt, beispielsweise die Extremwertberechnung. Das Kapitel über die Simulation von Bedienungssystemen entspricht nicht dem heutigen Wissensstand und ist wahrscheinlich auch für Anfänger kaum von Nutzen.

Bedauerlicherweise ist es den Übersetzern nicht gelungen, stilistische und mathematische Ungenauigkeiten zu vermeiden, und es ist schade, daß nicht die 1975 erschienene, überarbeitete 2. russische Auflage zugrunde gelegt wurde.

Nach Meinung des Rezensenten wird durch die vorliegende Monographie die Lücke, die durch das Fehlen eines deutschsprachigen Buches, das „die Vielfalt der Anwendungsmöglichkeiten dieser Methode von einem fundierten mathematischen Standpunkt her darstellt", besteht, nur teilweise geschlossen.

D. Stoyan

Math. Operationsforsch. Statist., Ser. Optimization, Vol. 9 (1978) No. 1, 143–144

A Remark on the Stationary Availability

PETER FRANKEN[1]

Summary: A rigorous proof for the validity of the formula $A = a/(a+b)$ for the stationary availability of a repairable unit, where a denotes the mean life time and b the mean repair time, is given in the case when no any independence assumption about the sequence of life and repair times is made.

1. In the present note a rigorous proof for the validity of the formula

$$A = \frac{a}{a+b}, \tag{1}$$

where A – the availability, a – the mean time between failures and b – the mean time to repair of an arbitrary repairable system in steady state, is given. No assumptions about independence of up- and down-times are made. The proof is based on the so-called "inversion formula" from the theory of random marked point processes, for details cf. [1] and [2].

This note was inspirated by the fact that in reliability text books the formula (1) was proved exactly for the case that the time-dependent behaviour can be described by an alternating renewal process; in other cases only heuristical considerations were given, cf. e.g. [3].

2. Observing a repairable unit in steady state at the moment $t=0$ it can be assumed that it has begun to work already at the moment $-\infty$. Then the behaviour of the considered system can be described by a *stationary random marked point process* (rmpp) $\Phi = \{[t_n, z_n]\}$, $-\infty < n < \infty$, where t_n are the random jump points of the system state and z_n are binary random variables indicating the system state immediately after t_n, i.e.

$$z_n = \begin{cases} 0, & \text{if the system failed at } t_n \\ 1, & \text{if a repair of the system is completed at } t_n. \end{cases}$$

For uniqueness we set $\ldots < t_{-1} < t_0 \leqq 0 < t_1 < \ldots$ The *stationarity* of Φ means that for every $t \in (-\infty, \infty)$ the translated rmpp $T_t\Phi = \{[t_n - t, z_n]\}$ has the same distribution P like Φ.

Let λ and λ_1 be the expected number of points $t_n \in [0, 1]$ with $z_n \in \{0, 1\}$ or $z_n = 1$ respectively. Let further P_0 be the PALM distribution to P with respect to the whole mark space $\{0, 1\}$. It holds, cf. [1], pp. 420 and 422,

$$\lambda_1 = (a+b)^{-1}, \quad \mathsf{P}_0(z_0 = 1) = \frac{\lambda_1}{\lambda}. \tag{2}$$

[1] Humboldt-Universität Berlin, Sektion Mathematik, DDR – 1086 Berlin, PSF 1297.

From the inversion formula (cf. [1], p. 422) we obtain

$$A = \mathsf{P}(z_0 = 1) = \lambda \int_0^\infty \mathsf{P}_0(t_1 > t; z_0(T_t\Phi) = 1)\, \mathrm{d}t$$

$$= \lambda \int_0^\infty \mathsf{P}_0(t_1 > t, z_0 = 1)\, \mathrm{d}t$$

$$= \lambda \mathsf{P}_0(z_0 = 1) \int_0^\infty \mathsf{P}_0(t_1 > t \mid z_0 = 1)\, \mathrm{d}t. \tag{3}$$

Obviously

$$\int_0^\infty \mathsf{P}_0(t_1 > t \mid z_0 = 1)\, \mathrm{d}t = \mathsf{E}_{\mathsf{P}_0}(t_1 \mid z_0 = 1) = a. \tag{4}$$

From (3) in view of (2) and (4) the relation (1) follows.

References

[1] KÖNIG, D., K. MATTHES und K. NAWROTZKI: Unempfindlichkeitseigenschaften von Bedienungsprozessen. Appendix to the German translation of Б. В. ГНЕДЕНКО, И. Н. КОВАЛЕНКО: Введение в теорию массового обслуживания, Akademie-Verlag Berlin, 1974.

[2] ARNDT, K., und P. FRANKEN: Some applications of random point processes to availability analysis of redundant systems with repair. IEEE Trans. on Rel. vol. R-26 (1977) 4, 266–269.

[3] SCHNEEWEISS, W.: Zuverlässigkeitstheorie, Springer-Verlag Berlin-Heidelberg-New York, 1973.

Zusammenfassung

Es wird ein strenger Beweis dafür angegeben, daß die bekannte Formel $A = a/(a+b)$ für die stationäre Verfügbarkeit einer reparierbaren Einheit, wobei a die mittlere Lebensdauer und b die mittlere Reparaturzeit bezeichnen, ohne jegliche Unabhängigkeitsannahme über die Folgen der Lebens- und Reparaturzeiten gilt.

Резюме

В работе дается строгое доказательство того, что известная формула $A = a/(a+b)$ для стационарного коэффициента готовности восстанавливаемой системы, где a — среднее время жизни, а b — среднее время ремонта, справедлива без всяких предположений о независимости времен жизни и ремонта.

Eingereicht bei der Redaktion: 21. 10. 1976

Math. Operationsforsch. Statist., Ser. Optimization, Vol. 9 (1978) No. 1, 145–150

A Further Remark on a Paper of K. T. MARSHALL on Bounds for GI/G/1

M. A. FAINBERG[1] and D. STOYAN[2]

Summary: Using methods similar to those of MARSHALL [3], bounds for the mean stationary waiting time and the stationary probability of wait in GI/G/1 are obtained. In particular, two-sided bounds for queues with interarrival times having an ERLANG distribution are given, and bounds which are basing on special properties of the distribution of difference of interarrival and service times.

1. Introduction

In a famous paper, K. T. MARSHALL [3] obtained bounds on the stationary mean waiting time m_W and the stationary probability of wait p_W for GI/G/1 queues with interarrival time d.f.s of type IFR, DFR, γ-MRLA and γ-MRLB. (For definitions, see section 2.) The results in [3] are discussed and used in many papers and books. Nevertheless, methods similar to those of [3] also today lead to new and useful results.

In the present paper, we direct the attention to the fact that some interesting classes of d.f.s have the MRLA-property as well as the MRLB-property. This gives the possibility to obtain twosided bounds for m_W and p_W, for example in E_k/G/1 queues. Furthermore, we give bounds which are basing on special properties of the d.f..of difference of service and interarrival times in general GI/G/1 queues.

2. On Some Classes of Distribution Functions

Let F be a d.f. on $[0, \infty)$ with finite mean m and second moment m_2. Let for $x \geqq 0$ F_x be the following d.f. on $[0, \infty)$:

$$F_x(t) = \begin{cases} [F(t+x) - F(x)]/\bar{F}(x); & \bar{F}(x) > 0 \\ 1 \qquad ; & \bar{F}(x) = 0 \end{cases}$$

$$F_x(t) = 0; \quad t \leqq 0 .$$

As well-known, we can interpret F_x as the d.f. of residual life time of an element which has a random life time ξ with d.f. F under the condition $\xi > x$.

[1] Москва, Часовая 22, ВЗИИТ.

[2] Bergakademie Freiberg, Sektion Mathematik, DDR – 92 Freiberg, Bernh.-von-Cotta-Str. 2.

Definitions: a) A d.f. F is said to be of type γ-MRLA (MRLB) (≙ *mean residual life time bounded above (below)*), if and only if for all x

$$\int_0^\infty t \, dF_x(t) \leqq (\geqq) \, \gamma \geqq 0 . \quad [3]$$

b) A d.f. F is said to be of type γ-SRLA (SRLB) (= *square residual life time bounded above (below)*), if and only if for all x

$$\int_0^\infty t^2 \, dF_x(t) \leqq (\geqq) \, \gamma \geqq 0 .$$

c) A d.f. F is said to be of type NBU (NWU), if and only if for all x

$$\bar{F}(t) \geqq (\leqq) \, \bar{F}_x(t); \quad 0 \leqq t < \infty . \quad [4]$$

A d.f. F of type NBU (NWU) is both of type m-MRLA (MRLB) and m_2-SRLA (SRLB).

If $\gamma = m$, a d.f. F of type γ-MRLA (-MRLB) is said to be of type NBUE (NWUE) [4].

Furthermore, we have:

1) The ERLANG d.f.s are of type NBU [4].
2) Every d.f. F with $\bar{F}(c) = 0$ with $c > 0$ is of type c-MRLA and c^2-SRLA.
3) Every d.f. F with $F = F_1 * F_2$ is of type $1/\mu$-MRLB and $2/\mu^2$-SRLB, if F_1 is an arbitrary d.f. on $[0, \Phi)$ with finite first and second moment, and F_2 is an exponential d.f. with parameter μ.

In particular, an ERLANG d.f. with parameters k and μ is $1/\mu$-MRLB.

3. Bounds for the Moments of the Idle Time Distribution in GI/G/1

Bounds for the moments of the idle time distribution I are of great importance, as MARSHALL showed; see also the following sections. First, if the interarrival time d.f. A is of type γ-MRLA (MRLB), we have for the mean idle time m_I

$$m_I \leqq (\geqq) \, \gamma, \quad \text{see [3]} . \tag{3.1}$$

If the interarrival time d.f. A is of type γ-SRLA (SRLB), we have for the second moment of the idle time $m_{I,2}$

$$m_{I,2} \leqq (\geqq) \, \gamma . \tag{3.2}$$

Proof of (3.2): We can write the complement $\bar{I}$ of the d.f. I in the form

$$\bar{I}(t) = \mathsf{P}(\alpha - \eta > t \mid \alpha - \eta > 0) ,$$

where α and η are independent r.v.s, and $\alpha \sim A$. Its second moment is

$$m_{I,2} = \mathsf{E}((\alpha - \eta)^2 \mid \alpha - \eta > 0)$$
$$= \int_0^\infty \mathsf{E}((\alpha - t)^2 \mid \alpha - t > 0) \, dG(t) ,$$

where G is the d.f. $G(t) = \mathsf{P}(\eta < t \mid \alpha - \eta > 0)$. From the SRLA (SRLB)-property

$$\mathsf{E}((\alpha - t)^2 \mid \alpha - t > 0) \leqq (\geqq) \, \gamma$$

and (3.2) follow.

Of special interest is the quotient $m_{I,2}/2m_I$. We can interpret it as the mean of the stationary residual idle time what gives the possibility to prove

$$\frac{m_{I,2}}{2m_I} \leqq (\geqq)\, \gamma\,, \tag{3.3}$$

if A is of type γ-MRLA (MRLB), see [2], p. 40.

If A is a d.f. with $\bar{A}(c)=0$ for a $c>0$, we obtain

$$\frac{m_{I,2}}{2m_I} \leqq \frac{c}{2}\,. \tag{3.4}$$

Proof: Without loss of generality we assume $c=1$. Then the idle time is less than 1, and

$$\frac{m_{I,2}}{m_I} \leqq 1\,.$$

Hence, (3.4) follows for $c=1$.

Further bounds can be obtained considering the differences of interarrival and service times. Let K_- be the d.f.

$$K_-(t) = \mathsf{P}(\alpha-\beta<t \mid \alpha-\beta>0)\,,$$

where α and β are independent r.v.s with interarrival and service time d.f.s A and B.

Because of

$$I(t) = \mathsf{P}(\alpha-\beta-w<t \mid \alpha-\beta-w>0)\,,$$

where w is a r.v. which is distributed as the stationary waiting time and is independent of α and β, we obtain similarly as above

$$m_I \leqq (\geqq)\, \gamma \text{ if } K_- \text{ is of type } \gamma\text{-MRLA (MRLB)} \tag{3.5}$$

$$m_{I,2} \leqq (\geqq)\, \gamma \text{ if } K_- \text{ is of type } \gamma\text{-SRLA (SRLB)} \tag{3.6}$$

$$\frac{m_{I,2}}{2m_I} \leqq (\geqq)\, \gamma \text{ if } K_- \text{ is of type } \gamma\text{-MRLA (MRLB)}\,. \tag{3.7}$$

By similar argumentation as in K. T. MARSHALL's paper we obtain, additionally,

$$\frac{m_{I,2}}{2m_I} \leqq (\geqq)\, \mathsf{E}\delta_-^2/2\ \mathsf{E}\delta_-\,, \tag{3.8}$$

if K_- has the IFR (DFR) property. (δ_- is a r.v. with d.f. K_-.) The idea to consider K_- in order to obtain bounds for GI/GI/1 refers to SIEGEL [6], who considered the case in which K_- is γ-MRLA (MRLB) with

$$\gamma = \int_0^\infty t\, \mathrm{d}K_-(t)\,.$$

4. Bounds on the Probability of Wait

We have, see [3],

$$(1-p_W)\, m_I = (1-\varrho)\, m_A\,,$$

where m_A denotes the mean interarrival time and ϱ is the traffic intensity, $\varrho = m_B/m_A$, m_B = mean service time.

From (3.2) we obtain

$$p_W \leqq (\geqq) 1 - \frac{m_A(1-\varrho)}{\gamma} \tag{4.1}$$

if A is γ-MRLA (MRLB).
For example, if A is an ERLANG d.f. with parameters k and μ, then

$$1-(1-\varrho)\, k \leqq p_W \leqq \varrho \tag{4.2}$$

where $m_A = k/\mu$ is used.
Similarly, for a d.f. A with $\bar{A}(c) = 0$ and $c > 0$ we obtain

$$p_W \leqq 1-(1-\varrho)\, m_A/c\,. \tag{4.3}$$

Using (3.5), we obtain (4.1) with a γ which is connected with K_-, if K_- is γ-MRLA (MRLB), see [6].

Other bounds for p_W we can obtain using the identity

$$2(1-\varrho)\, m_A m_W = \mathsf{E}\delta^2 - (1-p_W)\, m_{I,2} \tag{4.4}$$

where $\delta = \beta - \alpha$ (see section 3).
For example, let A be of type NBU. Then we have,

$$m_W \leqq \frac{m_B^2 + \sigma_B^2}{2m_A(1-\varrho)}, \quad \text{see [7]},$$

where σ_B^2 is the variance of service time since a d.f. of type NBU is with respect to the partial ordering $\overset{(2)}{\leqq}$ smaller than the exponential d.f. with the same mean. Because A is then also of type $(m_A^2 + \sigma_A^2)$-SRLA, we obtain

$$p_W \leqq 2m_A m_B/(m_A^2 + \sigma_A^2)\,, \tag{4.5}$$

where σ_A^2 is the variance of interarrival time.
Finally, we note that a well-known bound for p_W is

$$p_W \geqq \mathsf{P}(\beta > \alpha)\,. \tag{4.6}$$

5. Bounds for the Mean Waiting Time

As MARSHALL and SIEGEL have showed, bounds for m_W can be obtained using (4.4) or

$$m_W = \frac{\mathsf{E}\delta^2}{2m_A(1-\varrho)} - \frac{m_{I,2}}{2m_I} \tag{5.1}$$

and bounds for p_W and the moments of idle time. In this way we obtain using the results of sections 3 and 4 the following bounds:

1.)

$$m_W \geqq (\leqq) \frac{\mathsf{E}\delta^2}{2m_A(1-\varrho)} - \gamma \tag{5.2}$$

if A or K_- is of type γ-MRLA (MRLB). (Note the different interpretation of γ!) Especially, if A is an ERLANG distribution with parameters k and μ $(m_A = k/\mu)$ we obtain

$$\frac{\mathsf{E}\delta^2}{2m_A(1-\varrho)} - m_A \leqq m_W \leqq \frac{\mathsf{E}\delta^2}{2m_A(1-\varrho)} - 1/\mu\,. \tag{5.3}$$

The right side was proved in another way in [1].

If A has the property $\bar{A}(c)=0$, we obtain

$$m_W \geqq \frac{\mathsf{E}\delta^2}{2m_A(1-\varrho)} - c/2\,. \tag{5.4}$$

(5.4) includes

$$m_W \geqq \frac{\sigma_B^2}{2m_A(1-\varrho)} - m_B/2 \tag{5.5}$$

in case of constant interarrival times. Because of the extremality of constant interarrival times the inequality (5.5) gives a lower bound for m_W in all GI/G/1 queues, which was proved earlier in [9]. Other simple proofs of (5.5) are given by Mori [5] and Daley (in a letter to one of the authors).

2.)

$$m_W \geqq (\leqq) \frac{\mathsf{E}\delta^2}{2m_A(1-\varrho)} - \mathsf{E}\delta_-^2/2\mathsf{E}\delta_-\,, \tag{5.6}$$

if K_- has the IFR (DFR) property.

3.)

$$m_W \leqq \frac{\mathsf{E}\delta^2 - \mathsf{P}(\beta>\alpha)\,\gamma}{2m_A(1-\varrho)} \tag{5.7}$$

if A is of type γ-SRLA.

References

[1] Fainberg, M. A.: Оценки параметров очереди в системах массового обслуживания типа E_k/GI/1. Изв. АН СССР, Техн. Киб. **1976** (1976) 5, 71–78.

[2] Kleinrock, L.: Queueing systems II. J. Wiley & Sons. New York, London, Sydney, 1976.

[3] Marshall, K. T.: Some inequalities in queueing. Opns. Res. **16** (1968), 651–665.

[4] Marshall, A. W., and F. Proschan: Classes of distributions applicable in replacement . . . Proc. 6th Berkeley Symp. Math. Statist. Prob. 1970, Vol. 1, 495–515, Berkeley/Los Angeles 1972.

[5] Mori, M.: Some bounds for queues. J. Operations Res. Soc. Japan **18** (1975), 152–181.

[6] Siegel, G.: Abschätzungen für die Wartezeitverteilungen und ihrer Momente . . . Z. angew. Math. Mech. **54** (1974), 609–619.

[7] Stoyan, D.: Some bounds for many-server queues GI/G/s. Math. Operationsforsch. Statist. **5** (1974), 117–129.

[8] Stoyan, H., und D. Stoyan: Monotonieeigenschaften der Kundenwartezeiten im Modell GI/G/1. Z. angew. Math. Mech. **49** (1969), 729–734.

[9] Stoyan, H., und D. Stoyan: Неравенства для среднего времени ожидания . . . Изв. АН СССР, Техн. Киб. **1974** (1974) 6, 104–106.

Zusammenfassung

Mit ähnlichen Methoden, wie sie Marshall [3] benutzte, werden Schranken für die mittlere stationäre Wartezeit und die stationäre Wartewahrscheinlichkeit in GI/G/1 hergeleitet. Insbesondere werden zweiseitige Schranken für Systeme mit Erlang-verteilten Pausenzeiten angegeben sowie Schranken, die auf speziellen Eigenschaften der Verteilung der Differenz von Pausen- und Bedienungszeiten beruhen.

Резюме

С помощью методов, сходных с теми, которые использовал Маршалл, [3] даются оценки среднего стационарного времени ожидания требований и вероятности задержки требования в очереди. В частности, даются двусторонние оценки для систем с Эрланговскими распределениями длины промежутка между прибытиями требований и, кроме того, оценки, которые основываются на специальных свойствах распределения разности длины промежутка между прибытиями и времени обслуживания.

Eingereicht bei der Redaktion: 17. 12. 1976

Book Reviews

M. M. Ковалев: **Дискретная оптимизация.** Изд. БГУ, Минск, 1977, 191 стр.

Das vorliegende Buch entstand nach Vorlesungen zur „Diskreten Optimierung" vor Studenten der Fakultät Angewandte Mathematik der Staatlichen Minsker Lenin-Universität in den Jahren 1972–1975. Es besteht aus einer Einleitung und acht Kapiteln. In der Einleitung werden wesentliche Grundmodelle der diskreten Optimierung angegeben. Das Kapitel 1 beschäftigt sich mit der Lösbarkeit diophantischer Gleichungen und dem HERMITEschen Algorithmus, somit mit der Existenz ganzzahliger zulässiger Lösungen. Im Kapitel 2 wird das Knapsackproblem als grundlegendes Problem der diskreten Optimierung behandelt, Überführung von diskreten Optimierungsproblemen in das Knapsackproblem, Lösungsmethoden für das lineare und nichtlineare Knapsackproblem, Knapsackproblem über ABELscher Gruppe, sowie gruppentheoretischer Zugang zur Lösung. Das Kapitel 3 wird ganzzahligen polyedrischen Mengen gewidmet. Nachdem im Paragraph 1 Ganzzahligkeitbedingungen für polyedrische Mengen $M(A, b) = \{x \mid Ax = b, x \geqq 0, x \in R^n\}$ herausgearbeitet sind, beschäftigt sich Paragraph 2 mit fast-ganzzahligen Polyedern. Im Paragraph 3 werden Untersuchungen zur Eckenanzahl ganzzahliger Polyeder aufgestellt.

In den Kapiteln 4, 5 und 6 werden formale Lösungsschemata der diskreten Optimierung angegeben (Methoden der Variantenanalyse (W. S. MICHALEWITSCH), Schema der Konstruktion von Planfolgen (W. A. JEMELITSCHEW), Branch-and-Bound-Verfahren), die durch Ausnutzung der Spezifik der speziellen Probleme zur effektiven Lösung angewendet werden können. Dies wird an einem breiten Spektrum von Problemen dargestellt. Im Kapitel 5 wird angedeutet, in welcher Weise das approximativ-kombinatorische Schema von W. P. CHATSCHATUROW und das Erweiterungsprinzip von M. SCHOCH mit dem Schema der Konstruktion von Planfolgen in Beziehung steht. Das Kapitel 7 geht auf Näherungsmethoden der diskreten Optimierung ein. Es wird ein Schema zur Konstruktion von Algorithmen stochastisch-lokaler Optimierung angegeben und auf spezielle Probleme bezogen. Kapitel 8 ist Ergebnissen der symmetrisch konvexen Optimierung gewidmet, die W. A. JEMELITSCHEW und der Autor in der letzten Zeit erzielten. Durch Einführung einer Halbordnung über der Menge der zulässigen Lösungen und Ausnutzung der Ungleichung von SCHUR-MIRSKY ergeben sich Optimalaussagen, die nicht mehr von der speziellen Form der symmetrisch konvexen Funktion abhängen. Durch die an jedes Kapitel angefügten Kommentare, Übungen und Literaturhinweise wird es dem Leser möglich, einen breiten Überblick über historische Entwicklung der diskreten Optimierung und die wesentlichen Literaturangaben zu erhalten. (Im Gegensatz zu anderen Lehrbüchern ist hier keine einseitige Darstellung gegeben.) Die umfangreichen Übungen sind sehr gut geeignet, den Stoff des Buches zu festigen und weitere Forschungen anzustellen.

Durch eigene Forschungsergebnisse in fünf Kapiteln vertreten, gibt der Autor einen guten Überblick der diskreten Optimierung (mit Ausnahme der Schnittmethoden, dazu aber auch Literaturhinweise), somit wendet sich das Buch an Studenten, Aspiranten der Mathematik und Informatik. Durch die Angabe vieler spezieller Probleme und deren Lösung wird es sicher auch für Ökonomen und andere Spezialisten der Programmierung interessant sein.

E. GIRLICH

Ю. Ю. Финкельштейн: **Приближенные методы и прикладные задачи дискретного программирования.** Издательство «наука», Москва 1976, 264 S., 82 коп.

Die Monographie widerspiegelt deutlich die im Vorwort formulierte Meinung ihres Autors, daß künftig das Hauptaugenmerk bei der Entwicklung von Lösungsverfahren für Aufgaben der diskreten Optimierung auf Näherungsmethoden zu richten ist. Eine solche Tendenz zeichnet sich auch in den letzten Jahren in der einschlägigen Fachliteratur ab, da der überwiegende Teil der bekannten exakten Verfahren bei der Bearbeitung größerer Aufgaben Schwierigkeiten bezüglich Rechenzeit und/oder Speicherplatzbedarf verursacht. Nach unserer Kenntnis liefert die vorliegende Monographie erstmalig eine zusammenfassende Darstellung über Näherungsmethoden der diskreten Optimierung und über theoretische Untersuchungen zur Effektivität exakter Methoden, wobei die wertvollen eigenen Beiträge des Autors besonders hervorzuheben sind.

Das Buch enthält 11 Kapitel, die in 3 Teilen angeordnet sind. Im ersten Teil (Kap. 1–4) wird eine kurze Übersicht über Modelle der diskreten Optimierung und über einige exakte Lösungsstrategien (branch-and-bound, Schnittprinzip, gruppentheoretischer Zugang) gegeben. Ferner enthält dieser Teil einen Überblick über Ergebnisse von Rechenexperimenten mit exakten Verfahren. Das Kapitel 4, das den ersten Teil beschließt, ist theoretischen Untersuchungen exakter Methoden gewidmet. Insbesondere werden Untersuchungen über die Effektivität der Methode branch-and-bound und der Schnittmethode dargestellt.

Der zweite Teil (Kap. 5–8) ist der Beschreibung von Näherungsverfahren gewidmet. Im Kapitel 5 werden die Grundrichtungen der Entwicklung von Näherungsverfahren besprochen, während in den folgenden Kapiteln deterministische Verfahren, Methoden der zufälligen Suche und Verfahren, die wesentlich die Struktur der zu lösenden Aufgabe ausnutzen, dargestellt werden.

Im Teil 3 des Buches (Kap. 9–11) schließlich werden neue Richtungen zur Entwicklung von Näherungsverfahren für diskrete Optimierungsaufgaben behandelt, die nach der Meinung des Autors für die weitere Entwicklung der diskreten Optimierung bedeutsam sind. Insbesondere werden der ε-Zugang und statistisch effektive Methoden betrachtet.

In den abschließenden Bemerkungen zieht der Autor einige Schlußfolgerungen und weist auf die Notwendigkeit einer zielgerichteten und verstärkten Zusammenarbeit von Mathematikern und Anwendern bei der Entwicklung von Näherungsverfahren der diskreten Optimierung hin. Sicher kann man dem Autor zustimmen, daß nicht diejenigen Verfahren gut sind, die mathematisch schön und elegant sind, sondern diejenigen, mit denen sich Aufgaben der Praxis tatsächlich lösen lassen.

Die im Anhang dargestellte ε-Methode für Transportaufgaben mit zusätzlichen linearen Nebenbedingungen hätte gewiß auch gut im Kapitel 9 Platz finden können.

Die Monographie enthält eine sehr umfangreiche Bibliographie über Näherungsmethoden in der diskreten Optimierung (364 Titel), die allen auf diesem Gebiet Arbeitenden wertvoll sein wird.

Der Autor hat sich mit dem vorliegenden Buch nicht nur das Verdienst erworben, neue, für die Anwendung der Mathematik in der Praxis wichtige Untersuchungen und Ergebnisse erstmals in einheitlicher und zusammenfassender Weise dargestellt zu haben. Er vermittelt auch viele Anregungen und Ideen, die die weitere Entwicklung der diskreten Optimierung sicher fördern werden.

Das sehr schöne und nützliche Buch kann allen denjenigen, die auf dem Gebiet der diskreten Optimierung arbeiten, und insbesondere allen, die mit der numerischen Bearbeitung praktischer diskreter Optimierungsaufgaben zu tun haben, wärmstens empfohlen werden.

M. Schoch

H.-P. Schwefel: **Numerische Optimierung von Computer-Modellen mittels der Evolutionsstrategie.** Birkhäuser-Verlag, Basel und Stuttgart 1977, ISR 26, 390 S., sFr 48,–

Der Verfasser setzt sich das Ziel, Regeln, nach denen sich die biologische Evolution vollzieht, als Iterationsvorschriften zur mathematischen Optimierung einzusetzen. Durch Vergleich mit den wichtigsten direkten Verfahren sucht er nachzuweisen, daß diese Evolutionsstrategien außerordentlich effektiv hinsichtlich verschiedener Gesichtspunkte sind.

Kap. 1 (Einleitung) motiviert Optimierung als Ausdruck menschlichen Strebens nach Vollkommenheit und deutet Voraussetzungen und grundlegende Schwierigkeiten bei ihrer Realisierung an. – Kap. 2 (Optimierungsaufgaben und Optimierungsmethoden) kennzeichnet durch Gegenüberstellung konträrer methodologischer Prinzipien die den verschiedenen Aufgabenstellungen adäquaten Methoden für ihre Lösung. Dabei werden Zusammenhänge zwischen Optimierung und anderen mathematischen und kybernetischen Disziplinen erwähnt. – Kap. 3 (Hill-climbing-Strategien) beschreibt eine Anzahl Verfahren zur Lösung nichtlinearer Probleme der mathematischen Optimierung, unter denen direkte Verfahren (ohne explizite Verwendung von Ableitungen) und Probleme ohne Restriktionen dominieren. Die auftretenden Algorithmen werden verbal beschrieben, Voraussetzungen für die Konvergenz der Verfahren fehlen. Allerdings wurden fast jedem beschriebenen Verfahren, meist anhand von Beispielen, rechentechnische Erfahrungen beigesteuert. – Kap. 4 (Zufallsstrategien) motiviert die Variation der Variablen in Optimierungsverfahren nach probabilistischen Regeln: Neben dem Versagen des deterministischen Vorgehens bei komplizierten nicht differenzierbaren bzw. nicht stetigen Zielfunktionen ist vor allem das Auffinden globaler Extrema bei multimodalen Funktionen Anlaß zum Einsatz von Zufallsstrategien. Der Autor plädiert vor allem deshalb für solche Strategien, weil er in ihnen Modelle der Evolution in der Natur sieht, die er als vorbildlich hinsichtlich des Erfolges eines Optimierungsprozesses betrachtet. – Dieser Gedanke wird in Kap. 5 (Evolutionsstrategien für die numerische Optimierung) weitergeführt. Ausgehend von einem auf RECHENBERG zurückgehenden Verfahren wird eine Evolutionsstrategie vorgestellt, die Bi- (bzw. Multi-)sexualität als Rekombinationsmöglichkeit der Gene, d. h. der Werte der unabhängigen Parameter einbezieht. – Im Kap. 6 (Vergleich direkter Suchstrategien der Parameteroptimierung) sucht der Autor den Einsatz von Evolutionsstrategien zu rechtfertigen, indem er numerische Vergleiche mit anderen Optimierungsverfahren durchführt. Reichhaltiges empirisch ermitteltes Zahlenmaterial unterstützt die Behauptung. – Eine kritische Wertung erfolgt im Kap. 7 (Zusammenfassung und Ausblick). Dabei ist die Feststellung von Bedeutung, daß ein universelles, optimal wirksames Optimierungsverfahren nicht existieren kann. Vielmehr läßt die Kenntnis der speziellen Struktur eines Optimierungsproblems stets den Einsatz spezieller, dazu passender Strategien angezeigt sein. Bei fehlender Information über die Art des mathematischen Modells erweisen sich jedoch Evolutionsstrategien als sehr wirksam.

Das Buch erhält seinen besonderen Wert durch ein außerordentlich reichhaltiges Literaturverzeichnis, durch einen Katalog von Testproblemen ähnlich dem COLVILLE-Report und durch FORTRAN-Subroutines für die beiden vorgestellten Evolutionsstrategien.

Dahinter verblassen kleine Mängel in Form von ungenauen und ungebräuchlichen Begriffsbildungen. Auch wurden neuere Ergebnisse bei der Untersuchung direkter Verfahren in der DDR nicht berücksichtigt.

G. DONATH

J. PIEHLER; H. U. ZSCHIESCHE: **Simulationsmethoden, Mathematik für Ingenieure, Naturwissenschaftler, Ökonomen und Landwirte, Band 20.** BSB B. G. Teubner Verlagsgesellschaft, Leipzig 1976, 59 S., 3,50 M

Es besteht das Anliegen, den Leserkreis, dem die o. a. Buchreihe gewidmet ist, auf wenigen Seiten in die Eigenarten und Besonderheiten von Simulationsmethoden einzuführen. Das vorliegende Buch wird diesem Anliegen im wesentlichen gerecht.

An den Charakter und Umfang des Werkes gebunden, beschränken sich die Verfasser auf die wichtige Klasse der Monte-Carlo-Simulationen (MCS) (Simulationen mit Hilfe des Zufalls), dabei betrachten sie stets die digitale (nicht die analoge) Vorgehensweise. Welche anderen Methoden weiterhin bestehen, kommt allerdings in der Einleitung und in Kap. 1.1. klar zum Ausdruck.

Zunächst wird dem Anwender das Rüstzeug der MCS, Zufallszahlengeneratoren bereitgestellt. Genauigkeitsfragen und Möglichkeiten zur Erhöhung der Effektivität werden als wichtig erkannt und erörtert. Alsdann folgt die ganze Palette der Einsatzgebiete der MCS: Numerische Mathematik (Integrale, Gleichungssysteme, Partielle Differentialgleichungen, Eigenwerte), Neutronenphysik, Informationsübertragung und Operationsforschung (Reihenfolge-, Ablauf-, Bedienungs- und Lagerhaltungsprobleme). Obwohl diese Vielfalt begrüßt wird, reicht mitunter der Raum kaum aus, die simulatorische Vorgehensweise bei der Lösung eines schwierigeren Problems (z. B. S. 44, 50) bis zum letzten Detail klar zu erläutern. Hier ist der Leser unbedingt auf Zusatzliteratur angewiesen. (Passende Literatur wird ihm im Literaturverzeichnis empfohlen.) Hingegen erfreut den mathematisch Interessierten die Aufnahme einfacher, aber aussagekräftiger Beweise (z. B. S. 21).

Verständnisfördernd ist die Zusammenfassung der grundlegenden Vorgehensweise der MCS auf S. 17 sowie eine Reihe von Fragen an den Leser mitten im Text. Das Buch zeigt durchweg eine klare mathematische Ausdrucksweise.

Schließlich mögen noch einige kritische Bemerkungen zu Details angegeben werden, die jedoch das Anliegen des Buches nicht schmälern: Auf S. 8 muß F stetig und streng monoton sein. S. 13: $\frac{1}{n}\int_0^1 (f(x)-I)^2\,dx=\sigma_f^2$, S. 16, 9. v. o.: $V_0 \neq V$, S. 23, 2. v. o.: x statt k, S. 35: $Y(t)=\int_0^t V(X(\tau))\,d\tau$. Auf S. 21 sollte der Name der SCHWARZ-BUNJAKOWSKIschen Ungleichung benannt werden. Auf S. 10 sollten günstigere Hilfsmittel als die TSCHEBYSCHEVsche Ungleichung (zentraler Grenzwertsatz) zur Abschätzung des notwendigen Stichprobenumfanges angewandt oder erwogen werden.

P. NEUMANN

P. ZAREMBKA: **Frontiers in Econometrics.** Academic Press Inc., Publishers, New York 1974, IX, 252 S. $ 19,50

The book contains papers of ten contributors to problems of modern econometrics, based on the initial idea of the editor: "Econometric theory can offer much to the broader field of economics, particularly if its development stays in touch with the needs of changing economic theory. This, continued development of econometric theory will be an indispensable aid in verifying, refuting, and refining economic hypotheses as they arise".

The first part is devoted to problems of model selection through specification error tests and BAYESian methods. Part two is concerned with transformation of variables (with applications to demand and production models), to qualitative choice behavior, random coefficients models and the estimation by minimizing the sum of absolute errors.

Part three considers the factor analysis in econometrics and some general results in efficient estimation by means of instrumental variables.

H. TOUTENBURG

H. J. LÜTHI: **Komplementaritäts- und Fixpunktalgorithmen in der mathematischen Programmierung, Spieltheorie und Ökonomie.** Lecture Notes in Economics and Mathematical Systems 129. Springer-Verlag, Berlin-Heidelberg-New York 1976, VII, 145 S., 21 Abb., DM 18,–

Im Jahre 1967 entwickelte SCARF einen Algorithmus zur Bestimmung von Fixpunkten einer stetigen Abbildung eines Simplex in sich und gab damit einen konstruktiven Beweis für den Fixpunktsatz von BROUWER. Das Verfahren von SCARF ist eng verwandt mit dem LEMKE-Algorithmus, und seine Entstehung kann daher als eine wichtige Auswirkung der Theorie der linearen Komplementaritätsprobleme angesehen werden. Basierend auf der Idee von SCARF wurden Anfang der 70er Jahre von verschiedenen Autoren Algorithmen zur Lösung des nichtlinearen Komplementaritätsproblems $[f, R^n_+]$ entwickelt. Unter $[f, R^n_+]$ versteht man das Problem, ein $x \in R^n_+$ zu finden, für das $f(x) \in R^n_+$ und $x^T f(x) = 0$ gilt, wobei f eine Abbildung des n-dimensionalen euklidischen Raumes in sich ist.

Das Buch von LÜTHI gibt eine umfassende Darstellung des gegenwärtigen Entwicklungsstandes der Komplementaritäts- und Fixpunktalgorithmen. Teil I beschäftigt sich mit dem Komplementaritätsproblem. Der LEMKE-Algorithmus zur Lösung des linearen Komplementaritätsproblems wird ausführlich dargestellt. Es werden eine umfangreiche Zusammenstellung der Klassen von Matrizen und ihre Beziehungen untereinander angegeben, für die der LEMKE-Algorithmus eine Lösung des linearen Komplementaritätsproblems liefert bzw. die Unlösbarkeit nachweist. Hierbei werden die vielfältigen in der Literatur vorhandenen Ergebnisse zusammengefaßt und unter einheitlichem Gesichtspunkt dargestellt. Als Anwendungen des linearen Komplementaritätsproblems führt der Autor einige Beispiele aus der mathematischen Optimierung, Spieltheorie und Ökonomie an.

Eine eindrucksvolle geometrische Interpretation rundet die Ausführungen zum linearen Komplementaritätsproblem ab. Die nächsten Abschnitte von Teil I behandeln das nichtlineare Komplementaritätsproblem im R^n. Ausgehend von einigen in der Literatur vorhandenen Existenzaussagen und den Beziehungen des Komplementaritätsproblems zu Variationsungleichungen entwickelt der Autor einen Algorithmus zur Lösung des nichtlinearen Komplementaritätsproblems. Dabei faßt er einige aus der Literatur bekannte Verfahren (u. a. aus seiner Dissertation) zusammen und entwickelt sie weiter. Der Grundgedanke des Algorithmus ist der folgende: Durch Einführung einer künstlichen Variablen und eines positiven Vektors analog zum Vorgehen beim LEMKE-Algorithmus wird die Verbindung zu einer speziellen Variationsungleichung hergestellt. In Abhängigkeit von einem Parameter erhält man eine Menge von Lösungen der Variationsungleichung — die sogenannte Menge der stationären Punkte. Wenn diese Menge beschränkt ist, führt sie zu einer komplementären Lösung. Der Algorithmus basiert auf einer Triangulation, d. h. einer simplizialen Zerlegung des R^n_+ und erzeugt in eindeutiger Weise eine Folge von Simplexen, die eine zusammenhängende Menge bilden. Diese Folge folgt der Menge der stationären Punkte, indem jeder Punkt eines Simplex eine Lösung der zugehörigen Variationsungleichung approximiert. Unter gewissen Voraussetzungen kann gezeigt werden, daß die so entstandene Menge beschränkt ist und zu einem Simplex führt, dessen Punkte eine Lösung des Komplementaritätsproblems approximieren. Die Güte der Approximation hängt von der Feinheit der Triangulation ab. Durch einen Verfeinerungsalgorithmus kann, ausgehend von einer approximativen Lösung, eine bessere Approximation gefunden werden.

Mit Hilfe des Komplementaritätsalgorithmus gelingt es dem Autor, einige aus der Literatur bekannte Lösbarkeitsaussagen (unter anderem für duale symmetrische Optimierungsaufgaben, Sattelpunktprobleme und n-Personen-Spiele) sowie den Fixpunktsatz von BROUWER konstruktiv zu beweisen.

Im Teil II der Arbeit, der sich mit Fixpunktalgorithmen beschäftigt, wird gezeigt, wie sich der im Teil I beschriebene Algorithmus zur Berechnung eines approximativen Fixpunktes verwenden läßt. Das aus der Literatur bekannte Verfahren der Vektor-Markierung wird dargestellt und ein konstruktiver Beweis für den Fixpunktsatz von KAKUTANI gegeben.

Anschließend werden Probleme der mathematischen Optimierung und der Spieltheorie als Fixpunktaufgaben formuliert und die Beziehungen zwischen Komplementaritäts- und Fixpunktproblemen untersucht.

Abschließend kann vermerkt werden, daß dieses Buch dem Leser eine gute Einführung in die Theorie der Komplementaritätsprobleme und damit verbundener Fixpunktprobleme im R^n gibt. Gleichzeitig stellt es eine nahezu vollständige Darstellung der bisher auf dem Gebiet der Komplementaritätsprobleme im R^n erzielten Ergebnisse dar. Die umfangreiche Literaturliste erfaßt alle wesentlichen bis zu diesem Zeitpunkt erschienenen Arbeiten.

J. WILLÖPER

H. THIRIEZ; S. ZIONTS (eds.): **Multiple Criteria Decision Making.** Proceedings of a Conference at Jouy-en-Josas, France, May 21–23, 1975. Lecture Notes in Economics and Mathematical Systems 130. Springer-Verlag, Berlin-Heidelberg-New York 1976, 409 S.

Der Sammelband enthält Auszüge aus den 19 Vorträgen, die anläßlich einer Tagung in Jouy-en-Josas, Frankreich (21. bis 23. Mai 1975), gehalten wurden. Durch diese Arbeiten e rhält der Leser einen guten Einblick in die Ergebnisse bzw. gegenwärtigen Untersuchungen westeuropäischer und (einiger) amerikanischer Mathematiker und Ökonomen auf dem Gebiet der Optimierung mehrerer simultan gegebener Zielfunktionen.

Behandelt werden Themen, die sich zu drei Komplexen zusammenfassen lassen: Probleme der Modellbildung, Lösungsmethoden und Beiträge zur Theorie. Dabei liegt der Schwerpunkt auf den ersten beiden Gebieten, so daß die enthaltenen Arbeiten vor allem die Anwender ansprechen; jedoch auch derjenige, der sich mit der mathematischen Theorie von Vektoroptimierungsproblemen befaßt, gewinnt durch das Studium der in diesem Buch publizierten Arbeiten.

Da sich eine ausführliche Besprechung der einzelnen Artikel verbietet, wird im folgenden das Inhaltsverzeichnis angegeben, um auf diese Weise einen Eindruck von der Reichhaltigkeit des Inhalts zu vermitteln. B. Roy: „From Optimization to Multi-Criteria Decision Aid: Three Main Operational Attitudes"; J. Philip: „An Algorithm for Combined Quadratic and Multiobjective Programming"; P. Hansen, M. Anciaux-Mundeleer, Ph. Vincke: „Quasi-Kernels of Outranking Relations"; H. Isermann: „Existence and Duality in Multiple Objective Linear Programming"; V. J. Bowman Jr.: „On the Relationship of the Tchebycheff Norm and the Efficient Frontier of Multiple-Criteria Objectives"; B. Bereanu: „Large Group Decision Making with Multiple Criteria"; H. Thiriez, D. Houri: „Multi-Person Multi-Criteria Decision-Making: A Sample Approach"; R. Hasenauer: „Theoretical Analysis and Empirical Application of Goal Programming with Preemptive Priority Structures"; S. L. Schwartz, I. Vertinsky, W. T. Ziemba: „R & D Project Selection Behavior: Study Designs and some Pilot Results"; W. L. Price: „An Interactive Objective Function Generator for Goal Programming"; R. E. Steuer: „A Five Phase Procedure for Implementing a Vector-Maximum Algorithm for Multiple Objective Linear Programming Problems"; J. F. Shapiro: „Multiple Criteria Public Investment Decision Making by Mixed Integer Programming"; B. Tell: „A Comparative Study of Four Multiple-Criteria Methods"; W. K. Brauers: „Multiple-Criteria Decision Making with a Special Application on Defense Problems"; T. Togsverd: „Multi-Level Planning in the Public Sector"; G. Fandel, J. Wilhelm: „Rational Solution Principles and Information Requirements as Elements of a Theory of Multiple-Criteria Decision Making"; J.-L. Goffin, A. Haurie: „Pareto Optimality with Nondifferentiable Cost Functions"; G. Hirsch: „The Notion of Characteristic Set and Its Implication for the Analysis and Development of Multicriterion Methods"; L. F. Pau: „Two-Level Planning with Conflicting Goals"; B. Schiemenz: „Possibilities to Consider Multiple Criteria in Decision Situations"; R. L. Keeney: „Quantifying Corporate Preferences for Policy Analysis"; J. Boebion, L. Pun: „A Series-Parallel Multiple-Criteria Model for a Scheduling Problem in the Dress-Making Industry"; J. Wallenius, S. Zionts: „Some Tests of an Interactive Programming Method for Multicriterion Optimization and an Attempt at Implementation"; T. Hemming: „A New Method for Interactive Multiobjective Optimization: A Boundary Point Ranking Method"; Ph. Vincke: „A New Approach to Multiple Criteria Decision-Making"; J. W. C. Tomlinson, I. Vertinsky: „Selecting a Strategy for Joint Ventures in Fisheries: A First Approximation"; A. R. Charpentier, E. Jacquet-Lagrèze: „La Promotion de l'électricité dans l'industrie et l'utilisation de méthodes multicritères"; S. L. Schwartz, I. Vertinsky, W. T. Ziemba, M. Bernstein: „Some Behavioural Aspects of Information Use in Decision Making: A Study of Clinical Judgements"; P. W. Sizer: „A Behavioural Model of Company Development".

Der vorliegende Sammelband trägt zusammen mit den Büchern von W. Dinkelbach: Sensitivitätsanalysen und parametrische Programmierung, Springer Verlag 1969; G. Fandel: Optimale Entscheidung bei mehrfacher Zielsetzung, Springer Verlag 1972; J. Wilhelm: Objectives and Multi-Objective Decision Making, Springer Verlag 1975; M. Zeleny: Linear Multiobjective Programming, Springer Verlag 1974; M. Zeleny (ed.): Multiple Criteria Decision Making – Kyoto 1975, Springer Verlag 1976, der sich in den letzten Jahren stärker durchsetzenden Tendenz Rechnung, durch die Behandlung von Vektoroptimierungsproblemen der Praxis bessere mathematische Modelle zur Verfügung zu stellen.

R. Nehse

Numerische Methoden bei graphentheoretischen und kombinatorischen Problemen. Vortragsauszüge der Tagung über numerische Methoden der Graphentheorie und Kombinatorik vom 1. bis 7. Dezember 1974 im Mathematischen Forschungsinstitut Oberwolfach (Schwarzwald). Herausgegeben von L. Collatz, G. Meinardus, H. Werner, Birkhäuser Verlag Basel und Stuttgart 1975, 159 S.

In vielen Bereichen der Praxis – in Natur- und Wirtschaftswissenschaften, in der Technik und in anderen Gebieten – werden in zunehmendem Maße Fragen aufgeworfen, die diskrete (meist sogar finite) Strukturen oder Systeme betreffen; hierbei spielen Existenz- und Strukturprobleme oder Anzahlbestimmungen ebenso eine wichtige Rolle wie die besonders häufig anzutreffende Frage nach optimalen Lösungs- oder Realisierungsvarianten.

Die mathematische Behandlung derartiger Probleme führt vor allem in die Kombinatorik und in die Theorie der (bewerteten) Graphen, und in der Tat haben sich diese Disziplinen, den Anforderungen der Praxis entsprechend, in den letzten Jahren geradezu stürmisch entfaltet und starke Hilfsmittel zur Lösung der oben genannten Probleme bereitgestellt. Bedenkt man jedoch, daß die in der Praxis aufgeworfenen Probleme oft Systeme mit „sehr vielen" (nach Tausenden oder Hunderttausenden zählenden) Elementen betreffen, so wird klar, daß jede theoretische Einsicht für die praktische Nutzung solange wertlos bleibt, wie ihr nicht ein praktisch handhabbares Verfahren (ein effektiv programmierbarer Algorithmus) an die Seite gestellt wird, das mit vertretbarem Aufwand auch zur numerischen Lösung (oder zu einer brauchbaren Näherungslösung) des Problems führt: hier gibt es noch viele Lücken zu schließen. Aus der Erkenntnis dieser Problematik heraus leisten die Autoren der 10 in dem vorliegenden Band abgedruckten Vorträge verschiedenartige Beiträge zur Entwicklung effektiver numerischer Methoden für die Lösung graphentheoretischer und kombinatorischer Probleme.

Zu den Vorträgen im einzelnen:

Rainer E. Burkard: Numerische Erfahrungen mit Summen- und Bottleneck-Zuordnungsproblemen (S. 9–25). Der Autor vergleicht verschiedene Algorithmen zur numerischen Lösung linearer und quadratischer Zuordnungsprobleme, bei denen als Zielfunktion die Summe (Summenproblem) oder das Maximum (Bottleneck-Problem) der zu realisierenden Funktionswerte minimiert werden soll, hinsichtlich ihrer Effektivität, gemessen durch die mittlere Rechenzeit auf einer elektronischen Rechenanlage. Er entwirft eine allgemeine algebraische Theorie für Zuordnungsprobleme, die die Theorien des Summen- und des Bottleneck-Problems umfaßt und die eine einfache Erklärung dafür liefert, daß Bottleneck-Probleme weniger Rechenaufwand erfordern als Summenprobleme.

Lothar Collatz: Einige Beziehungen zwischen Graphen, Geometrie und Kombinatorik (S. 27–56). In diesem umfangreichsten Artikel des Bandes geht der Autor auf eine Reihe verschiedenartiger und z. T. voneinander unabhängiger Probleme ein, die alle mehr oder weniger mit Graphen (als Beschreibungs- oder Lösungshilfsmittel) zu tun haben. Die Kapitelüberschriften lauten: I. Parallelalgorithmen bei Einordnungsaufgaben (Sortierprobleme); II. Planare, doppeltperiodische Graphen (Parkettierungsprobleme); III. Spektren periodischer Graphen; IV. Triangulierungen (Über die Anzahl der Triangulierungen konvexer Polygone); V. Hyperdigraphen (Hypergraphen mit geordneten Kanten als geeignetes Beschreibungsmittel für verschiedenartige Probleme).

Eugène Ehrhart: Eine geometrische Methode für eine Klasse kombinatorischer Probleme (S. 57–68). Der Autor entwickelt eine „Polyedermethode", mit deren Hilfe in einfacher Weise die Abzählung der Lösungen gewisser von einem Parameter abhängender diophantischer Probleme mit Nebenbedingungen in Ungleichungsform gelingt. Er gibt ein einfaches „Reziprozitätsgesetz" an, das die in Frage stehenden Anzahlen der ganzen Punkte des abgeschlossenen und zugehörigen offenen Polyeders zueinander in Beziehung setzt. Die Methode wird sowohl für „ganze" als auch für nur „rationale" polyedrische Gebiete formuliert und auf das Geldwechselproblem, ein Gitterproblem, ein Graphenproblem und das Problem der magischen Quadrate angewandt.

Miroslav Fiedler: Algebraische Zusammenhangszahl der Graphen und ihre numerische Bedeutung (S. 69–85). Es seien G ein endlicher ungerichteter Graph und A dessen Laplacesche Matrix (auch Admittanzmatrix genannt). Der kleinste Eigenwert von A ist gleich Null, der zweitkleinste Eigenwert von A wird „algebraische Zusammenhangszahl von G" genannt. Der Autor zeigt, daß mittels dieser algebraisch definierten Größe eine Reihe von Aussagen über die Zusammenhangsverhältnisse in G gemacht werden kann; er dehnt die Theorie auf Graphen mit bewerteten Kanten und mit Gewichten versehenen Knotenpunkten aus und untersucht, wie die algebraische Zusammenhangszahl sich verhält, wenn einige der Kantenbewertungen nach Unendlich streben. Schließlich macht der Autor einige Bemerkungen über Möglichkeiten zur Berechnung oder Abschätzung der algebraischen Zusammenhangszahl.

Wolfgang Gaul: Kapazitätsänderungen bei Netzwerken (S. 87—97). Der Autor betrachtet das Problem gleichzeitiger Flüsse verschiedener Beschaffenheit (multicommodity flows) auf Netzwerken mit gegebenen Kapazitäten (die die möglichen Werte der Flüsse auf den Bögen einschränken). Die Existenz einer Lösung kann man (falls das ursprüngliche Problem unlösbar ist) offenbar stets dadurch erzwingen, daß man die Kapazitäten in geeigneter Weise abändert. Der Autor beschäftigt sich mit optimalen Kapazitätsänderungen und Algorithmen zu ihrer Berechnung und zeigt, wie sich bekannte Lösungen für den Fall nur eines Flusses verallgemeinern lassen.

Egmont Köhler: Numerische Existenzkriterien in der Kombinatorik (S. 99—108). Der Autor behandelt numerische Kriterien für die Existenz gewisser Blockpläne, insbesondere sogenannter zyklischer Steiner-Quadrupelsysteme $zS(3, 4, v)$. Er zeigt: Für $v = 106, 346, 394, 586, 634$ existieren zyklische Steiner-Quadrupelsysteme $zS(3, 4, v)$. — Der Praxisbezug besteht hier in der Bedeutung der Blockpläne in der angewandten Statistik (Versuchsplanung), und die Kenntnis allgemeiner, einfach handhabbarer Existenzkriterien ist wichtig, da solche Kriterien umfangreiche numerische Untersuchungen ersparen.

Maria Overbeck-Larisch: Hamiltonsche Linien in Digraphen (S. 109—116). O. Ore gab ein einfaches hinreichendes Kriterium für die Existenz eines Hamiltonkreises in einem ungerichteten Graphen an; der Beweis kann elegant als reiner Existenzbeweis geführt werden, für praktische Zwecke benötigt man jedoch einen Algorithmus zum Auffinden aller (oder eines) Hamiltonkreise (s). Die Autorin leitet einen solchen Algorithmus her und gibt damit zugleich einen konstruktiven Beweis des Satzes von Ore. Die Beweisidee läßt sich auf den Fall gerichteter Graphen übertragen, liefert für solche jedoch kein brauchbares Konstruktionsverfahren. — Die Autorin gibt außerdem weitere hinreichende Bedingungen dafür an, daß ein gerichteter Graph a) einen Hamiltonkreis enthält, b) gewisse Hamiltonsche Wege enthält, c) panzyklisch ist.

David Singmaster: Enumerating Unlabelled Hamiltonian Circuits (S. 117—130). Der Autor betrachtet Hamiltonkreise in Graphen hohen Symmetriegrades und führt Äquivalenzrelationen für Hamiltonkreise (z. B. bezüglich der Automorphismengruppe) ein. Er diskutiert Methoden zur Abzählung der Äquivalenzklassen und geht näher auf Resultate ein, die er für die platonischen Körper sowie für das „n-dimensionale Oktaeder" gefunden hat, und stellt Zusammenhänge zu einigen bekannten Resultaten her.

Ralph A. Willoughby: A Characterization of Matrix Irreducibility (S. 131—143). Der Autor charakterisiert die Irreduzibilität beliebiger nicht-singulärer quadratischer Matrizen, deren Diagonalelemente von Null verschieden sind. Bei der Durchführung des Reduzibilitätstests wird lediglich solche Information verarbeitet, die die Anordnung der Nullen („sparseness structure") in der Matrix betrifft. Der Autor behandelt einige Beispiele und gibt das Flußdiagramm für den Reduzibilitätsalgorithmus an.

Hiroshi Yanai: Konstruktion eines optimalen Streckenzugs (S. 145—159). Betrachtet werden alle einfachen Streckenzüge (mit endlich vielen Strecken), die zwei gegebene Punkte des R^m miteinander verbinden, wobei jeder Strecke Kosten zukommen, die sich als Wert einer gewissen quadratischen Funktion der Koordinaten ihrer Endpunkte errechnen. Die Anzahl und geometrische Lage der Strecken sind so zu wählen, daß die Gesamtkosten des Streckenzuges minimal ausfallen. Auf dieses Problem stößt man z. B. beim Brückenbau (Anzahl und Verteilung der Pfeiler), beim Straßenbau (Überwindung von Tälern und Bergen) sowie bei Ersatzproblemen der Operationsforschung. Der Autor geht auf die Schwierigkeit des Problems ein und diskutiert Lösungsansätze. Für spezielle Fälle können Algorithmen angegeben werden.

H. Sachs

G. TINHOFER: **Methoden der angewandten Graphentheorie.** Springer-Verlag, Wien-New York 1976, X, 236 S., 56 Abb., DM 69,–

In vielen Bereichen der angewandten Mathematik haben graphentheoretische Modelle in den letzten Jahren zunehmend an Bedeutung gewonnen. Dem Rechnung tragend erschien eine Reihe von Lehrbüchern und Monographien über Anwendungen der Graphentheorie. Der Autor des vorliegendes Buches setzt sich das Ziel, die wichtigsten allgemeinen Methoden zur Bewältigung von Problemen der auf Anwendungen orientierten Graphentheorie systematisch und unter möglichst einheitlichen Gesichtspunkten darzustellen.

Das Buch ist in drei Teile gegliedert: I. Probleme, II. Algebraische Methoden, III. Kombinatorische Methoden.

In Teil I werden in Abschnitt 1 „Grundbegriffe" (S. 3–16) die Grundbegriffe der Theorie der gerichteten Graphen erläutert und eine Klassifizierung der am häufigsten angetroffenen Probleme der angewandten Graphentheorie nach 6 Typen vorgenommen: 1. Optimierungsprobleme, 2. Nachweis einer Eigenschaft, 3. Erzeugung einer Eigenschaft, 4. Klassifizierung in der Menge der Untergraphen, 5. Vergleich von Graphen, 6. Operationen auf der Menge der Untergraphen.

In Abschnitt 2 „Spezielle Untergraphen" (S. 17–69) werden spezielle Typen von Untergraphen (Wege, Bahnen, Kreise, Bäume, Schnitte, ...) und einige damit zusammenhängende Probleme behandelt: Der MENGERsche Graphensatz, der Satz von FORD und FULKERSON (max-flow-min-cut-Theorem) und der Satz von GALE werden bewiesen, auf die Problematik der stabilen Untergraphen und der Färbungen wird eingegangen; eine Reihe unterschiedlicher Anwendungsbeispiele dient der praktischen Motivierung ebenso wie der Erläuterung der Sätze und Verfahren (das gilt auch für die folgenden Kapitel). Teil II ist der Darlegung algebraischer Methoden gewidmet.

In Abschnitt 1 „Graphen und Matrizen" (S. 73–93) erörtert der Autor die grundlegenden Zusammenhänge zwischen Graphen und ihnen zugeordneten Matrizen (Adjazenzmatrix, Admittanzmatrix; Knoten-Kanten-, Kreis-Kanten- und Schnitt-Kanten-Inzidenzmatrix). In Abschnitt 2 „BOOLEsche Methoden" (S. 94–142) werden zunächst in einiger Breite die Grundlagen der Theorie der BOOLEschen Ringe und BOOLEschen Algebren dargelegt. Matrizen über BOOLEschen Ringen werden zum Nachweis von Eigenschaften eines Graphen herangezogen; die Hauptresultate finden ihren Ausdruck in 8 in Kurzfassung verbal formulierten explizit aufgeführten Algorithmen:

A. 1: Bestimmung der transitiven Hülle;
A. 2: Nachweis der Transitivität;
A. 3: Bestimmung der Komponenten;
A. 4: Bestimmung der starken Komponenten;
A. 5: Bestimmung des reduzierten Graphen;
A. 6: Bestimmung eines Zykels;
A. 7: Bestimmung eines Kreises;
A. 8: Lexikographische Aufzählung aller maximalen Cliquen.

Anschließend wird die Theorie der freien BOOLEschen Algebren und BOOLEschen Funktionen entwickelt. Das WANG-Produkt BOOLEscher Funktionen wird zur Bestimmung aller Gerüste und Kogerüste eines Graphen benutzt. Die charakteristischen Funktionen der Menge aller (maximalen) vollständigen, aller (maximalen) innen stabilen und aller (minimalen) außen stabilen Untergraphen eines gegebenen Graphen werden hergeleitet.

Teil III enthält kombinatorische Methoden.

In Abschnitt 1 „Mathematische Programme" (S. 145–192) werden PseudoBOOLEsche Funktionen und Programme und ganzzahlige Programme behandelt, die Theorie der linearen Programme wird – zunächst ohne Bezugnahme auf Graphen – zusammenhängend dargelegt und sodann auf Transport- und Zuordnungsprobleme angewandt. Das „Verzweigungsverfahren" (branch and bound) wird am Beispiel des Rundreiseproblems erläutert. Die entwickelten Methoden werden wieder zu Algorithmen „verdichtet":

A. 9: Simplexverfahren zur Lösung eines linearen Programms;
A. 10: Transportalgorithmus;
A. 11: Lösung des Zuordnungsproblems nach der Ungarischen Methode;
A. 12: Lösung des Rundreiseproblems nach Little u. a.

Abschnitt 2 „Mehrstufige Programme. Optimale Bahnen" (S. 193–214) geht auf eine Klasse von Verfahren ein, die insbesondere die dynamischen Programme umfaßt. Die Liste der Algorithmen wird fortgesetzt:

A. 13: Bestimmung der kürzesten Bahnen von allen Knoten i zu allen Knoten j (nach DANTZIG);

A. 14, A. 15 und A. 16: Berechnung einer kürzesten Bahn von einem Knoten x zu allen übrigen Knoten (nach DIJKSTRA bzw. FORD bzw. BELLMAN);

A. 17: Bestimmung eines maximalen Flusses nach FORD-FULKERSON;

A. 18: Bestimmung eines maximalen Flusses ausgehend vom Nullfluß;

A. 19: Variante des out-of-kilter-Algorithmus zur Bestimmung kostenminimaler Zirkulationen.

Abschnitt 3 „Problemorientierte Methoden" (S. 215–232) schließlich enthält einige Verfahren zur Konstruktion von Minimalgerüsten und (minimalen) Färbungen von Graphen und zum Nachweis der Isomorphie von Graphen, die sich nur schwer in das gegebene Schema einordnen lassen. Die Liste der Algorithmen wird abgeschlossen mit

A. 20: Bestimmung eines Minimalgerüsts;

A. 21: Bestimmung einer t_ν-optimalen Färbung.

Zum Verständnis des Buches, das vorzugsweise für Studenten geschrieben ist, benötigt man – wie der Verfasser im Vorwort sagt – keine mathematischen Kenntnisse spezieller Art – dennoch wird sich der Leser, der an die mengentheoretisch-algebraische Weise der Darstellung und Formalisierung gewöhnt ist, zweifellos im Vorteil befinden. Das Buch ist auch nicht ausgesprochen leicht zu lesen: mancher Leser wird, um sich die Bedeutung der Symbole zu vergegenwärtigen, häufig zurückblättern müssen. In den vollen Genuß des Dargebotenen wird ein Leser gewiß dann kommen, wenn er sich – wie der Rezensent – selbst (zusätzliche) Skizzen zur Veranschaulichung der behandelten Problematik anfertigt und die betrachteten Graphen „wirklich hinzeichnet".

Das Buch füllt zweifellos eine Lücke im deutschsprachigen Lehrbuchangebot und kann Studenten ebenso wie in der Lehre, Forschung oder unmittelbaren Praxis tätigen Mathematikern sehr empfohlen werden.

H. SACHS

Bezugsmöglichkeiten der Zeitschrift „Mathematische Operationsforschung und Statistik – Series Optimization“:
Bestellungen sind zu richten

- *in der DDR* an den Postzeitungsvertrieb; an eine Buchhandlung oder an den Akademie-Verlag, DDR – 108 Berlin, Leipziger Straße 3–4
- *im sozialistischen Ausland* an eine Buchhandlung für fremdsprachige Literatur oder an den zuständigen Postzeitungsvertrieb
- *in der BRD und Westberlin* an eine Buchhandlung oder an die Auslieferungsstelle KUNST UND WISSEN, Erich Bieber, 7 Stuttgart 1, Wilhelmstr. 4–6
- *in Österreich* an den Globus Buchvertrieb 1201 Wien, Höchstädtplatz 3
- *im übrigen Ausland* an den Internationalen Buch- und Zeitschriftenhandel; den Buchexport, Volkseigener Außenhandelsbetrieb der Deutschen Demokratischen Republik, DDR – 701 Leipzig, Postfach 160, oder an den Akademie-Verlag DDR – 108 Berlin, Leipziger Straße 3–4

Zeitschrift „Mathematische Operationsforschung und Statistik – Series Optimization“

Herausgeber: Akademie-Verlag, DDR – 108 Berlin, Leipziger Straße 3–4; Fernruf 2236221 oder 2236229; Telex-Nr. 114420; Bank: Staatsbank der DDR, Berlin, Kto-Nr.: 6836-26-27012

Chefredakteur: Prof. Dr. Karl-Heinz Elster
Verantwortlicher Redakteur: Dr. Rüdiger Reinhardt

Anschrift der Redaktion: Sektion Mathematik, Rechentechnik und ökonomische Kybernetik der TH Ilmenau, DDR – 63 Ilmenau, Postfach 327

Veröffentlicht unter der Lizenznummer des Presseamtes beim Vorsitzenden des Ministerrates der Deutschen Demokratischen Republik

Gesamtherstellung: VEB Druckerei „Gottfried Wilhelm Leibniz“, DDR – 445 Gräfenhainichen

Erscheinungsweise: Die Zeitschrift „Mathematische Operationsforschung und Statistik – Series Optimization“ erscheint jährlich in einem Band mit 4 Heften. Bezugspreis je Band 120,– M zuzüglich Versandspesen (Preis für die DDR 80,– M); Preis je Heft 30,– M (Preis für die DDR 20,– M)

Bestellnummer dieses Heftes: 1093/9/1

Printed in the German Democratic Republic.

AN (EDV) 40234

Contents

Book-Reviews

Bei Fragen zur Produktsicherheit wenden Sie sich bitte an:
If you have any questions regarding product safety,
please contact:

Walter de Gruyter GmbH
Genthiner Straße 13
10785 Berlin
productsafety@degruyterbrill.com